本教材由山东省高等教育本科教改项目（M2018
东省高校基层党建突破项目（0003490103）、德州学院重点教研课题
（2018005）和德州学院教材出版基金资助出版

发酵工程实验指导教程

主　编：何　庆　魏振林
副主编：刘云利　赵伟　戴忠民　陆轶群
参　编：周海霞　李天骄　赵　静

辽宁大学出版社
Liaoning University Press

图书在版编目（CIP）数据

发酵工程实验指导教程/何庆，魏振林主编. —沈阳：辽宁大学出版社，2020.9

食品质量与安全专业实验育人系列教材

ISBN 978-7-5698-0132-3

Ⅰ.①发… Ⅱ.①何…②魏… Ⅲ.①发酵工程－实验－教材 Ⅳ.①TQ92-33

中国版本图书馆 CIP 数据核字（2020）第 179836 号

发酵工程实验指导教程
FAJIAO GONGCHENG SHIYAN ZHIDAO JIAOCHENG

出 版 者：	辽宁大学出版社有限责任公司
	（地址：沈阳市皇姑区崇山中路 66 号　　邮政编码：110036）
印 刷 者：	大连金华光彩色印刷有限公司
发 行 者：	辽宁大学出版社有限责任公司
幅面尺寸：	170mm×240mm
印　　张：	18.75
字　　数：	365 千字
出版时间：	2020 年 9 月第 1 版
印刷时间：	2021 年 1 月第 1 次印刷
责任编辑：	张　蕊
封面设计：	孙红涛　韩　实
责任校对：	齐　悦

书　　号：ISBN 978-7-5698-0132-3
定　　价：59.00 元

联系电话：024-86864613
邮购热线：024-86830665
网　　址：http://press.lnu.edu.cn
电子邮件：lnupress@vip.163.com

前　言

发酵工程是指采用现代工程技术手段，利用微生物的某些特定功能，为人类生产有用的产品，或直接把微生物应用于工业生产过程的一种新技术。发酵工程的内容包括菌种的选育、培养基的配制、灭菌、扩大培养和接种、发酵过程和产品的分离提纯等。

立德树人成效是检验高校一切工作的根本标准，落实立德树人根本任务必须将价值塑造、知识传授和能力培养三者融为一体。将课程思政与专业知识相结合是《发酵工程实验教程》的一大特色。本教材编写人员参照教育部颁发的《高等学校课程思政建设指导纲要》，在"课程思政"课堂教学建设上按照学校课程思政总要求和专业"课程思政"教学计划，系统梳理挖掘该课程所蕴含的思想政治教育元素和承载的思想政治教育功能，凝练形成具有本课程特色的"课程思政"育人目标要求和核心内容，并将其列入本课程实验教学大纲的重要条目和课堂教学教案的重要内容。通过编写本教材和填写"'课程思政'教学设计表"，切实把政治信仰、理想信念、价值理念、道德情操、精神追求、科学思维等的教育融入该课程课堂教学的各个环节。

本实验课程是在学生已学过生物化学、微生物、化工原理等专业课程的基础上，理论结合实践，实现对发酵全部流程的总体认知。教材采用"4+3+3"的模式编写，即基础型实验、综合型实验、创新型实验所占课时的比例为"4：3：3"，使学生在牢固掌握基本知识的基础上，通过综合型和创新型实验进一步使其能够应用基本理论去分析和解决生产过程中的具体问题，改造原有不合理的生产过程，使之更符合客观规律。

《发酵工程实验教程》适于高等院校和师范院校生物科学、生物技术、生物工程及食品科学等专业本科生和硕士生的学习使用，也可供其他有关科技人员参考查阅。

目 录

第一部分　基础型实验 ··· 001

实验 1　基本操作训练 ··· 002

实验 2　食品理化检验实验室建设规划 ··· 006

实验 3　常用电器的使用技能 ··· 011

实验 4　常用物理检验仪器的使用 ·· 014

实验 5　酸度计和电动磁力搅拌器的使用 ·· 021

实验 6　实验室 5L 小型发酵罐的认知 ·· 024

实验 7　土壤中产醋酸菌种的分离筛选 ··· 027

实验 8　紫外线的诱变育种 ··· 029

实验 9　醋酸杆菌复壮实验 ··· 032

实验 10　培养基的配制及灭菌 ··· 035

实验 11　抑菌圈实验 ·· 041

实验 12　动物细胞培养 ··· 043

实验 13　种子扩大培养及污染的检测 ·· 049

实验 14　摇床培养确定酵母菌体培养和营养条件 ··· 052

实验 15　细菌生长曲线的测定 ··· 055

实验 16　亚硫酸盐氧化法测量体积溶氧系数 $K_L \cdot a$ ·· 057

实验 17　小型连续发酵实验 ·· 061

实验 18　食品中粗脂肪含量的测定——碱性乙醚法 ·· 066

实验 19　牛乳酸度的测定 ·· 069

实验 20　水分的测定方法 ·· 071

实验 21　基因工程菌的活化和扩大培养 ··· 073

实验 22　食品中菌落总数的测定⋯⋯⋯⋯⋯⋯⋯⋯⋯⋯⋯⋯⋯⋯⋯⋯⋯⋯⋯⋯⋯075

实验 23　食品中大肠菌群的测定⋯⋯⋯⋯⋯⋯⋯⋯⋯⋯⋯⋯⋯⋯⋯⋯⋯⋯⋯⋯⋯081

实验 24　微生物菌落的观察⋯⋯⋯⋯⋯⋯⋯⋯⋯⋯⋯⋯⋯⋯⋯⋯⋯⋯⋯⋯⋯⋯⋯094

第二部分　综合型实验⋯⋯⋯⋯⋯⋯⋯⋯⋯⋯⋯⋯⋯⋯⋯⋯⋯⋯⋯⋯⋯⋯⋯⋯⋯⋯⋯098

实验 1　链霉素发酵综合性实验⋯⋯⋯⋯⋯⋯⋯⋯⋯⋯⋯⋯⋯⋯⋯⋯⋯⋯⋯⋯⋯099

实验 2　啤酒发酵⋯⋯⋯⋯⋯⋯⋯⋯⋯⋯⋯⋯⋯⋯⋯⋯⋯⋯⋯⋯⋯⋯⋯⋯⋯⋯⋯109

实验 3　酸奶的制作与乳酸菌的活菌计数⋯⋯⋯⋯⋯⋯⋯⋯⋯⋯⋯⋯⋯⋯⋯⋯⋯130

实验 4　甜酒酿的制作和酒药中糖化菌的分离⋯⋯⋯⋯⋯⋯⋯⋯⋯⋯⋯⋯⋯⋯⋯133

实验 5　枯草芽孢杆菌固态发酵及活菌数测定⋯⋯⋯⋯⋯⋯⋯⋯⋯⋯⋯⋯⋯⋯⋯135

实验 6　淀粉糖化与酒精发酵⋯⋯⋯⋯⋯⋯⋯⋯⋯⋯⋯⋯⋯⋯⋯⋯⋯⋯⋯⋯⋯⋯138

实验 7　黑曲霉固体发酵生产纤维素酶及酶解底物反应⋯⋯⋯⋯⋯⋯⋯⋯⋯⋯⋯141

实验 8　甘露聚糖酶液体发酵及酶解反应⋯⋯⋯⋯⋯⋯⋯⋯⋯⋯⋯⋯⋯⋯⋯⋯⋯144

实验 9　从土壤中分离筛选产抗生素的放线菌及抗菌谱分析⋯⋯⋯⋯⋯⋯⋯⋯⋯146

实验 10　腐乳制作⋯⋯⋯⋯⋯⋯⋯⋯⋯⋯⋯⋯⋯⋯⋯⋯⋯⋯⋯⋯⋯⋯⋯⋯⋯⋯149

实验 11　果酒的酿造⋯⋯⋯⋯⋯⋯⋯⋯⋯⋯⋯⋯⋯⋯⋯⋯⋯⋯⋯⋯⋯⋯⋯⋯⋯152

实验 12　泡菜的制作⋯⋯⋯⋯⋯⋯⋯⋯⋯⋯⋯⋯⋯⋯⋯⋯⋯⋯⋯⋯⋯⋯⋯⋯⋯154

实验 13　食醋酿造⋯⋯⋯⋯⋯⋯⋯⋯⋯⋯⋯⋯⋯⋯⋯⋯⋯⋯⋯⋯⋯⋯⋯⋯⋯⋯156

实验 14　海洋微藻的培养⋯⋯⋯⋯⋯⋯⋯⋯⋯⋯⋯⋯⋯⋯⋯⋯⋯⋯⋯⋯⋯⋯⋯159

实验 15　污水处理运行综合实验⋯⋯⋯⋯⋯⋯⋯⋯⋯⋯⋯⋯⋯⋯⋯⋯⋯⋯⋯⋯168

实验 16　食品中病原性大肠埃希氏菌的检验⋯⋯⋯⋯⋯⋯⋯⋯⋯⋯⋯⋯⋯⋯⋯173

实验 17　高效液相使用技能训练（色谱法测定茶叶中提取物）⋯⋯⋯⋯⋯⋯⋯178

实验 18　纸层析法测定 β - 胡萝卜素⋯⋯⋯⋯⋯⋯⋯⋯⋯⋯⋯⋯⋯⋯⋯⋯⋯⋯182

第三部分　创新型实验⋯⋯⋯⋯⋯⋯⋯⋯⋯⋯⋯⋯⋯⋯⋯⋯⋯⋯⋯⋯⋯⋯⋯⋯⋯⋯⋯185

实验 1　200 L 发酵罐啤酒酿造工艺大实验⋯⋯⋯⋯⋯⋯⋯⋯⋯⋯⋯⋯⋯⋯⋯186

实验 2　青霉素的发酵⋯⋯⋯⋯⋯⋯⋯⋯⋯⋯⋯⋯⋯⋯⋯⋯⋯⋯⋯⋯⋯⋯⋯⋯192

实验 3　实验室酸乳的发酵⋯⋯⋯⋯⋯⋯⋯⋯⋯⋯⋯⋯⋯⋯⋯⋯⋯⋯⋯⋯⋯⋯198

实验 4	发酵罐发酵法酿造芦柑果酒、果醋	203
实验 5	厨余垃圾发酵实验	213
实验 6	柠檬茶味牛肉干配方的优化	215
实验 7	桔皮酱的加工	221
实验 8	面包烘烤	225
实验 9	蛋糕的制作	228
实验 10	果汁乳饮料的制作及其理化质量分析	230
实验 11	米粉的制作	232
实验 12	银杏内生分支杆菌发酵液粗提物抗宫颈癌活性研究	234
实验 13	葡萄糖酸钠发酵及其母液的再利用	236
实验 14	可用于玉米浸泡的复合菌剂的筛选	241
实验 15	利用质构仪检测玉米浸泡效果的研究	244
实验 16	辅酶 Q10 发酵过程工艺控制	248
实验 17	水中细菌学检查	252
实验 18	地衣芽孢杆菌生物制剂的发酵	260

附 录 ································ 269

附录 1	实验室意外事故的处理	269
附录 2	实验用培养基配制	270
附录 3	实验用染色液及试剂的配制	275
附录 4	微生物学实验中一些常用数据表	280
附录 5	玻璃器皿及玻片洗涤法	282
附录 6	各国主要菌种保藏机构	284
附录 7	实验用试剂缩写名称对照表	285
附录 8	实验常用中英名词对照表	286

第一部分　基础型实验

本教材的第一部分以基础型实验为主,包括基本操作训练、电器使用技能、培养基的配制与优化等24个实验。在授课过程中,教师应有意识地引导学生深刻理解并自觉实践行业的职业规范,培养学生遵纪守法、爱岗敬业、公道办事的职业品格和行为习惯。在能力培养方面,主要是训练和培养学生的基本实验能力;在价值引领方面,将马克思主义立场、观点、方法与科学精神的培养适度融合,使学生学思结合、知行合一。

思政触点一:基本操作训练与电器使用技能(实验1、实验3)——提高规则意识与安全意识,养成遵守纪律的良好习惯。

实验1主要介绍玻璃器皿的处理与洗涤、玻璃器皿的一般处理方法等,强调规则意识,要求学生按照程序准备实验时、实验中有秩序,实验结束时物品清理和卫生打扫要遵守规定。实验2主要介绍常用电器的使用技能。虽然本实验室有毒有害试剂几乎没有,但是用水用电同样需要注意安全。在授课过程中有意识地结合马克思主义关于自然科学的认识,如关于辩证唯物主义的基本观点,在保证实验的正常进行和实验师生的身体安全健康的前提下,使学生养成遵纪守法、爱岗敬业的行为习惯。

思政触点二:土壤中产醋酸菌种的分离筛选(实验7)——淘尽黄沙始见金,知行合一。

本实验以淘金者的故事谈起,然后引导学生从土壤中分离目的微生物的过程与淘金的过程非常类似,都要经历风雨,才能见彩虹。学生通过这一事例,会感悟做事情的不易,从而更加珍惜劳动成果。实验结束时让学生讨论心得体会,进而让学生自己得出结论,从而在今后的生活中更加努力奋斗,养成脚踏实地、求真务实的学习作风。

实验 1　基本操作训练

一、实验目的

（1）理解发酵工程的基础理论。
（2）掌握发酵工程的基本操作。
（3）提高规则意识，养成遵守纪律的良好习惯。

二、实验原理

1. 玻璃器皿的清洗

实验室常用的玻璃仪器（如量筒、培养皿、锥形瓶、烧杯、试管、玻璃漏斗等），可先用鬃刷沾上肥皂粉或去污粉刷洗，然后用自来水冲洗干净，最后将其放在 70～80 ℃干燥箱中烘干或倒放在洗涤架上自然晾干即可。分析用移液管最好在 2% 盐酸溶液中浸泡数十分钟，取出后先用自来水冲洗，然后用蒸馏水冲洗 2～3 次，放在 100 ℃干燥箱中烘干备用。

2. 玻璃器皿的一般处理方法

新购置的玻璃器皿往往含有游离碱，应先在 2% 盐酸溶液中浸泡数小时后再用清水洗净。洗净后的试管倒放到试管架上；锥形瓶倒置倒放洗涤架上；培养皿的皿底和皿盖分开，按顺序压着皿边倒扣在桌子上，晾干或在干燥箱中烘干备用。

对于带菌的滴管、移液管等，使用完毕后，应立即浸入 5% 石炭酸溶液（0.25% 新洁尔灭溶液或 2% 来苏尔）中数小时或过夜，再洗涤。对于培养皿、锥形瓶、试管等应经 120 ℃灭菌后再洗涤。

发酵工程实验技术操作很多，最基本也是最常见的操作有以下几项：①斜面操作，如接块、穿刺等；②平板操作，如划线、涂布等；③摇瓶操作，如接菌苔、接块、移液等；④菌种保藏操作，如斜面保藏、冷冻管保藏、沙土管保藏等。

三、实验试剂与仪器

（1）实验材料：纱布、棉绳、牛皮纸、棉花。
（2）实验仪器：烧杯、试管、三角瓶、移液管、培养皿、接种环等。

四、实验步骤

1. 棉塞的制作

（1）取棉花。按试管或三角瓶口径大小，取适量棉花，使成形后的棉塞大小适合。

（2）整理。将棉絮铺成趋近方形或圆形片状，中间较厚、边缘薄而纤维外露。形状如图 1-1（a）、图 1-1（f）所示。

（3）折角。将趋近方形的棉花块的一角向内折（此折叠处的棉花较厚，制成塞后为试管棉塞外露的"头"部位置），其形状呈五边形，如图 1-1（b）、图 1-1（g）所示。

（4）卷紧。用拇指和食指将五边形状的下脚折起，然后双手卷起棉塞使其成圆柱状，并使柱状内的棉絮心较紧（起到"轴心"的作用）。如图 1-1（c）、图 1-1（d）、图 1-1（h）所示。

（5）成型。在卷折的圆柱状棉塞基础上，将另一角向内折叠后继续卷折棉塞成型。此时，双手旋转棉塞，使塞外边缘的棉絮绕缚在棉塞柱体上，从而使棉塞外形光洁，如图 1-1（e）、图 1-1（j）所示。

（6）塞试管。棉塞的直径和长度依试管或三角瓶口大小而定，一般约将棉塞的 3/5 塞入口内，要松紧适宜，紧贴管内壁而无缝隙。若在其外再包上 1~2 层纱布，则既可增加美感，又可延长其使用寿命。

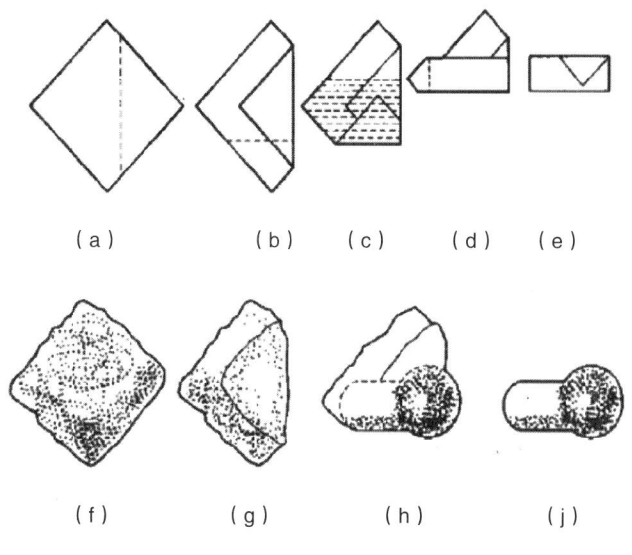

图 1-1　棉塞制作示意图

2. 器皿和用具的包扎

（1）培养皿：常用旧报纸紧紧包好，包好后湿热灭菌。

（2）移液管：在距其粗头顶端约 0.5 cm 处，塞上合适的棉塞，以免使用时将杂菌吹入其中，包扎后将移液管集中在一起，用一张大报纸包好，进行湿热灭菌。

（3）试管和三角瓶：在其管口或瓶口处塞上硅胶塞后，在硅胶塞与管口和瓶口的外面用两层报纸包扎好（如有牛皮纸只用单层，效果更好），进行湿热灭菌。

3. 培养基的制备与灭菌

（1）配制培养基的基本过程为药品称量→溶解→调节 pH →过滤→分装→塞棉塞和包扎→灭菌。

（2）培养基灭菌的时间和温度应遵照各种培养基的具体规定执行，以保证灭菌效果的前提条件下，不破坏培养基的营养成分为宜。普通营养培养基用 0.10 MPa（121 ℃）高压蒸汽灭菌 20～30 min。牛乳培养基用 0.07 MPa（115 ℃）高压灭菌 20 min。如果培养基中含有尿素、氨基酸、酶、抗生素、糖类、维生素、血清等成分，因其在高温下易变性、分解，故应在单独使用过滤方法除菌后，再按规定的温度和用量，在无菌条件下将该类加入已灭菌的培养基中。

4. 平板的基本操作

（1）倒平板。倒平板分为持皿法和叠皿法。持皿法：先用左手持含有合适温度培养基的三角瓶，右手翻转手掌用中指和无名指拔出棉塞或不翻转手掌用小指和手掌拨出棉塞，同时将三角瓶转换至右手，而后左手拿平皿，以大拇指和中指将皿盖打开一缝，至瓶口刚好伸入。三角瓶口经火焰灼烧后，倾入 55～60 ℃的培养基约 15 mL 至平皿中（勿使瓶口靠在平皿壁上，以免沾染皿壁），迅速盖好皿盖，置于桌上轻轻旋转平皿，使培养基均匀分布于整个平皿底部，冷凝后即为平板培养基。

（2）平板划线与平板涂布。平板划线：左手取无菌平板一个，用拇指和食指控制皿盖，其余几指控制皿底。打开皿盖，使开口角小于 30°，将接种环上的菌种按图 1-2 进行划线。一区法要求连续划线，且线的边缘应划至培养皿的内缘，线要紧密但不相连；三区或四区法要求每划完一区，都应灼烧接种环，后一区要求与前一区首尾相连，但不得与其他区域搭在一起。具体的划线顺序，如图 1-2 所示。

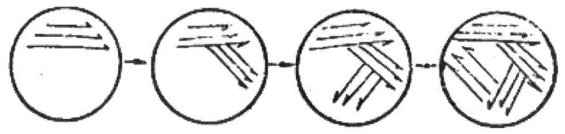

图 1-2　平板划线法

平板涂布：①将涂布器浸在盛有酒精的烧杯中；②取少量菌液（不超过 0.1 mL）滴到培养基表面；③将沾有少量酒精的涂布器在火焰上引燃，待酒精燃尽后，冷却 8～10 s；④用涂布器将菌液均匀地涂布在培养基表面，涂布时可转动培养皿，使涂布均匀。

5. 斜面操作

（1）摆斜面。斜面长度一般以不超过试管长度的 1/2 为宜，如制作半固体或固体高层培养基，灭菌后则应垂直放置至冷凝，如图 1-3 所示。

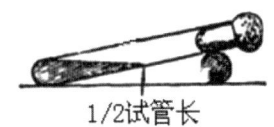

图 1-3　搁置斜面

（2）斜面接种。斜面接种是从保藏或已长好的菌种斜面上挑取少量菌种移植到另一支新鲜斜面培养基上的接种方法。具体操作如下：①接种前在试管上贴上标签，注明菌名、接种日期、接种人姓名等。②将菌种和待接斜面的两支试管用大拇指和其他四指握在左手中，使中指位于两试管之间部位。试管斜面面向操作者，并使它们位于水平位置。③旋松管塞，右手拿接种环，在火焰上将环端灼烧灭菌；然后将有可能伸入试管的其余部分均灼烧灭菌，重复此操作再灼烧一次。④将灼烧过的接种环伸入菌种管，先使环接触没有长菌的培养基部分，使其冷却，然后轻轻沾取少量菌体或孢子，最后将接种环移出菌种管。⑤在火焰旁迅速将沾有菌种的接种环伸入另一支待接斜面试管，从斜面培养基的底部向上部做"Z"形来回密集划线，切勿划破培养基。⑥取出接种环，灼烧试管口，并在火焰旁将试管塞旋上（注意：接种厌氧菌时，可采用穿刺接种）。

五、思考题

（1）思考每项操作中应注意的细节，并列出来。
（2）谈谈本次实验的心得体会。

实验 2　食品理化检验实验室建设规划

食品理化检验实验室不仅在功能上涉及给水、排水、通风、排风、强电、弱电、空调、消防、废气废液处理和集中供气等复杂的工艺技术,而且在建设过程中还要考虑环保、安全、可持续性发展等诸多因素,还在专业上涉及食品化学、物理学、微生物学、分子生物学和食品感官评定等多个学科。因此,食品理化检验实验室对研究工作来说是必不可少的。与此同时,其建设也显得尤为重要。

一、选址

（1）实验室应选在清洁安静的地方,远离生活区、锅炉房等地。
（2）实验室应选在光线充足、通风良好的场所,与生产加工车间要有一定距离。
（3）实验室应选在方便取样与检验、距离车间较近的工作场所。
（4）实验室估计面积在 160 m^2 左右,估计价格在 150 万元左右。

二、实验室布局规划

1. 实验室功能性房间规划

（1）样品前处理室。面积:15 m^2,配有通风橱一台,工作台,有独立的排风管道和下水管道。

（2）理化室（综合实验室）。分类:无机理化室、有机理化室;面积:20 m^2/间;通风橱 2 台/间;有中央台、边台、独立于生活用水的上下水管道,便于废水的处理与集中,并设有独立的通风管道。

（3）理化分析室:色谱室面积 20 m^2,配有色谱仪和光谱仪;光谱室面积 15 m^2,配有光谱分析仪。

（4）高温室。面积:15 m^2;配有高温台和三相电（380 V）。

（5）天平室。面积:10 m^2;配有工作台、专用天平台和不同标准的天平各两台,共六台。

（6）药品室和留样室。面积:15 m^2,配有样品柜、工作台;要求通风良好并且具有外排管路。

（7）小型仪器室。面积:15 m^2;配有分光光度计、显微镜等小型仪器、工作台。

（8）办公室。面积：20 m²；配有办公桌，室内采光要好。

实验室与仪器室、准备室等配套房间要连在一起，处于同一楼层，以便于管理、教学。仪器室与实验室宜设门相通，以便于仪器的运输。

2. 实验室配电规划

实验室的配电系统是根据实验室仪器设备的要求，经过设计，由专业人员安装的。尤其要注意的是有一些大型或是精密仪器对配电要求十分严格，实验室一定要按照要求进行配电。

3. 实验室上下水规划

上水：在实验室用房装修前，按照功能性布局图，将上水接到指定位置，且上水管道应采用PPR材料。

下水：分成普通废水和实验室废水两套排放管道。

排水系统的管道应该耐酸碱腐蚀及有机试剂对材质的溶解，所以不能采用PVC管材。

4. 实验室通排风规划

通风系统分为空调系统和实验室废气排出系统。空调系统起到控制实验室温湿度的作用，在极端天气下，其可保持样品室、气瓶室、超低温冰箱室、精密仪器室等对温湿度要求严格的实验室24小时恒定温湿度不变。废气排出系统主要涉及有毒、有害气体的排出。我们采用集中抽出和活性炭吸附处理等方法按照国家的标注进行排放，可以有效减少污染。

5. 实验室消防系统规划

因为实验室是一个特殊的环境，所以消防系统是至关重要的。根据具体情况，我们采用不同的消防措施来保障实验室的消防安全，并设立专用消防安全通道及警示标志装置。

三、实验室仪器设备规划

1. 样品前处理仪器设备

样品前处理仪器设备，见表1–1。

表 1-1　样品前处理仪器设备

序　号	名　称	主要用途	台数/台	单价/万	备　注
1	电子天平	食品检验标准品的测量	2		称量范围：1/1000
2	酸度计	食品检测过程中 pH 测定	3		
3	高速离心机	食品检测中营养物质分离	2		
4	磁力搅拌器	食品检验过程中使样品搅拌均匀	1		
5	冷藏柜	食品样品和试剂的存放	1		
6	高压灭菌器	食品检验中灭菌试样的制备	1		
7	真空干燥箱	样品及器皿干燥	1		
8	恒温水浴	食品检验过程中样品前处理	7		
9	除湿器	食品检测环境湿度控制	2		
10	微波消解仪	食品检验过程中制品的消解	1		
11	水分测定仪	食品中水分含量质的测定	1		
12	温湿度计	食品加工环境中的温湿度控制	15		
13	纤维测定仪	食品中纤维含量的测定	1		
14	旋转蒸发仪	在减压条件下连续蒸馏大量易挥发性溶剂	1		
15	粉碎机	粉碎物料	1		
16	均质器	均质温度低于 80℃的液体物料（液-液相或液-固相）	1		
	总计		41		

2.分析仪器部分

分析仪器内容，见表 1-2。

表 1-2 分析仪器

序 号	名 称	主要用途	台数/台	价格/万元	备 注
1	生物显微镜	食品检验过程中细胞和微生物样本的观察	1		
2	液相色谱仪	对有机化合物中70%～80%的化合物进行分离与检测	1		配紫外-可见、荧光、示差折光、二极管阵列检测器，柱后衍生装置
3	液相色谱	食品中营养成分或污染物的分离鉴定	1		质谱联用仪，配ESI、ACPI
4	气相色谱仪	除用于定量和定性分析外，还能测定样品在固定相上的分配系数、活度系数、分子量和比表面积等物理化学常数	1		配FID、FPD、ECD、NPD、TCD检测器
5	气相色谱	食品中挥发营养成分或污染物的分离鉴定	1		质谱联用仪，配ESI、NCI、PCI
6	离子色谱仪	亚硝酸盐的含量	1		
7	原子吸收光谱仪	食品中微量元素的测定	1		
8	凯氏定氮仪	测定食物中含氮量从而计算食物中的蛋白质含量	1		
9	原子荧光光谱仪	食品样品中可形成氢化物含量元素测定	1		
10	紫外-可见分光光度计	对有机物质进行定性鉴定，结构分析及定量测定	2		
11	PCR仪	放大特定的DNA片段	1		
12	酶标仪	酶联免疫吸附检测反应中检测吸光度值	2		
	总计		15		

四、实验室三废处理

1. 废气处理

通过大功率风机排风管道将废气抽到活性炭吸附塔，对有害气体进行净化后排至室外。

2. 废水处理

实验室综合废水处理由废水分类收集单元、废水调节单元、废水深度处理单元、沉降分离单元、物理处理单元、生物处理单元、废水总和净化单元等构成。以上单元可促使污水净化，污水净化后再排放，有助于保护环境。

3. 废渣处理

废渣经收集集中处理后焚烧处理。

五、实验室家具设计规划

实验室家具设计规划，见表1-3。

表1-3 实验室家具设计规划

序号	品名	用途	台数/台	价格/(元/每延米)	备注
1	工作台	供实验人员检验使用	1		
2	中央台		1		
3	中央台试剂架	存放现用试剂	1		
4	通风柜	试验时控制易挥发有毒刺激性物质不对人体造成伤害	1		
5	药品柜	存放药品	2		
6	原子吸收罩		1		
7	PP风机		1		
8	水柜		1		
9	器皿柜		2		
10	天平台		1		
	总和		12		

第一部分 基础型实验

实验 3 常用电器的使用技能

一、课前预习内容

1. 电炉和电热套

先清理干净电炉盘上的杂质，检查电源线是否有断路情况，然后将受加热容器外壁的水或污物擦拭干净再放在电炉上，接通电源。

"万用电炉"，可通过调节"调温旋钮"控制加热温度。

电热套的电源开关打开后，若不需要控制温度，则将"固定－可调"开关置于"固定"位置，指示电表指示 220 V 电源加热；若需要控制温度，则将"固定－可调"开关置于"可调"位置，然后调节"调压"旋钮至指示电表指示合适电压。

注意事项：

（1）电源电压应与电炉本身规定的电压相符。例如，110 V 的电炉接在 220 V 的电源上，炉丝很快烧断；220 V 的电炉接在 110 V 的电源上，炉丝烧不红，达不到加热要求。

（2）加热容器若是金属制的，应垫上一块石棉网，防止金属容器触及电炉丝发生短路和触电事故。

（3）耐火砖炉凹槽中要经常保持清洁，及时清除灼烧焦糊物（清除时必须断电），保持炉丝导电良好。

（4）加热敞口容器中的液体时，一定要注意观察液体沸腾情况，不能让液体溢到电炉丝上，否则极易损坏电炉。

（5）电炉连续使用不应时间过长，过长会缩短使用寿命。若需要较长的加热时间，可采取轮换使用电炉的方法。

2. 电热恒温干燥箱（烘箱、干燥箱）

（1）在排气孔插入温度计并将排气孔旋开，先进行空箱试验。开启电源开关，当"温度调节"旋钮在 0 位置时，绿色指示灯亮，表示电源已接通；将旋钮按顺时针方向从 0 旋至某位置时，在绿色指示灯灭的同时红色指示灯亮，表示电热丝已通电加热，箱内升温；然后把旋钮旋回至红灯熄灭而绿灯再亮，说明电器工作正常。

（2）打开箱门，将干燥物放到架子上，再关上箱门。调节"温度调节"旋钮较高位置，当温度计指示升到比所需温度低 2～3℃时，将旋钮按逆时针方向旋回红、绿灯交替明亮处，即说明电器能自动控制温度。待温度稳定后若达不到或已超过所需温度，可再作小的调节。

若使用电接点水银温度计式温度控制器控制恒温，则应先旋松手动磁钢上的固定螺丝，再旋转手动磁钢，将细丝杆上的扁形螺丝下边缘调至所需温度，打开电源加热，当达到温度后，其便能自动控制温度。待温度稳定后若达不到或已超过所需温度，可再作小的调节。

注意事项：

（1）放到每一层上的物品不能超过 15 kg，物品不能过密；底部的散热板上不应放物品，以免影响热气流向上流动；禁止烘焙易燃、易爆、易挥发和有腐蚀性的物品。

（2）为了防止控制器失灵，必须有人经常照看，不能长时间远离。

（3）当需要观察工作室内样品的情况时，可开启外道箱门，透过玻璃门观察，但箱门以尽量少开为宜，以免影响恒温。特别是当工作温度在 200 ℃以上时，开启箱门有可能使玻璃门骤冷而破裂。

（4）有鼓风的干燥箱，在加热或恒温过程中必须将鼓风机电源开启，否则影响工作室温度的均匀性或易损坏加热元件。

（5）箱内外应经常保持清洁。

3. 电热恒温水浴锅

关闭放水阀门，往水浴锅内注入适量的清水，一般不超过水浴锅容量的 2/3。

接上电源插头，顺时针调节"调温旋钮"至适当温度位置，开启电源开关，红灯亮表示通电加热。此时，若红灯不亮可反复调节"调温旋钮"并观看红灯，如仍不亮，应检查控制箱是否短路失灵。

当温度计指示到距想要控制的温度约 2 ℃时，应反向转动"调温旋钮"至红灯熄灭为止，此后红灯不断熄、亮，表示恒温控制器发生作用；然后略微调节"调温旋钮"即可达到预定的恒定温度。

注意事项：

（1）切记经常检查水位。水位一定要保持不低于电热管，否则会烧坏电热管。

（2）不要让控制箱内部受潮，以防漏电损坏，并注意水箱是否有渗漏现象。

（3）使用完毕，应注意关掉电源。长时间不用，应把水箱内的水倒掉。

4.高温炉（马弗炉）

先将温度控制器的温控指针（或旋钮）调至需要的温度，放入坩埚炉膛内，关闭炉门。接通电源，打开温度控制器的电源开关，即开始加热。当温度指示指针达到调节温度时，即可恒温灼烧，此时红绿灯不时交替熄亮。

注意事项：

（1）高温炉必须放置在稳固的水泥台上，放平后才可将热电偶从高温炉背的小孔插入炉膛内，将热电偶的专用导线接至温度控制器的接线柱上。注意正负极不要接错，以免温度指针反向而造成损坏。

（2）灼烧完毕后，应先拉下电闸，切断电源，但不可立即打开炉门，以免炉膛骤然受冷碎裂。一般可先开一条小缝儿，让其降温快些，最后用长柄坩埚钳取出被烧物件。

（3）高温炉在使用时，要经常照看，防止自控失灵，造成电炉丝烧断等事故。晚间无人在时，切勿启用高温炉。

（4）炉膛内要保持清洁，炉子周围不要堆放易燃、易爆物品。

（5）不用时，高温炉应切断电源，并将炉门关好，防止耐火材料受潮。

二、看演示做记录

根据教师的演示，做相应记录。

三、技能练习

（1）使用电炉时应重点注意哪些问题？
（2）开启烘箱并进行调温练习。
（3）进行恒温水浴锅的正确操作练习。
（4）进行高温炉的正确操作练习。

四、技能考核

（1）观察实验演示者的操作，说出其使用电炉的错误之处。
（2）用水浴锅对烧杯中的水进行 60 ℃恒温加热。
（3）在 110 ℃下烘干洗净的仪器。
（4）在 600 ℃下灼烧空坩埚。

实验4 常用物理检验仪器的使用

一、课前预习

1. 酒精计的使用

取散装米酒倒入 250 mL 的量筒中，将外表清洁的酒精计轻轻放入酒液中并使其浮起，待其静止后，再轻轻按下少许，然后待其自然上升且静止并无气泡冒出后，从水平位置读取与液面平面相交处的刻度值，并做好记录。同时，用温度计测量酒液的温度，根据酒液的温度和读取的酒精计刻度值查表对测得值加以校正即为散装米酒的酒精含量（表 1-4、表 1-5）。

表 1-4 酒精计温度、浓度换算表

酒液温度/℃	酒精计示值															
	50	49	48	47	46	45	44	43	42	41	40	39	38	37	36
	温度 20 ℃时用容量百分数表示的乙醇浓度															
35	44.3	43.3	42.3	41.2	40.2	39.0	38.1	37.0	36.0	35.0	34.0	33.0	32.0	31.0	30.0
34	44.7	43.7	42.7	41.5	40.5	39.5	38.5	37.4	36.4	35.4	34.4	33.4	32.4	31.4	30.4
33	45.0	44.1	43.1	41.9	40.9	39.9	38.9	37.8	36.8	35.8	34.8	33.8	32.8	31.8	30.8
32	45.4	44.4	43.4	42.3	41.3	40.3	39.3	38.2	37.2	36.2	35.2	34.2	33.2	32.2	31.2
31	45.8	44.8	43.8	42.7	41.7	40.7	39.7	38.6	37.6	36.6	35.6	34.6	33.6	32.6	31.6
30	46.2	45.2	44.2	43.1	42.1	41.0	40.1	39.0	38.0	37.0	36.0	35.0	34.0	33.0	32.0
29	46.6	45.6	44.5	43.5	42.5	41.5	40.4	39.4	38.4	37.4	36.4	35.4	34.4	33.4	32.4
28	47.0	45.9	44.9	43.9	42.9	41.9	40.8	39.8	38.8	37.8	36.8	35.8	34.8	33.8	32.8
27	47.3	46.3	45.3	44.3	43.3	42.3	41.2	40.2	39.2	38.2	37.2	36.2	35.2	34.2	33.2
26	47.7	46.7	45.7	44.7	43.7	42.7	41.6	40.6	39.6	38.6	37.6	36.6	35.6	34.6	33.6
25	48.1	47.1	46.1	45.1	44.1	43.0	42.0	41.0	40.0	39.0	38.0	37.0	36.0	35.0	34.0

续　表

酒液温度/℃	酒精计示值														
	50	49	48	47	46	45	44	43	42	41	40	39	38	37	36
	温度 20 ℃时用容量百分数表示的乙醇浓度													
24	48.5	47.5	46.4	45.4	44.4	43.4	42.4	41.4	40.4	39.4	38.4	37.4	36.4	35.4	34.4
23	48.9	47.8	46.8	45.8	44.8	43.8	42.8	41.8	40.8	39.8	38.8	37.8	36.8	35.8	34.8
22	49.2	48.2	47.2	46.2	45.2	44.2	43.2	42.2	41.2	40.2	39.2	38.2	37.2	36.2	35.2
21	49.6	48.6	47.6	46.6	45.6	44.6	43.6	42.6	41.6	40.6	39.6	38.6	37.6	36.6	35.6
20	50.0	49.0	48.0	47.0	46.0	45.0	44.0	43.0	42.0	41.0	40.0	39.0	38.0	37.0	36.0
19	50.4	49.4	48.4	47.4	46.4	45.4	44.4	43.4	42.4	41.4	40.4	39.4	38.4	37.4	36.4
18	50.7	49.8	48.8	47.8	46.8	45.8	44.8	43.8	42.8	41.8	40.8	39.8	38.8	37.8	36.8
17	51.1	50.1	49.2	48.2	47.2	46.2	45.2	44.2	43.2	42.2	41.2	40.2	39.2	38.2	37.2
16	51.5	50.5	49.5	48.6	47.6	46.6	45.6	44.6	43.6	42.6	41.6	40.6	39.6	38.6	37.6
15	51.9	50.9	49.9	48.9	47.9	47.0	46.0	45.0	44.0	43.0	42.0	41.0	40.0	39.0	38.0
14	52.2	51.3	50.3	49.3	48.3	47.3	46.4	45.4	44.4	43.4	42.4	41.4	40.4	39.4	38.4
13	52.6	51.6	50.7	49.7	48.7	47.7	46.7	45.8	44.8	43.8	42.8	41.8	40.8	39.8	38.8
12	53.0	52.0	51.0	50.1	49.1	48.1	47.1	46.1	45.2	44.2	43.2	42.2	41.2	40.2	39.2
11	53.4	52.4	51.4	50.4	49.5	48.5	47.5	46.5	45.6	44.6	43.6	42.6	41.6	40.6	39.6
10	53.7	52.8	51.8	50.8	49.8	48.9	47.9	46.9	46.0	45.0	44.0	43.0	42.0	41.0	40.1

表 1-5　酒精计温度、浓度换算表

酒液温度/℃	酒精计示值														
	35	34	33	32	31	30	29	28	27	26	25	24	23	22	21	20
	温度 20 ℃时用容量百分数表示的乙醇浓度													
35	28.8	27.8	26.8	26.0	25.0	24.2	23.2	22.3	21.3	20.4	19.6	18.8	17.9	16.9	16.0	15.2
34	29.3	28.3	27.3	26.4	25.4	24.5	23.5	22.7	21.7	20.8	20.0	19.1	18.2	17.2	16.4	15.5
33	29.7	28.7	27.7	26.8	25.8	24.9	23.9	23.1	22.0	21.2	20.3	19.4	18.6	17.6	16.7	15.8

续 表

酒液温度/℃	酒精计示值														
	35	34	33	32	31	30	29	28	27	26	25	24	23	22	21	20
	温度20℃时用容量百分数表示的乙醇浓度															
32	30.1	29.1	28.1	27.2	26.2	25.3	24.3	23.4	22.4	21.6	20.7	19.8	18.9	17.9	17.0	16.2
31	30.5	29.5	28.5	27.6	26.6	25.7	24.7	23.8	22.8	21.9	21.0	20.2	19.3	18.3	17.4	16.5
30	30.9	29.9	28.9	28.0	27.0	26.1	25.1	24.2	23.2	22.3	21.4	20.5	19.6	18.6	17.7	16.8
29	31.3	30.3	29.4	28.4	27.4	26.4	25.5	24.6	23.6	22.7	21.8	20.8	19.9	19.0	18.0	17.2
28	31.7	30.7	29.7	28.8	27.8	26.8	25.9	24.9	24.0	23.0	22.1	21.2	20.2	19.3	18.4	17.5
27	32.2	31.2	30.2	29.2	28.2	27.2	26.3	25.3	24.4	23.4	22.5	21.5	20.6	19.6	18.7	17.8
26	32.6	31.6	30.6	29.6	28.6	27.6	26.6	25.7	24.7	23.8	22.8	21.9	20.9	20.0	19.0	18.1
25	33.0	32.0	31.0	30.0	29.0	28.0	27.0	26.1	25.1	24.1	23.2	22.2	21.0	20.3	19.4	18.4
24	33.4	32.4	31.4	30.4	29.4	28.4	27.4	26.4	25.5	24.5	23.5	22.6	21.6	20.7	19.7	18.7
23	33.8	32.8	31.8	30.8	29.8	28.8	27.8	26.8	25.8	24.9	23.9	22.9	22.0	21.0	20.0	19.0
22	34.2	33.2	32.2	31.2	30.2	29.2	28.2	27.2	26.2	25.3	24.3	23.3	22.3	21.3	20.4	19.4
21	34.6	33.6	32.6	31.6	30.6	29.6	28.6	27.6	26.6	25.6	24.6	23.6	22.6	21.7	20.7	19.7
20	35.0	34.0	33.0	32.0	31.0	30.0	29.0	28.0	27.0	26.0	25.0	24.0	23.0	22.0	21.0	20.0
19	35.4	34.4	33.4	32.4	31.4	30.4	29.4	28.4	27.4	26.4	25.4	24.4	23.3	22.3	21.3	20.3
18	35.8	34.8	33.8	32.8	31.8	30.8	29.8	28.8	27.8	26.7	25.7	24.7	23.7	22.6	21.6	20.6
17	36.2	35.2	34.2	33.2	32.2	31.2	30.2	29.2	28.1	27.1	26.1	25.1	24.0	23.0	22.0	20.9
16	36.6	35.6	34.6	33.6	32.6	31.6	30.6	29.5	28.5	27.5	26.5	25.4	24.4	23.3	22.3	21.2
15	37.0	36.0	35.0	34.0	33.0	32.0	31.0	29.9	28.9	27.9	26.8	25.8	24.7	23.7	22.6	21.6
14	37.4	36.4	35.5	34.4	33.5	32.4	31.4	30.4	29.3	28.3	27.2	26.2	25.1	24.0	23.0	21.9
13	37.8	36.8	35.9	34.9	33.9	32.8	31.8	30.8	29.7	28.7	27.6	26.5	25.4	24.4	23.3	22.2
12	38.2	37.3	36.3	35.3	34.3	33.3	32.2	31.2	30.2	29.1	28.0	26.9	25.8	24.7	23.6	22.5
11	38.7	37.7	36.7	35.7	34.7	33.7	32.7	31.6	30.6	29.5	28.4	27.3	26.2	25.0	23.9	22.8
10	39.1	38.1	37.1	36.1	35.1	34.1	33.1	32.0	31.0	29.9	28.8	27.7	26.6	25.4	24.3	23.1

2. 波美密度计的使用

取 20 ℃的酱油倒入 250 mL 的量筒中，将外表清洁的波美密度计轻轻放入酱油中并使其浮起，待其静止后，再轻轻按下少许，然后待其自然上升且静止并无气泡冒出后，从水平位置读取与液面平面相交处的刻度值，即为酱油的比重。具体操作步骤，如图 1-4 所示。

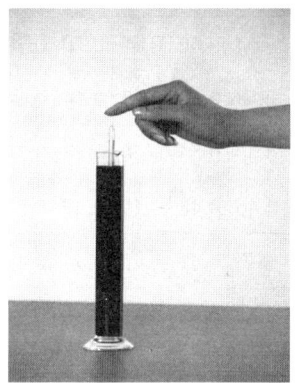
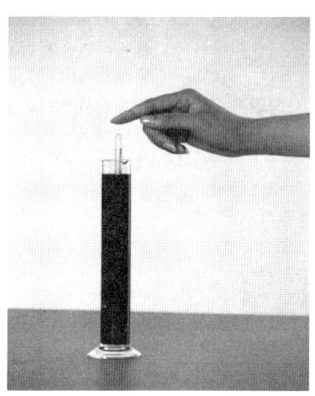

图 1-4　波美密度计的使用步骤

3. 手持测糖仪的使用

掀起照明棱镜盖板，用柔软的绒布仔细地将折光棱镜清洗干净，并用滤纸和擦镜纸将水拭净。取糖液数滴，置于折光棱镜面上，合上盖板，使溶液均匀分布在棱镜面。将仪器进光窗对向光源，调节视度圈，使视场内刻度清析可见，于视场中读取明暗分界线相应之读数，即为溶液含糖浓度（百分含量）。

仪器档位分为 0%～50% 和 50%～80% 两档。当被测糖液浓度低于 50% 时，将换档旋钮向左旋转至不动，使目镜半圆视场中的 0%～50% 可见，此时即可观测读数。当被测糖液浓度高于 50% 时，则应将换档旋钮向右旋至不动，使目镜半圆视场中的 50%～80% 可见，此时即可观测读数。

测量时若温度不是 20 ℃，应进行数值修正。修正的情况分为两种：

（1）仪器在 20 ℃调零的，而在其他温度下进行测量时，则应进行校正。校正的方法：温度高于 20 ℃时，测量读数加上查"糖量计读数温度修正表"（表 1-6）得出的相应校正值，即为糖液的准确浓度数值；温度低于 20 ℃时，减去查"糖量计读数温度修正表"得出的相应校正值，即为糖液的准确浓度数值。

（2）仪器在测定温度下调零的，则不需要校正。方法：测试纯蒸馏水的折光率，看视场中的明暗分界线是否对正刻线 0。若偏离，则可用小螺丝刀旋动校正螺钉，使分界线正确指示 0 处，然后对糖液进行测定，读取的数值即为正确数值。

表 1-6　糖量计读数温度修正表

项目		浓度													
		0	5	10	15	20	25	30	35	40	45	50	55	60	65	70
温度/℃	10	0.50	0.54	0.58	0.61	0.64	0.66	0.68	0.70	0.70	0.73	0.74	0.75	0.76	0.78	0.79
	11	0.46	0.46	0.53	0.55	0.58	0.60	0.62	0.64	0.64	0.66	0.67	0.68	0.69	0.70	0.71
	12	0.42	0.45	0.48	0.50	0.52	0.54	0.56	0.57	0.57	0.59	0.60	0.61	0.61	0.63	0.63
	13	0.37	0.40	0.42	0.44	0.46	0.48	0.49	0.50	0.50	0.52	0.53	0.54	0.54	0.55	0.55
	14 (从读数中减去)	0.33	0.35	0.37	0.39	0.40	0.41	0.42	0.43	0.43	0.45	0.45	0.46	0.46	0.47	0.48
	15	0.27	0.29	0.31	0.33	0.34	0.34	0.35	0.36	0.36	0.37	0.38	0.39	0.39	0.40	0.40
	16	0.22	0.24	0.25	0.26	0.27	0.28	0.28	0.29	0.29	0.30	0.30	0.31	0.31	0.32	0.32
	17	0.17	0.18	0.19	0.20	0.21	0.21	0.21	0.22	0.22	0.23	0.23	0.23	0.23	0.24	0.24
	18	0.12	0.13	0.13	0.14	0.14	0.14	0.14	0.15	0.15	0.15	0.15	0.16	0.16	0.16	0.16
	19	0.06	0.06	0.06	0.07	0.07	0.07	0.07	0.08	0.08	0.08	0.08	0.08	0.08	0.08	0.08
温度/℃	20	0	0	0	0	0	0	0	0	0	0	0	0	0	0	0
温度/℃	21	0.08	0.07	0.07	0.07	0.07	0.08	0.08	0.08	0.08	0.08	0.08	0.08	0.08	0.08	0.08
	22	0.13	0.13	0.14	0.14	0.15	0.15	0.15	0.15	0.15	0.16	0.16	0.16	0.16	0.16	0.16
	23	0.19	0.20	0.21	0.22	0.22	0.23	0.23	0.23	0.23	0.24	0.24	0.24	0.24	0.24	0.24
	24	0.26	0.27	0.28	0.29	0.30	0.30	0.31	0.31	0.31	0.31	0.32	0.32	0.32	0.32	0.32
	25 (加在读数上)	0.33	0.35	0.36	0.37	0.38	0.38	0.39	0.40	0.40	0.40	0.40	0.40	0.40	0.40	0.40
	26	0.40	0.42	0.43	0.44	0.45	0.46	0.47	0.48	0.48	0.48	0.48	0.48	0.48	0.48	0.48
	27	0.48	0.50	0.52	0.53	0.54	0.55	0.55	0.56	0.56	0.56	0.56	0.56	0.56	0.56	0.56
	28	0.56	0.57	0.60	0.61	0.62	0.63	0.63	0.64	0.64	0.64	0.64	0.64	0.64	0.64	0.64
	29	0.64	0.66	0.68	0.69	0.71	0.72	0.72	0.73	0.73	0.73	0.73	0.73	0.73	0.73	0.73
	30	0.72	0.74	0.77	0.78	0.79	0.80	0.80	0.81	0.81	0.81	0.81	0.81	0.81	0.81	0.87

4.阿贝折光仪的使用

（1）校正。在开始测量前必须先用标准玻璃块校正读数，将标准玻璃块的抛光面上加1滴溴代萘后贴在折射棱镜的抛光面上,标准玻璃块的抛光面应向上以接受光线。调节读数镜内刻度值与标准玻璃块的标示值一致后，观察观测系统望远镜内明暗分界线是否在十字线中间，若有偏离则用附件方孔调节扳手转动示值螺钉，使明暗分界线调整至中央，校正完毕。在以后的测量过程中不允许再动。校正完毕，取下标准玻璃块，用乙醚溶液剂将折射棱镜面擦洗干净即可进入测量工作。

（2）测量。①将棱镜表面擦拭干净后，把被测糖液用滴管加在进光棱镜的磨砂面上，合上棱镜并旋转棱镜锁紧手柄扣紧两棱镜。②调节两反射镜，使观测系统、读数系统的镜筒视场明亮。③旋转棱镜转动手轮使棱镜组转动，通过光学系统的望远镜筒观测明暗分界线上下移动，同时调节色散棱镜手轮使视场为黑白两色。当视场中的黑白分界线与交叉十字线中点相割时，观察读数系统的望远镜筒，视场中所指示的数值即为被测液体的折光率或糖液的浓度值。

5.全自动旋光仪的使用

（1）将仪器电源接通后，打开电源开关，经5分钟预热钠光灯，待钠光灯发光稳定。

（2）打开光源开关。若钠光灯熄灭，则将光源开关上下扳动1~2次，使钠光灯在直流下点亮正常。

（3）打开测量开关这时数码管应有数值显示。

（4）将装有空白液的旋光管放入样品室的凹槽内，盖上箱盖，待示数值稳定后，按下清零按钮。

（5）取出装有空白液的旋光管。将装有待测糖液的旋光管按相同的位置和方向放入样品室内，盖好箱盖。仪器数码显示窗即可显示该样品的旋光度。按下复测按钮，重复读几次数，取平均值为样品的测定值。

（6）仪器使用完毕后，应依次关闭测量、光源、电源开关。

（7）糖液浓度的计算公式如下：

$$C = \frac{\alpha}{[\alpha]^t \times L}$$

式中：

　　C——糖液浓度值（g/mL）%；

　　α——测得的糖液旋光度值；

[α]——测定温度下的糖液的比旋光度；

t——测定时糖液的温度（℃）；

L——旋光管长度（dm）。

注：蔗糖的比旋光度 [α]^{20} = +66.5。

二、看演示做记录

根据教师的演示，做相应记录。

三、技能练习

（1）用酒精计测定散装米酒的酒精浓度。

（2）用波美密度计测定铁鸟牌酱油的比重。根据酱油的比重判断酱油的等级。

（3）用20℃/4℃乳稠计测定牛奶的比重，并判断牛奶的质量。

（4）用锤度计测定稀糖液的浓度。

（5）用手持测糖仪测定稀糖液和浓糖液的浓度。

（6）用阿贝折光仪测定稀糖液和浓糖液的浓度。

（7）用全自动旋光仪测定稀糖液和浓糖液的浓度。

四、考核

（1）用酒精计测定散装米酒的酒精浓度。

（2）用波美密度计测定铁鸟牌酱油的比重。根据酱油的比重判断酱油的等级。

（3）用20℃/4℃乳稠计测定牛奶的比重，并判断牛奶的质量。

（4）用锤度计测定稀糖液的浓度。

（5）用手持测糖仪测定稀糖液和浓糖液的浓度。

（6）用阿贝折光仪测定稀糖液和浓糖液的浓度。

（7）用全自动旋光仪测定稀糖液和浓糖液的浓度。

（8）指出手持测糖仪各部件的名称。

（9）指出阿贝折光仪各部件的名称。

第一部分 基础型实验

实验 5　酸度计和电动磁力搅拌器的使用

一、课前预习内容

1. 电动磁力搅拌器的使用方法

插上电源，将装有溶液的器皿放置在加热盘的中部，并把转子放入器皿的溶液中；开启电源，指示灯亮后，顺时针调节调速旋钮，速度由慢至快，将速度调至所需速度后，转子旋转带动溶液进行搅拌操作。

需要恒温加热时，将温度测量探头插入溶液中，并将插头插入搅拌器后座，调节温度旋钮至所需温度即可。若对溶液温度精度要求准确时，需用温度计同时测量溶液温度，再调节温度旋钮以达到要求温度。若不需要加热，只要把温度调节旋钮调至室温以下即可。

需要控制定时操作时，将定时开关顺时针旋至所需的温度位置上，此时电源灯亮，仪器处于工作状态；当定时开关自动转到起始位置时，搅拌自动停止。

注意事项：

（1）温度测量探头放入溶液中高度应合适，以不使转子碰撞探头为宜，以防损坏。

（2）测量完毕，应将探头清洗干净。

（3）70℃以上连续加热不得超过 2 小时。

（4）转动定时开关时不应过快过猛，以免损坏零件。

2. pHS-25 型双电极酸度计的使用方法

我们首先应装上电极杆及电极夹，并按需要位置紧固；然后装上电极，支好仪器背部的支架；在开电源前，把"范围"开关置于中间位置。

（1）电计的检查。①将"选择"开关置于"+mv"或"-mv"。电极插座不能插入电极。②"范围"开关置于中间位置，打开电源开关，此时指示灯应亮。表针位置在未开机时的位置。③将"范围"开关置"0～7"档，指示电表的示值应为 0 mv(10 mv)。④将"选择"置"pH"档，调节"定位"旋钮，使电表的示值小于 6 pH。⑤将"范围"开关置"7～14"档，反向调节"定位"旋钮，使电表示值大于 8pH。

当仪器经过以上方法检验都符合要求后，则可认为仪器能正常工作。

· 021 ·

（2）仪器的 pH 标定。干放的 pH 玻璃电极在使用前必须在蒸馏水中浸泡 8 小时以上。参比电极在使用前必须拔去橡皮套。玻璃电极和参比电极的电极内不能有气泡停留，如有必须除去。

仪器的标定按如下步骤进行：①用蒸馏水清洗电极，并用滤纸吸干后，方可把电极插入已知 pH 的缓冲溶液的适当深度中，并与酸度计插座相连。调节"温度"旋钮，使所指的温度同溶液的温度一致。②置"选择"开关于所测 pH 缓冲溶液的范围档，如 pH 为 6.86，则置"0～7"档；如 pH 为 9.01，则置"7～14"档。③调节"定位"旋钮，使电表指示值恰好与缓冲溶液的 pH 相同。

标定所选用的标准缓冲溶液同被测样品的 pH 最好能尽量接近，这样能减小测量误差。

经上述步骤标定后的仪器，"定位"旋钮不应再有任何变动。一般情况下，在 24 小时之内，无论电源是连续的开或是间隔的开，仪器均不需要再标定。但是，遇下列情况之一则仪器需要再标定：①溶液温度与标定时的温度有较大变化时。②干燥过久的电极。③换了新的电极。④"定位"旋钮有变动或可能有变动。⑤测量过 pH 较大（大于 12）或较小（小于 2）的溶液。⑥测量过含有氟化物且 pH 小于 7 的溶液，或较浓的有机溶剂。

（3）pH 的测定。经过 pH 标定后的仪器，取出电极用蒸馏水冲洗干净并用滤纸吸干。把电极插入待测溶液中，启动磁力搅拌器使溶液受到搅拌。调节"温度"旋钮与待测溶液温度一致。置"选择"开关于"pH"，再置"范围"开关于待测溶液的可能 pH 范围。此时，仪器所指的 pH 即为待测溶液的 pH。记录下测定值后，置"范围"开关于中间位置。测量完毕，取出电极清洗干净放回盒内，整理酸度计放好。

3. pHS-25 型复合电极酸度计的使用方法

（1）检查。①将"选择"开关置于 pH 档。短路插入指示电极插座。②"范围"开关置于中间位置，打开电源开关，此时指示灯应亮。表针位置在未开机时的位置。③将"范围"开关置"0～7"档，调节"定位"旋钮，使电表示值小于 6 pH。④将"范围"开关置"7～14"档，反向调节"定位"旋钮，使电表示值大于 8pH。

当仪器经过以上方法检验都符合要求后，则可认为仪器能正常工作。

（2）标定。检查完毕后，置"范围"开关于中间位置，拔下短路插，接上复合电极（电极应经蒸馏水 8 小时以上浸泡，并清洗干净吸干）。其余操作同双电极型酸度计。

（3）测量。操作类似于双电极型酸度计。

酸度计的使用操作规程，如图 1-5 所示。

第一部分　基础型实验

（a）活化电极

（b）取出酸度计，检查仪器

（c）短路插插入指示电极插座，调节开关

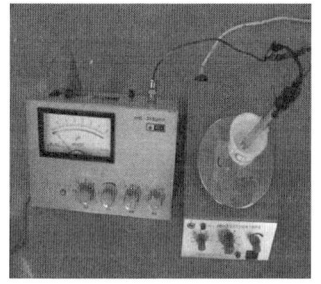
（d）用标准溶液标定所需的范围

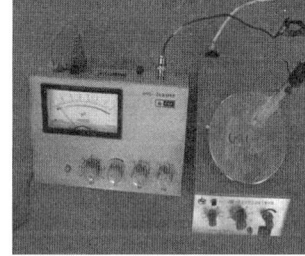
（e）安装仪器和电极

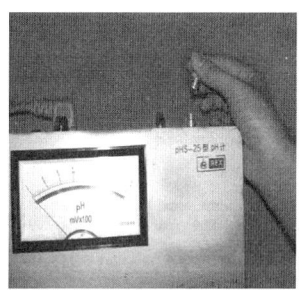
（f）拔掉短路插

（g）清洗电极

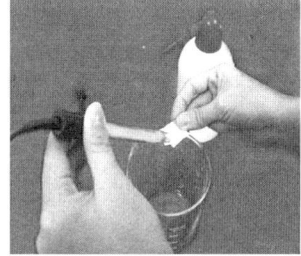
（h）擦干电极

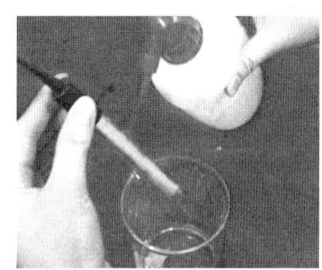
（j）把电极插入被测溶液中

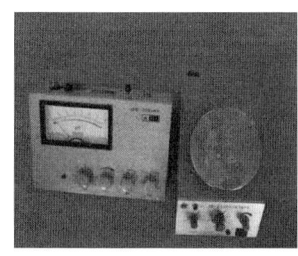
（k）收拾仪器

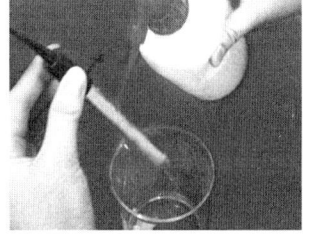
（l）清洗并擦干电极

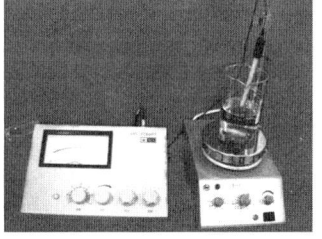
（m）测定

图1-5　复合电极酸度计的使用操作规程图

· 023 ·

二、看演示做记录

根据教师的演示,做相应的记录。

三、技能练习

(1)用胶皮电线和铁丝制作转子。
(2)用酸度计测量自来水的pH。

四、考核

(1)请对酸度计是否能正常工作进行检查。
(2)说明电动磁力搅拌器的使用方法。
(3)用pHS-25型酸度计测量自来水和蒸馏水的pH。

实验6　实验室5L小型发酵罐的认知

一、实验目的

(1)了解5L小型发酵罐和其配套设备的名称及作用。
(2)熟练掌握发酵罐灭菌的步骤及注意事项。
(3)掌握分光光度法测量菌体浓度的方法,学会绘制菌体浓度曲线。

二、实验原理

发酵罐是一种对物料进行机械搅拌与发酵的设备。该设备采用内循环方式,用搅拌桨分散、打碎气泡。罐体采用SUS304或316L进口不锈钢材料制成,罐内配有自动喷淋清洗机头,以确保生产过程符合GMP要求。厌气发酵(如生产酒精等)的发酵罐结构比较简单,好气发酵(如生产抗生素、氨基酸、有机酸、维生素等)的发酵罐因需要向罐中连续通入大量无菌空气,并考虑通入空气的利用率,故在发酵罐结构上较为复杂,常用的有机械搅拌式发酵罐、鼓泡式发酵罐和气升式发酵罐。

发酵罐广泛应用于乳制品、饮料、生物工程、制药、精细化工等行业,罐体设有夹层、保温层,发酵罐可用于加热、冷却、保温。罐体与上下填充头(或锥形)均采用旋压 R 角加工，罐内壁经镜面抛光处理，无卫生死角，而全封闭设计也确保了物料始终处于无污染的状态下混合、发酵。

发酵罐要求完全防止杂菌的污染，因而所有进入发酵罐的设备都要进行严格的灭菌处理，如温度电极、pH 电极和消泡电极等。

三、实验仪器

实验仪器有上海百伦发酵罐（5L）、电脑、控制主机、空气压缩机、蒸汽发生器、冷凝水发生器等。

四、实验步骤

1. 上海百伦发酵罐

上海百伦发酵罐的结构简图，如图 1-6 所示。

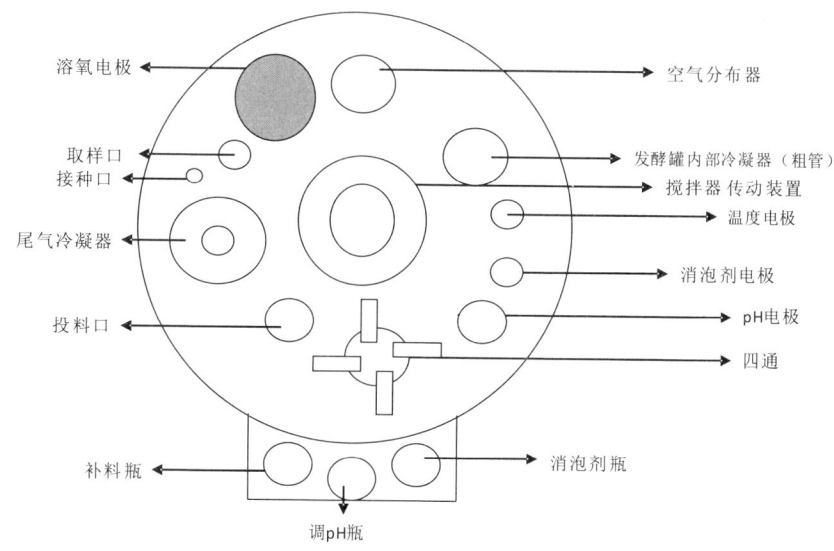

图 1-6 上海百伦发酵罐的结构简图

（1）其他附属设备。空气压缩机：空气经过除菌后直接通入与发酵罐相连的控制主机上，用电脑控制空气流量的数值，用转子流量计调节流量的大小；灭菌锅：用于发酵罐的离位灭菌。

（2）各部分作用。尾气冷凝管：长期与冷凝水相连冷凝尾气；投料口：将培养基从此口加入发酵罐，此步骤要同时用灭菌圈；四通：可与大气相连通，也可以用来取样测菌浓；pH 电极：监控发酵液的 pH；温度电极：长度要足够长，插在夹套里防止被搅拌桨打到；发酵罐冷凝器：当发酵罐温度过高时，要打开冷凝器，将温度快速降下来；电热夹套：控制发酵温度；空气分布器：定期在发酵罐中通入空气，保证菌体生长；溶氧电极：检测发酵罐中的溶氧量，保证发酵正常进行；取样口：定期进行菌体浓度测量和产品含量测量；接种口：接种时在接种口加一圈酒精棉并点燃，将种子从灭菌环中倒入发酵罐；发动机：用来连接搅拌轴并为其提供动力（灭菌时可拆卸）；外部铁架框：用来放置补料瓶、酸（碱）瓶和消泡剂瓶。

2. 发酵罐灭菌

（1）校正电极。① pH 电极：进入主页面→系统设置→参数校正→在标准液（KCL 饱和溶液）中插入 pH 电极（插入电极之前要用蒸馏水冲洗一下使电极的 pH 至 7 左右，用滤纸擦干净）→看当前值到 6.86 左右不再变动为止→点击确定键→用蒸馏水冲洗干净→插入标准液中→看当前值至 4.01 左右不再变动为止→点确定键→用水冲洗干净→pH 电极校正完毕（一般要校正 1～2 次）。② 溶氧电极：校正方法同上，只是使用的标准溶液为亚硫酸钠饱和溶液，当前值变为 0 时点确定键。

（2）灭菌。① 打开蒸汽发生器进行预热。② 将灭菌罩安装在发酵罐上，螺丝拧紧防止泄露。③ 在发酵罐底部的夹套里注满冷却水，将蒸汽发生器与夹套里的蛇管紧密连接以便蒸汽顺利进入蛇管。④ 灭菌之前注意将发动机卸下。灭菌刚开始时，灭菌罩上的气阀要先打开，排出冷气，然后逐渐关闭。⑤ 在一定的灭菌压力下灭菌 15～20 分钟。灭菌完毕后，冷却一段时间，取下灭菌罩，将凹槽内的水排净擦干。

注意事项：

（1）灭菌时，要在通大气的管道中塞入含有酒精的棉花进行进一步的灭菌。

（2）灭菌之前，要将过滤空气的膜结构用锡纸包好，防水。

（3）当管道内外没有相通时，必须有与外压相通的管道，防止发酵罐碎裂。消毒时加些酒精棉球即可。

（4）排冷气时，排气阀在 100 ℃时要逐渐关闭，但不是完全关闭。

（5）灭菌时，各种电极不要同时灭菌。因为同时灭菌会伤害电极，缩短电极的使用寿命。

（6）灭菌时，可以将培养基直接加入发酵罐一起灭菌，但各种管路要卡死，以免培养基上溢造成阻塞。

3. 测量菌体浓度

（1）取样。① 将空气泵打开至 0.02～0.04 MPa，缓慢打开。② 将通大气的管口

（冷凝器上面的那个口）用夹子夹住，打开取样口的夹子用干净的试管取样，取样的体积相当于试管体积的一半。③ 取样完毕后打开连通口的管道（三通和两通连在一起的管道），将取样管中多余的发酵液压回发酵罐。④ 将发酵液压回发酵罐后夹住取样口和连通管道，打开大气连通管道。⑤ 关上空气泵，取样完毕。

（2）测量菌体浓度。① 先用 1000 μL 的移液枪在试管中吸取 1 次发酵液润洗一下移液枪，润洗完后再吸取 1 次发酵液至离心管中，而后再换针头吸取 3 次蒸馏水放入离心管中，将发酵液稀释四倍，将蒸馏水和发酵液混合均匀，备用。② 用再次换针头的移液枪从离心管中吸取 1 次发酵液至分光仪管内润洗 1 次倒掉，再将离心管内的液体全部倒入分光仪管内，放入分光仪中，盖好仪器的盖子。③ 在电脑界面中先进行校零，然后点击开始键进行测量，1 次开始会出现 2 次结果，取中间值即可。④ 将测量值记录下来。每 2 h 测量一次菌体浓度。

（3）留样。① 将试管内的发酵液倒入留样管内盖好盖子，在盖子上标明取样的日期和时间。② 将留样管放入冰箱内冷藏保存。③ 将所有用过的仪器清洗干净。

注意事项：

（1）取样时先将发酵液排出一部分，防止发酵液与之前的发酵液混合，影响测量结果。

（2）将分光仪管放入分光仪前要将外面的水用擦镜纸擦干。

（3）发酵初期取样时空气泵要保留一点儿缝隙，不能完全关上，要让空气进入，使菌体生长，进入稳定期后需要停止空气的供应，要将空气泵关紧。

实验 7　土壤中产醋酸菌种的分离筛选

一、实验目的

（1）根据一定的生产目的，建立不同的筛选模型，并从特定的样品中筛选出高产的适宜菌株。

（2）加深对发酵工程上游技术中菌种选育的认识，学会常规选种、育种的方法。

（3）使学生养成脚踏实地、求真务实的学习作风。

二、基本原理

我国是食醋生产大国，随着人们生活水平的不断提高，发酵醋饮料越来越受到消费者的青睐。目前的醋饮料主要有苹果醋、葡萄醋和麦芽醋，主要的生产方法是液态发酵法，使用较多的菌种有恶臭醋杆菌、混浊变种、巴氏醋酸菌、巴氏亚种等，但在对上述菌种的应用中普遍都遇到菌种退化、产酸率及产品风味下降的问题。

样品中的大部分细菌的分离无须进行富集，但某些少数细菌则要求特殊的富集或选择技术才能很好地被分离培养。运用细菌的酶诱导性，在分离培养基中添加若干抗生素、复杂底物和生长因子的前体物质来激活细菌某一特殊基因组，可以建立若干富集技术。同样，富集可以促进菌种抗性的产生并将其维持下来。

醋酸菌种筛选方法一般为：样品（来自腐烂的水果）→富集培养→稀释、涂布分离→挑取透明圈较大的单菌落→纯化、保藏菌种→产醋酸定性试验→遗传稳定性试验→生理生化特征试验→ 16S rRNA 鉴定。

三、培养基与仪器

（1）培养基：牛肉膏蛋白胨培养基。
（2）仪器：全自动高压灭菌锅、培养箱、酸式滴定管。

四、实验步骤

（1）确定方案：先查阅资料，了解所需菌种的生长培养特性。

（2）采样：选取果园离地面 5 ~ 15 cm 处的土，用小铲子取样，将采集到的土样盛入聚乙烯袋或玻璃瓶中。

（3）增殖：称取 0.5 g 土样（湿重），加到含 10 mL 25% 无菌土样浸出汁的试管中，于 26 ℃、150 rpm 条件下振荡培养 25 min，以适宜的样本稀释液系列稀释培养液；然后，取 0.1 mL 涂布于已添加及未添加富集底物的土浸出汁平板；26 ℃下皿底朝上培养 4 ~ 10 天，将长出的菌落接入斜面，但应挑分离成单个的，以免不纯。

（4）分离：利用产物特性分离得到目标产物的纯种。

初筛：将细菌接种到含有一定的碳酸钙的牛肉膏蛋白胨固体培养基中进行培养，如果细菌产酸，则培养基出现混浊半透明状态，可以根据菌体产生酸溶解出现透明圈大小初步筛选出产酸高的菌种。

复筛：将初筛菌种在斜面培养纯化后，接到牛肉膏蛋白胨液体培养基中 37 ℃深层培养 24 h 后，取出培养液 5 mL 加入试管内，加 0.1 mol/L NaOH 液中和，然后加入氯化铁液 2~3 滴，摇匀，观察液色是否变为黄红色，将试管放在火焰上煮沸，看有无红褐色沉淀生出，根据所消耗的 NaOH 量确定产物醋酸的具体生成量。

五、实验结果

将实验结果填入表 1-7。

表 1-7 实验结果

菌　株	1	2	3	4	5	6
NaOH 的消耗量 /mL						
醋酸的生成量 /mL						
反应液颜色变化						

六、思考题

如果培养中有其他挥发酸共存，应采用什么方法测定醋酸的生成量？

实验 8　紫外线的诱变育种

一、实验目的

通过实验，观察紫外线对枯草芽孢杆菌的诱变效应，并学习物理因素诱变育种的方法。

二、实验原理

诱变育种是指用物理、化学因素诱导动植物或微生物的遗传特性发生变异，再从变异群体中选择符合人们某种要求的单株/个体，进而培育成新的品种或种质的育种方法。它是继选择育种和杂交育种之后发展起来的一项现代育种技术。

目前，应用较多的是辐射诱变，即用 α 射线、β 射线、γ 射线、X 射线、中子和其他粒子、紫外辐射及微波辐射等物理因素诱发变异。当通过辐射将能量传递到生物体内时，生物体内各种分子便产生电离和激发，接着产生许多化学性质十分活跃的自由原子或自由基团。它们继续相互反应，并与其周围物质特别是大分子核酸和蛋白质反应，引起分子结构的改变。由此又影响细胞内的一些生化过程，如 DNA 合成的中断、各种酶活性的改变等，使各部分结构进一步深刻变化，其中尤其重要的是染色体损伤。由于染色体断裂和重接而产生的染色体结构和数目的变异即染色体突变，而至使 DNA 分子结构中碱基的变化，进而会造成基因突变。那些带有染色体突变或基因突变的细胞经过子代繁殖，将变异了的遗传物质传至性细胞或无性繁殖器官，即产生生物体的遗传变异。

化学诱变除能引起基因突变外，还具有和辐射类似的生物学效应，如引起染色体断裂等，其常用于处理迟发突变，并对某特定的基因或核酸有选择性作用。化学诱变剂主要有：①烷化剂。这类物质含有 1 个或多个活跃的烷基，能转移到电子密度较高的分子中去，置换其他分子中的氢原子而使碱基改变。常用的有甲基磺酸乙酯、乙烯亚胺、亚硝基乙基脲烷、亚硝基甲基脲烷、硫酸二乙酯等。②核酸碱基类似物，是一类与 DNA 碱基类似的化合物。渗入 DNA 后，可使 DNA 复制发生配对上的错误。常用的有 5-溴尿嘧啶、5-溴去氧尿核苷等。③抗生素。例如，重氮丝氨酸、丝裂霉素 C 等，具有破坏 DNA 和核酸的能力，从而会造成染色体断裂。

紫外线对微生物有诱变作用，主要引发 DNA 分子结构发生改变（同链 DNA 的相邻嘧啶间形成共价结合的胸腺嘧啶二聚体），从而引起菌体遗传性变异。

三、菌种与仪器

（1）菌种：枯草芽孢杆菌。

（2）仪器：血球计数板、显微镜、紫外线灯（15 W）、电磁搅拌器、离心机。

四、操作步骤

1. 菌悬液的制备

（1）取培养 48 h 的枯草芽孢杆菌的斜面 4～5 支，用无菌生理盐水将菌苔洗一下，并倒入盛有玻璃珠的小三角烧瓶中，振荡 30 min，以打碎菌块。

（2）将上述菌液离心（3 000 r/min，离心 15 min），弃去上清液，将菌体用无菌生理盐水洗涤 2～3 次，最后制成菌悬液。

（3）用显微镜直接计数法计数，调整菌液的细胞浓度至 10^8 个/mL。

2. 平板制作

将淀粉琼脂培养基溶化后，冷至 55 ℃左右时倒入平板，凝固后待用。

3. 紫外线处理

（1）将紫外线灯开关打开预热约 20 min。

（2）取直径 6 cm 无菌平皿 2 套，分别加入上述菌悬液 5 mL，并将无菌搅拌棒置于平皿中。

（3）将盛有菌悬液的 2 套平皿置于磁力搅拌器上，在距离为 30 cm、功率为 15 W 的紫外线灯下分别搅拌照射 1 min、3 min。

4. 稀释

在红灯下，将上述经诱变处理的菌悬液以 10 倍稀释法稀释成 $10^{-1} \sim 10^{-6}$（具体可按估计的存活率进行稀释）。

5. 涂平板

取 10^{-4}、10^{-5}、10^{-6} 三个稀释度的菌稀释液涂于平板，每个稀释度涂 3 只平板，每只平板加稀释菌液 0.1 mL，用无菌玻璃刮棒涂匀。以同样操作，取未经紫外线处理的菌稀释液涂平板作对照。

6. 培养

将上述涂匀的平板用黑布（或黑纸）包好，置 37 ℃培养 48 h。注意每个平皿背面要标明处理时间和稀释度。

7. 计数

将培养 48 h 后的平板取出并进行细菌计数，通过对照平板上的菌落数，计算出每毫升菌液中的活菌数；同理计算出紫外线处理 1 min、3 min 后的存活细胞数及其致死率。存活率和致死率计算公式如下：

$$存活率 = \frac{处理后每毫升活菌数}{对照每毫升活菌数} \times 100$$

$$致死率 = \frac{对照每毫升活菌数 - 处理后每毫升活菌数}{对照每毫升活菌数} \times 100$$

8. 观察诱变效应

分别向菌落数在 5~6 个的平板上加碘液数滴，加碘后菌落周围将出现透明圈。分别测量透明圈直径与菌落直径并计算其比值（HC 值），将其与对照平板进行比较，根据比较结果，说明诱变效应。选取 HC 比值大的菌落移接到试管斜面上培养。此斜面可作复筛用。

五、实验结果

将实验结果填入表 1-8。

表 1-8 实验结果

结果处理	透明圈菌落直径大小及其HC比值																	
	1			2			3			4			5			6		
	透明圈/mm	菌落/mm	HC比值/mm	透明圈/mm	菌落/mm	HC比值/mm	透明圈/mm	菌落/mm	HC比值/mm	透明圈/mm	菌落/mm	HC比值/mm	透明圈/mm	菌落/mm	HC比值/mm	透明圈/mm	菌落/mm	HC比值/mm
UV处理																		
对照																		

六、思考题

（1）用于诱变的菌悬液（或孢子悬液）为什么要充分振荡？

（2）经紫外线处理后的操作和培养为什么要在暗处或红光下进行？

实验 9　醋酸杆菌复壮实验

一、实验目的

实验室保藏醋酸杆菌出现退化，进行复壮实验，以恢复原菌株的固有特性。

二、实验原理

复壮指对已衰退的菌种(群体)进行纯种分离和选择性培养，使其中未衰退的个体获得大量繁殖，重新成为纯种群体的措施。狭义的复壮是一种消极措施，一般指对已衰退的菌种进行复壮；广义的复壮是一种积极措施，即在菌种的生产性状未衰退前就不断进行纯种分离和生产性状测定，以在群体中获得生产性状更好的自发突变株。菌种退化是指群体中退化细胞在数量上占一定比例后，表现出群体性能变差的现象。因此，在已经退化的群体中，仍然有一定数量尚未退化的个体。

菌种衰退不是突然发生的，而是从量变到质变的逐步演变过程。开始时，在群体细胞中仅有个别细胞发生自发突变（一般均为负变），不会使群体菌株性能发生改变。经过连续传代，群体中的负变个体达到一定数量，发展成优势群体，从而使整个群体表现为严重的衰退。菌种退化的主要原因：一是一些菌株有关基因发生了负突变，这样退化了的菌株随着群体的多次繁殖，由量变到质变就会使群体明显表现出衰退现象；二是受培养条件的影响，如培养基营养不良、缺乏氧气培育、接种时间掌握得不合适、培育时受杂菌感染等因素影响都能使菌种发生退化。

常用的菌种复壮措施：①纯种分离。采用平板划线法、稀释平板法或稀释涂布法均可。把仍保持原有典型优良性状的单细胞分离出来，经扩大培养恢复原菌株的典型优良性状，若能进行性能测定则更好；还可用显微镜操纵器将生长良好的单细胞或单孢子分离出来，经培养恢复原菌株性状。②通过寄主体内生长进行复壮。主要是针对一些寄生性的菌株，可以将衰退的菌株接种到相应的宿主体内，提高其寄生性能及其他性能。③淘汰已衰退的个体。可以采用各种外界不良理化条件，使发生衰退的个体死亡，从而留下群体中生长健壮的个体。④采用有效的菌种保藏方法。

菌种发酵产物山梨糖可以和斐林试剂反应生成砖红色沉淀，故利用斐林显色法快速筛选菌株。

三、实验材料

（1）菌种：实验室保藏的菌种醋酸杆菌记作 T-1。
（2）斐林试剂：可以和山梨糖反应生成砖红色沉淀。
（3）96 孔板。

四、实验方法（纯种分离法）

（1）保藏斜面制备：从 -80 ℃冰箱中取出一支甘油管，将其中甘油全部倒入 50 mL 液体培养基中，并置于 500 mL 的摇瓶中，28 ℃，151 rpm 下培养 20~24 h；在无菌条件下划斜面 10~30 支 28 ℃下培养 1~2 d，储存在 4 ℃冰箱能保存一个月。月末用保存的斜面 1 支转接 10~30 支斜面，28 ℃下培养好，4 ℃冰箱保存，可连续转接 2~3 次。

（2）斜面活化：取保存在 4 ℃冰箱中的斜面在无菌条件下划斜面数支，28 ℃下培养 1~2 d 活化。

（3）液体种子：用活化的斜面在无菌条件下挑一环菌到液体种子培养基中，28 ℃，151 rpm 下培养 24 h。

（4）菌种的保藏：500 mL 摇瓶装 50 mL 培养基接种培养 24 h，在无菌条件下，加入灭菌的 50 mL 纯甘油，摇匀，倒入甘油管中 10～20 个，−80 ℃冰箱保存。

（5）液体培养：在无菌条件下，从活化的斜面挑取一环菌到 50 mL 液体培养基中，28 ℃，151 rpm，培养 14～18 h，待用。

（6）在无菌条件下，梯度稀释 10^{-3}、10^{-4}、10^{-5}、10^{-6}，在平板上均匀涂布，在 28 ℃下培养 2～3 d。

（7）从划线的平板上挑取大量的单菌落至斜面上，并标记 1，2，3，…，在 28 ℃下培养 2 d，4 ℃冰箱保藏。

（8）在无菌的条件下，从每支斜面上挑取一环菌到 50 mL 液体培养基中，并和斜面对应标记 1，2，3，…，在 28 ℃，151 rpm 条件下孵化 20～24 h。

（9）取培养好的液体发酵液，每瓶分别稀释 2 倍、4 倍、8 倍，并和斜面对应标记；取 50 μL 稀释样品和 50 μL 斐林试剂加到 96 孔板中，25 ℃下反应 15 min，观察颜色变化，筛选出颜色最明显菌株，30% 甘油保藏。

（10）采用补料分批发酵筛选，将活化后的阳性菌株接种到装有 50 mL 液体培养基的 500 mL 三角瓶中，在 30 ℃，150 rpm 条件下发酵 24 h，然后补加甘油 1.25 mL，继续发酵，测定发酵过程中二羟基丙酮产量与甘油含量，筛选最优菌株。

（11）菌种稳定性检测（液体传代）。将数支最优菌种从斜面接种到 50 mL 液体培养基中进行液体活化，转接于 50 mL 液体培养基中 28 ℃下培养 20～24 h，每次接种 5% 进行传代培养，通过补料分批检验，传代 3～4 次检测其稳定性；将最优菌种甘油管保藏。

（12）复壮的判断方法。①生化指标：对于一些能够利用特殊物质作为生长必需物质的菌株，可以将其生活过程中某些中间代谢物的产量作为指标，或是这个菌株产生的酶或者这个菌株产生的次生代谢物。②生理指标：菌株如果复壮，那么其生长量就会恢复到原来的水平或者更高，适合用于群体研究。③通过特殊的生化反应筛选出复壮的菌株：如菌株能够分解淀粉，则可以使用淀粉培养基进行培养，培养后通过碘液显色，粗略判断其是否复壮。

五、思考题

（1）菌种退化的原因有哪些？

（2）菌种复壮过程中应该注意的问题有哪些？

实验 10　培养基的配制及灭菌

一、实验目的

（1）明确培养基的配制原理。
（2）掌握配制培养基的一般方法和步骤。
（3）了解湿热和干热灭菌的原理，并掌握有关的操作技术。

二、实验原理

培养基是人工配制的适合微生物生长繁殖或积累代谢产物的营养基质，用以培养、分离、鉴定、保存各种微生物或积累代谢产物。各类微生物对营养的要求不尽相同，因而培养基的种类繁多。在这些培养基中，就营养物质而言，一般不外乎碳源、氮源、无机盐、生长因子和水等几大类。培养基的配制：一是要求在营养成分上能满足所培养微生物生长发育的需要，二是培养基在使用前不带菌，三是灭菌后和保存过程中营养成分不发生变化。

灭菌是指杀灭物体内所有微生物的繁殖体和芽孢的过程。消毒是指用物理、化学或生物的方法杀死病原微生物的过程。灭菌的原理就是使蛋白质和核酸等生物大分子发生变性，从而达到灭菌的作用，实验室中最常用的就是干热灭菌和湿热灭菌。培养基的灭菌通常在培养基配制后进行，其目的是杀灭培养基中残存的微生物或活的生物残体，保证培养基在贮存过程中不变质，也防止其他生物对培养的污染。

高压蒸气灭菌是将待灭菌的物品放在一个密闭的加压灭菌锅内，通过加热，使灭菌锅隔套间的水沸腾进而产生水蒸气。待水蒸气急剧地将锅内的冷空气从排气阀中驱尽，然后关闭排气阀，继续加热，此时由于蒸汽不能溢出，而增加了灭菌器内的压力，从而使沸点增高，得到高于 100 ℃的温度环境，导致菌体蛋白质凝固变性而达到灭菌的目的。在同一温度下，湿热的杀菌效力比干热大，其原因有三：一是湿热中细菌菌体吸收水分，蛋白质较易凝固，因蛋白质含水量增加，所需凝固温度降低；二是湿热的穿透力比干热大；三是湿热的蒸汽有潜热存在，这种潜热能迅速提高被灭菌物体的温度，从而增加灭菌效力。

培养细菌常用牛肉膏蛋白胨培养基和 LB 培养基，培养放线菌常用高氏一号培养基，培养霉菌常用蔡氏培养基或马铃薯葡萄糖培养基（PDA），培养酵母菌常用麦芽汁培养基或马铃薯葡萄糖培养基。常用微生物培养基的配方如下：

1.LB 培养基（pH 7.0）

胰蛋白胨	10.0 g
酵母提取物	5.0 g
氯化钠	10.0 g
琼脂粉	20.0 g

摇动容器直至溶质溶解，用 5 mol/L NaOH 调 pH 至 7.0，用去离子水定容至 1 L，在 0.1 MPa 压力下灭菌 20 min。

2. 牛肉膏蛋白胨培养基（pH 7.0）

牛肉膏	3.0 g
胰蛋白胨	10.0 g
NaCl	5.0 g
琼脂粉	20.0 g
去离子水	1 000 mL

3. 高氏一号培养基（pH 7.4～7.6）

可溶性淀粉	20.0 g
NaCl	0.5 g
KNO_3	1.0 g
$K_2HPO_4 \cdot 3H_2O$	0.5 g
$MgSO_4 \cdot 7H_2O$	0.5 g
$FeSO_4 \cdot 7H_2O$	0.01 g
琼脂粉	20.0 g
去离子水	1 000 mL

4. 马铃薯培养基（自然 pH）

马铃薯（去皮）	200.0 g
葡萄糖（或蔗糖）	20.0 g
琼脂粉	20.0 g
去离子水	1 000 mL

5. 察氏培养基（自然 pH）

蔗糖	30.0 g

NaNO$_3$	2.0 g
K$_2$HPO$_4$	1.0 g
KCl	0.5 g
MgSO$_4$·7H$_2$O	0.5 g
FeSO$_4$·7H$_2$O	0.01 g
琼脂粉	20.0 g
去离子水	1 000 mL

6.YPD 培养基（pH 7.0）

酵母提取物	10.0 g
蛋白胨	20.0 g
葡萄糖或蔗糖	20.0 g
琼脂粉	20.0 g
去离子水	1 000 mL

三、实验材料

1. 培养基

牛肉膏蛋白胨、高氏一号、LB、PDA、YPD、察氏等各种培养基。

2. 仪器设备及用具

（1）用具：90 mm 培养皿、吸管、试管、三角瓶、试管刷、硅胶塞、棉花、牛皮纸或报纸、包扎绳、去污粉、洗涤剂、烧杯、量筒、玻棒、牛角匙、pH 试纸（pH 5.5～9.0）、记号笔、麻绳、纱布等。

（2）仪器：天平、电磁炉、微波炉、电炉、电热鼓风干燥箱、立式高压蒸汽灭菌锅。

（3）试剂：无水乙醇、牛肉膏、蛋白胨、马铃薯、蔗糖、可溶性淀粉、蛋白胨、胰蛋白胨、酵母提取物、NaCl、琼脂粉、5 mol/L NaOH、1 mol/L HCl、KNO$_3$、K$_2$HPO$_4$·3H$_2$O、MgSO$_4$·7H$_2$O、FeSO$_4$·7H$_2$O 等。

四、实验步骤

1. 培养基的配置

牛肉膏蛋白胨培养基的配置方法如下：

（1）称量。按培养基配方依次准确地称取牛肉膏、蛋白胨、NaCl 放入烧杯中。牛肉膏用玻棒挑取，放在小烧杯或表面皿中称量，用热水溶化后倒入烧杯，称量后直接放入水中，这时如稍微加热，牛肉膏便会与称量纸分离，两者分离后立即取出纸片。蛋白胨很易吸湿，在称取时动作要迅速。

（2）溶化。在上述烧杯中先加入少于所需要的水量，用玻棒搅匀，然后在石棉网上加热使其溶解。将药品完全溶解后，补充水到所需要的总体积；配制固体培养基时，应先将称好的琼脂放入已溶的药品中，再加热溶化，最后补足所损失的水分。

（3）调节 pH。在未调 pH 前，先用精密 pH 试纸测量培养基的原始 pH，如果偏酸，用滴管向培养基中逐滴加入 1 mol/L NaOH，边加边搅拌，并随时用 pH 试纸测其 pH 值，直至 pH 值达 7.6；反之，用 1 mol/L HCL 进行调节。对于有些要求 pH 较精确的微生物，其 pH 的调节可用酸度计进行。

（4）过滤。趁热用滤纸或多层纱布过滤。一般在无特殊要求的情况下可以省去。

（5）分装。① 液体分装：分装高度以试管高度的 1/4 左右为宜。分装三角瓶的量则根据需要而定，一般以不超过三角瓶容积的一半为宜，有的液体培养基在灭菌后，需要补加一定量的其他无菌成分，如抗生素等，故装量一定要准确。② 固体分装：分装试管，其装量不超过管高的 1/5，灭菌后制成斜面。分装三角烧瓶的量以不超过三角烧瓶容积的一半为宜。③ 半固体分装：试管一般以试管高度的 1/3 为宜，灭菌后垂直待凝。在分装过程中，应注意不要使培养基沾在管（瓶）口上，以免沾污棉塞而引起污染。

（6）加塞。培养基分装完毕后，在试管口或三角瓶口塞上棉塞（或硅胶塞、试管帽等），棉塞的作用有两个方面：一方面，阻止外界微生物进入培养基，防止由此引起的污染；另一方面，保证有良好的通气性能，使培养在里面的微生物能够从外界源源不断地获得新鲜的无菌空气。因此，棉塞质量的好坏对实验的结果有很大的影响。棉塞总长度的 3/5 应在口内，2/5 在口外。

（7）包扎。将加塞后的全部试管用麻绳捆好，再在棉塞外包一层牛皮纸，以防止灭菌时冷凝水润湿棉塞，其外再用一道麻绳扎好。用记号笔注明培养基名称、组别、配制日期。三角烧瓶加塞后，外包牛皮纸，用麻绳以活结形式扎好，以便使用时容易解开，同样用记号笔注明培养基名称、组别、配制日期。

高氏一号培养基的配制方法如下：

（1）称量和溶化。按配方先称取可溶性淀粉放入小烧杯中，并用少量冷水将淀粉调成糊状，再加入少于所需要水量的沸水中，继续加热，使可溶性淀粉完全溶化，然后再称取其他各成分依次逐一溶化。对于微量成分 $FeSO_4 \cdot 7H_2O$ 而言可将其先配成高浓度的贮备液，按比例换算后再加入。待所有药品完全溶解后，补充水分到所需要的总体积。如要配制固体培养基，其溶化过程同牛肉膏蛋白胨培养基的配制方法。

（2）调 pH、分装、包扎。灭菌及无菌检查同牛肉膏蛋白胨培养基配制方法。

LB 培养基的配制方法如下：

准确称量胰蛋白胨 10 g、酵母提取物 5 g、氯化钠 10 g 放入一烧杯中，摇动容器直至溶质溶解，加入 15～20 g 琼脂粉，用 5 mol/L NaOH 调 pH 值至 7.0，用去离子水定容至 1 L，分装。

马铃薯培养基的配制方法如下：

取去皮马铃薯 200 g，切成小块，放入 1 500 mL 的烧杯中煮沸 30 min，注意用玻棒搅拌以防糊底。然后用双层纱布过滤，取滤液加糖（酵母菌用葡萄糖，霉菌用蔗糖），加热煮沸后加入琼脂，继续加热溶化并补足失水。再按前所述，进行分装、加塞、包扎。

察氏培养基的配制方法如下：

方法同牛肉膏蛋白胨培养基的配制方法。

YPD 培养基的配制方法如下：

方法同 LB 培养基的配制方法。

2. 灭菌

高压蒸汽灭菌的方法如下：

（1）首先将内层锅取出，再向外层锅内加入适量的去离子水，以水面与三角搁架相平为宜。

（2）放回内层锅，并装入待灭菌物品（各种玻璃器皿、培养基等）。注意不要装得太挤，以免防碍蒸汽流通而影响灭菌效果，三角烧瓶与试管口端均不要与桶壁接触，以免冷凝水淋湿包口的纸而透入棉塞。

（3）加盖，并将盖上的排气软管插入内层锅的排气槽内；再以两两对称的方式同时旋紧相对的两个螺栓，使螺栓松紧一致，勿漏气。

（4）通电加热，并同时打开排气阀，使水沸腾 5 min，以排除锅内的冷空气。待冷空气完全排尽后，关上排气阀，让锅内的温度随蒸汽压力增加而逐渐上升。当锅内压力升到所需压力时，控制热源，维持压力至所需要的时间。

（5）灭菌所需要的时间到后，切断电源，让灭菌锅内温度自然下降，当压力表的压力降至"0"时，打开排气阀，旋松螺栓，打开盖子，取出灭菌物品。

干热灭菌的方法如下：

（1）装入待灭菌物品。将包好的待灭菌物品（培养皿、试管、吸管等）放入电烘箱内，关好箱门。

（2）升温。接通电源，拨动开关，打开电烘箱排气孔，旋动恒温调节器至绿灯亮，让温度逐渐上升。当温度升至 100 ℃时，关闭排气孔。在升温过程中，如果红灯熄灭，绿灯亮，表示箱内停止加温，此时如果还未达到所需的 160～170 ℃温度，则需要转动调节器使红灯再亮，如此反复调节，直至达到所需要的温度。

（3）恒温。当温度升到 160～170 ℃时，借助恒温调节器的自动控制功能，保温 2 h。

（4）降温。切断电源，自然降温。

（5）开箱取物。待电烘箱内温度降到 70 ℃以下后，打开箱门，取出灭菌物品。

3. 无菌检查

将灭菌培养基放入 37 ℃的温室中培养 24～48 h，以检查灭菌是否彻底。

注意事项：

（1）由于纸张和棉花在 180 ℃以上时，容易焦化起火，所以干热灭菌的温度切勿超过 180 ℃。

（2）由于油纸在高温下会产生油滴，滴到电热丝上易着火，所以进行干热灭菌的玻璃器皿严禁用油纸包装。

（3）由于温度急剧下降会使玻璃器皿破裂，所以只有烘箱的温度下降到 60 ℃以下，才可打开烘箱门。

（4）烘箱内物品不宜放得太多，以免影响空气流通，造成温度计上的温度指示不准，进而使烘箱上面温度达不到、下面温度过高，影响灭菌效果。

五、思考题

（1）为什么干热灭菌比湿热灭菌所需要的温度高、时间长？

（2）在干热灭菌操作过程中应注意哪些问题，为什么？

实验 11　抑菌圈实验

一、实验目的

（1）掌握纸片法测定抗生素抗菌作用的基本方法。
（2）了解抗生素的抗菌谱。

二、实验原理

抗生素是某些植物与微生物生长到一定阶段产生的次级代谢产物，其在低浓度下可抑制或杀死其他微生物。抗生素对敏感微生物的作用机理分为抑制细胞壁的形成、破坏细胞膜的功能、干扰蛋白质合成和阻碍核酸的合成。

抑菌圈法又叫扩散法，是利用待测药物在琼脂平板中扩散使其周围的细菌生长受到抑制而形成透明圈，即抑菌圈，根据抑菌圈大小判定待测药物抑菌效价的一种方法。抑菌圈法操作便捷，简单易行，成本低，结果准确可靠，是抑菌试验的经典方法，被广泛使用，常用于抗生素产生菌的分离筛选。若被检菌能分泌出某些抑制工具菌生长的物质，如抗生素等，便会在该菌落周围形成工具菌不能生长的抑菌圈，很容易被鉴别出来。

目前，抑菌圈研究法中使用最多的主要有K-B法（Kirby-Bauer test）、牛津杯法和打孔法三种。K-B法即制片扩散法，该方法需选用质地均匀的滤纸，用打孔机打成直径相同的圆片，灭菌后烘干，浸泡于待测样品中，然后置于试验平板中培养一段时间后测定抑菌圈大小。牛津杯法又称杯碟法，该方法需将已灭菌的牛津杯置于试验平板中，继而往杯中注入一定量的待测样品，培养一段时间后测定抑菌圈大小。打孔法是指用已灭菌的打孔器或钢管在试验平板上打孔后，往孔中注入一定量的待测样品，培养一段时间后测定抑菌圈大小的一种方法。

由于不同微生物对不同抗生素的敏感性不一样，故而抗生素的作用对象就有一定的范围，这种作用范围称为抗生素的抗菌谱，作用对象广的抗生素称为广谱抗生素，作用对象少的抗生素称为窄谱抗生素。而且当某种抗生素长时间用于敏感微生物生长后，即使同一种菌的不同菌株对不同药物的敏感性也会常发生改变，甚至出现耐药菌株，即产生抗性菌株，则抗生素将失去对抗性菌株生长的抵制，只有采用新的抗生素才有可能控制抗性菌株的生长与繁殖，因而不断开发新的抗生素是保证人类身体健康的重要工作。新抗生素产生菌的分离筛选应通过菌株发酵，然后以发酵产物进行抗菌活性实验，根据实验结果获得新抗生素的产生菌。微生物代谢产物的抗菌活性常以杯碟法与制片扩散法进行检测，以透明抑菌圈的有无与大小作为判断依据。

三、实验器材

（1）菌种：枯草杆菌、大肠杆菌。

（2）培养基：MH（Mueller-Hinton）琼脂。

（3）试剂：青霉素、链霉素。

四、实验步骤

（1）无菌滤纸片。用孔径 6 mm 的打孔器将滤纸打成圆形纸片，并将其放入培养皿内，121 ℃蒸汽湿热灭菌，100 ℃烘干 2 h。

（2）抗生素溶液制备。取适量青霉素、链霉素，以无菌水溶解。

（3）指示菌悬浮液的制备。枯草杆菌、大肠杆菌斜面菌种分别以无菌水洗下菌苔细胞，倒入无菌三角瓶内，制备适宜浓度的细胞悬浮液。

（4）混菌平板制备。先取检测菌细胞悬浮液 1 mL 加入无菌培养皿内，再加入温度为 43～45 ℃的 PDA 培养基或牛肉膏蛋白胨琼脂培养基 20 mL，立即振荡使细胞与培养基混合均匀，静置冷凝。

（5）平板加抗生素溶液。将滤纸片在抗生素溶液中充分浸泡 2 min 以上，然后将纸片放于混菌平板上，每皿呈三角形放 3 点，每点贴放纸片 2 张。

（6）培养与观察。将平板放于 33 ℃左右的温度培养，每 24 h 测量一次透明抑菌圈直径，共测量 3 次。

五、实验结果

测量每个平板中 3 个抑菌圈的直径，计算每次测量各平板 3 个抑菌圈直径的平均值，并将结果填于表 1-9、表 1-10 内。

表 1-9　青霉素对供试菌的抑菌效果（抑菌圈直径 /mm）

菌种名	培养时间 /h					
	24	48	96	120	144	168

表 1-10　链霉素对供试菌的抑菌效果（抑菌圈直径 /mm）

菌种名	培养时间 /h					
	24	48	96	120	144	168

六、思考题

（1）抑菌圈实验操作时应注意什么？

（2）抑菌圈实验的原理是什么？

实验 12　动物细胞培养

动物细胞培养是用无菌操作的方法将动物体内的组织（或器官）取出，模拟动物体内的生理条件，在体外进行培养，使其不断地生长、繁殖，人们借以观察细胞的生长、繁殖、细胞分化及细胞衰老等过程的生命现象。

动物细胞培养的优点：一是便于研究各种物理、化学等外界因素对细胞生长发育和分化等的影响；二是细胞培养便于人们对细胞内结构（如细胞骨架等）、细胞生长及发育等过程的观察。因此，细胞培养是探索和指示细胞生命活动规律的一种简便易行的实验技术，同时我们也不可忽略另一个因素，那就是它脱离生物机体后的一些变化。现代发酵已经由培养传统的微生物细胞向培养动植物细胞的方向转变。因此，我们有必要让学生了解一些细胞培养方面的感性知识，了解动物细胞培养的基本操作过程，观察体外培养细胞的生长特征，对原代细胞与传代细胞有一个基本概念。

本实验分两次进行，即清洗与消毒、传代细胞的培养与观察。

清洗与消毒

一、实验目的

能独立进行各种器皿的清洗与消毒，掌握干热灭菌法、湿热灭菌法和滤过除菌法的操作，了解化学消毒法的使用方法。

二、实验原理

清洗与消毒是组织培养实验的第一步，是最基本的步骤。体外培养细胞所使用的各种玻璃或塑料器皿对清洁和无菌的要求很高。细胞养不好与清洗不彻底有很大关系。清洗后的玻璃器皿不但要求干净透明、无油迹，而且不能残留任何物质。此外，灭菌手段的选择也十分重要，对不同的物品需要采用不同的灭菌方法。假如选用的方法不对，即使达到了无菌却使被灭菌药品丧失了营养价值、生物学特性或其他使用价值也不行。

三、实验材料

（1）材料：无臭氧型紫外灯；微孔滤膜（直径 25 mm）：孔径为 0.22 μm；微孔滤膜（直径 90 mm）：孔径为 0.22 μm；过滤器（直径 25 mm）。

（2）药品：70% 或 75% 酒精、0.1% 新洁尔灭、煤酚皂溶液、0.5% 过氧乙酸、乳酸、37% 甲醛、高锰酸钾、NaOH、盐酸、重铬酸钾、浓硫酸（工业）、DEPC 水（体积分数 0.1% 的焦炭酸二乙酯）。

（3）仪器：超净台、干燥箱、高压锅、过滤器、过滤泵。

四、实验步骤

1. 清洗

（1）新玻璃器皿的清洗需要先用自来水刷洗，再浸泡 5% 稀盐酸以中和玻璃表面的碱性物质和其他有害物质。

（2）使用过的玻璃器皿的清洗。① 使用过的培养用品应立即浸入清水，避免干涸难洗。② 用洗涤剂清洗玻璃器皿后，再用自来水清洗数遍，倒置自然干燥。③ 浸酸性洗液过夜。④ 从酸性洗液捞出后用自来水冲洗 5～10 次去除残余酸液，蒸馏水涮洗 3 次，倒置烘干。⑤ 包装 (用牛皮纸或一般纸)。⑥ 高压 (15 磅、20 min) 或干热 (170 ℃、2 h) 灭菌。⑦ 贮存备用。

（3）胶塞的处理。① 新胶塞应先用清水清洗之后再用 0.2% NaOH 煮沸 l0 ~ 20 min。② 自来水清洗 10 次。③ 再用 1% 稀盐酸浸泡 30 min。④ 自来水清洗 10 次，蒸馏水涮洗 3 次。晾干，高压灭菌。旧胶塞不必用酸碱处理，可直接用洗涤剂煮沸，清洗数次，过蒸馏水，晾干，包装并高压灭菌后，便可使用。

2. 消毒

（1）物理消毒法。① 紫外线消毒：用于消毒空气、操作台面和一些不能用干热、湿热灭菌的培养器皿，如塑料培养皿、培养板等。这是常使用的消毒方法之一。② 干热灭菌：主要用于玻璃器皿的灭菌。将用于细胞培养的器皿放入干燥箱内，加热至 160 ℃，保温 90 ~ 120 min。用于 RNA 提取实验的用品则需 180 ℃，保温 5 ~ 8 h。③ 湿热灭菌：此方法也称为高压蒸汽灭菌，是最有效的一种灭菌方法，主要应用范围是布类、橡胶制品（如胶塞）、金属器械、玻璃器皿、某些塑料制品及加热后不发生沉淀的无机溶液（如 Hanks 液、PBS、20×SSC）等。④ 滤过除菌：用于培养用液和各种不能高压灭菌的溶液的灭菌。采用金属滤器和小型的塑料滤器，配上可以更换的微孔滤膜，极大地方便了操作。

（2）化学消毒法。常用的消毒液有如下几种：① 70%（或 75%）酒精：超净台里常备 70% 酒精棉球 (卫生级酒精)，用于手和一些金属器械或工作台面的消毒。② 0.1% 新洁尔灭：主要用于手和前臂的清洗及工作后超净台面的清洁。超净台旁应常备盛有 0.1% 新洁尔灭溶液的容器及纱布。③ 来苏儿水（煤酚皂溶液）：主要用于无菌室桌椅、墙壁、地面的消毒和清洗，以及空气喷撒消毒，特别是污染细胞的消毒处理。④ 0.5% 过氧乙酸：它是强效消毒剂，10 min 即可将芽孢菌杀死，其常用于各种物品的表面消毒，大都用喷撒和擦拭的方式进行。⑤ 乳酸蒸汽：将乳酸放入坩锅内用酒精灯或电炉加热至沸腾为止，将门窗紧闭 1 ~ 3 d，可将空气中飘浮的微生物杀死。⑥ 37% 甲醛加高锰酸钾：使用前先紧闭门窗，将 37% 甲醛用酒精灯或电炉加热至沸腾后断电或灭火；用一张纸盛好适量的高锰酸钾，迅速放入已加热好的甲醛中形成蒸汽。1 ~ 3 d 后方可达到消毒空气的目的。

（3）煮沸消毒。急性消毒可用煮沸法，器械等煮沸 15 min 后使用。

注意事项：

（1）玻璃制品浸酸清洗之后，一定要用自来水冲洗 5 ~ 10 次。因为残存的洗液对细胞黏附有很大影响。清洗塑料制品时要用棉花或柔软纱布擦洗，千万不要用硬毛刷，硬毛刷易造成塑料表面的损害，损害后细胞不易贴壁。Tip 和 Tube 一定要用超声清洗处理后逐个清洗。如果没有洗净，会影响下一次使用的效果。

（2）干热灭菌应在白天使用烤箱，并不断观察，以免发生意外。当温度超过 100 ℃时，不能再打开烤箱门。器皿烤完后，待温度降至 100 ℃以下才能开烤箱门。金属器械和橡胶、塑料制品不能使用干热灭菌方法。

（3）高压灭菌后器皿务必晾干或烘干，以防包装纸潮湿发霉。

（4）牛血清、大部分培养基、胰酶和一些生物制剂是有机溶液，均不能高压（如 TdR、秋水仙素、谷氨酰胺、异硫氰酸胍、MOPS 等）。

（5）滤过除菌时，滤器在使用前应先装好滤膜，包好，经高压灭菌后才能使用。滤过酶类制剂时应待滤器温度降至室温下再进行。过滤时压力不宜过大。压力太大时，微孔滤膜可能会破裂，或使某些微生物变形而通过滤膜。装滤膜时位置要准确。另外，滤器包装时，螺钉不要拧得太紧，以防高压蒸汽不能进入，待高压灭菌之后，再拧紧使用。

（6）使用化学消毒法时，配制 75% 酒精应用卫生级，不要用化学纯、分析纯和优质纯酒精。来苏儿水不能用于皮肤消毒，因为它对皮肤有刺激。空气消毒时，所有的物品要事先准备齐全，消毒者也应提前做好准备，方便退出消毒空间。因为甲醛或乳酸加热后放出的蒸汽对人的角膜和呼吸道上皮有严重的刺激和伤害。

五、思考题

（1）哪些物品适合高压灭菌？请说明理由。
（2）紫外线消毒的适用范围和目的是什么？

传代细胞的培养与观察

一、实验目的

了解传代细胞的传代方法及操作过程，学习观察体外培养细胞的形态及生长状况。

二、实验原理

细胞培养一般可分为原代培养和传代培养。原代培养也叫初代培养，是指由体内取出组织或细胞进行首次培养。原代培养离体时间短，遗传性状和体内细胞相似，适于做细胞形态、功能和分化等研究。一般动物和人的所有组织都可以用于培养，但幼体组织和细胞（如胚胎组织、幼仔的脏器等）更容易进行原代培养。传代培养则是为了使体外培养的原代细胞或细胞株在体外持续生长、繁殖。细胞持续生长繁殖就必须传代，并由此获得稳定的细胞株或得到大量的同种细胞。培养的贴壁细胞形成单层汇合后，由于密度过大、生存空间不足进而致使营养枯竭。将培养的细胞分散，从容器中取出，以 1∶2 或 1∶3 以上的比例转移到另外的容器中继续进行培养，即为传代培养。

要使细胞在离体情况下生长繁殖，培养条件必须尽可能接近体内，除营养物质外，温度、pH、生长因子等也至关重要。此外，还应避免细菌及其他微生物的污染，重金属离子、有毒化学物质及放射线的影响。

三、实验材料

（1）器材：解剖剪、解剖镊、眼科剪（尖头、弯头）、眼科镊（尖头、弯头）、培养皿、量筒、试管、锥形瓶、吸管、橡皮头、培养瓶（小方瓶或中方瓶）等。上述器材均必须彻底清洗、烤干、包装好灭菌备用。

此外，还有显微镜、血细胞计数器、血细胞计数板、酒精灯、酒精棉球、碘酒棉球、试管架、标记笔、解剖板等。

（2）试剂：磷酸盐缓冲液（PBS）、无钙镁溶液、细胞消化液、0.5% 胰蛋白酶和 0.4% EDTA、EMEM 液、3% 谷氨酰胺、0.5% 台盼蓝染液等。

（3）材料：喉癌细胞。

四、实验步骤

传代细胞培养之前，我们应先将培养瓶置于显微镜下，观察培养瓶中细胞是否已长成致密单层，如已长成单层，则可进行细胞的传代培养。

1．营养液配制

（1）EMEM 液 90%。

（2）犊牛血清 10%。

（3）双抗 (1 万单位 /mL) 加至约 100 单位 /mL。

（4）3% 谷氨酰胺 1 mL。

（5）7.4% $NaHCO_3$ 调 pH 值至 6.8～7.0。

2．换液

在酒精灯旁打开瓶塞，倒去瓶中的细胞营养液。

3. 消化与分装

在上述瓶中加入 1 mL EDTA 溶液，轻轻摇动，并将溶液倒出。重复上述动作。加入适量消化液（0.02% EDTA 或 0.04% EDTA 1 mL + 0.5% 胰蛋白酶液 0.2 mL）以盖满细胞为宜，置于室温，停留 1～2 min 后，翻转培养瓶，肉眼观察细胞单层是否出现缝隙（针孔大小的空隙），如出现缝隙，即可倒去消化液；如未出现缝隙，则可将瓶翻回，继续进行消化，直到出现缝隙为止。此时，可倒去消化液，加入新配制的营养液 20 mL，然后用吸管吸取培养瓶中的营养液，反复吹打瓶壁上的细胞层至瓶壁细胞全部脱落下来为止。此时，可继续轻轻地吹打细胞悬液，以使细胞散开。随之进行分装。

4. 培养

分装好的细胞瓶应做好标志，注明细胞代号、日期，并将其置于培养架上，轻摇使细胞均匀分布，以免堆积成团，然后置于 37 ℃培养。

5. 观察

（1）细胞培养 24 h 后，即可进行观察，观察的重点如下：① 首先观察培养细胞是否被污染，主要观察培养液颜色变化及混浊度。② 观察培养基颜色变化及细胞是否生长。③ 如细胞已生长，则要观察细胞的形态特征并判断其所处的生长阶段。④ 观察完毕，可用台盼蓝染液对细胞进行染色，以确定死、活细胞的比例。

（2）细胞的生长阶段及其形态特征。一般培养的细胞从培养开始，会经过生长、繁殖、衰老和死亡的全过程。它是一个连续的生长过程，但为了观察及描述，我们人为地将其具体分为 5 个时期，但各时期无明显绝对界限，现分别描述如下：

游离期：当细胞经消化分散成单个细胞后，由于细胞原生质的收缩相表面张力及细胞膜的弹性，所以此时细胞多为圆形，折光率高，时期可延续数小时。

吸附期：由于细胞的附壁特性，细胞悬液静置培养一段时间（7～8 h）后，便附着在瓶壁上（此时期不同细胞所需的时间不同）。在显微镜下观察时，我们可见瓶壁上有各种形态的细胞，如圆形、扁形、短菱形。细胞大多立体感强，细胞内颗粒少，透明。

繁殖期：培养 12 h 以后直到 72 h，细胞进入繁殖期，细胞生长和分裂加速。此时期包括由几个细胞形成的细胞岛（由少数细胞紧密聚集而呈现的孤立细胞群，常分散地分布在瓶壁上）到细胞铺满整个瓶壁（所谓形成细胞单层）的过程。此时期细胞形态为多角形（呈现上皮样细胞的特征）。细胞透明，颗粒较少，细胞间界限清楚，并可隐约见到细胞核。根据细胞所占瓶壁有效面积的百分率，又可将其生长状况分为四级。以"+"的多少表示如下：

"+"：细胞占瓶壁有效面积（也就是细胞能生长的瓶壁面积）的 25% 以内有新生细胞。一般要观察 3～5 个视野内的细胞生长状况，然后加以综合分析判断。

"++"：细胞占瓶壁有效面积的 25%～75% 以内有新生细胞。

"+++"：细胞占瓶壁有效面积的 75%～95% 以内有新生细胞。细胞排列致密，但仍有空隙。

"++++"：细胞占瓶壁 95% 以上，细胞已长满或接近长满单层，细胞致密，透明度好。

维持期：当细胞形成良好单层后，细胞的生长与分裂都会减缓，并逐渐停止生长，这种现象称为细胞生长的接触抑制。此时，细胞界限逐渐模糊，细胞内颗粒逐渐增多，且透明度降低，立体感较差。由于代谢产物的不断积累，维持液逐渐变酸。此时，营养液已变为橙黄色或黄色。

衰退期：由于溶液中营养的减少、日龄的增长，以及代谢产物的累积等因素，此时细胞间出现空隙，细胞中颗粒进一步增多，透明度更低，立体感很差。将细胞进行固定染色处理后，可见细胞中有大而多的脂肪滴及液泡。衰退期细胞皱缩，逐渐死亡，从瓶壁上脱落下来。

五、思考题

（1）简述细胞传代培养的操作程序及注意事项。
（2）细胞培养获得成功的关键要素是什么？
（3）简述体外培养细胞的形态特征及其生长阶段。

实验 13　种子扩大培养及污染的检测

一、实验目的

（1）了解种子扩大培养的概念。
（2）掌握种子染菌的检测和处置方法。

二、实验原理

种子扩大培养是指将保存在沙土管、冷冻干燥管中处于休眠状态的生产菌种接入试管斜面活化后,再经过扁瓶或摇瓶及种子罐逐级扩大培养,最终获得一定数量和质量的纯种。这些纯种培养物称为种子。

发酵工业时刻遭受着染菌的威胁,轻者影响产率、产物提取收得率和产品质量,重者造成"倒罐",不但浪费大量原材料,造成严重的经济损失,而且会对周围环境造成破坏。种子培养期染菌的危害最大,因而应严格防治。一旦发现种子染菌,均应灭菌后弃去,并对种子罐及其管道进行彻底灭菌。发酵前期养分丰富,容易染菌,此时养分消耗不多,应将发酵液补足必要养分后迅速灭菌,并重新接种发酵。发酵中期染菌不但严重干扰生产菌株的代谢,而且会影响产物的生成,甚至使已形成的产物分解。由于发酵中期养分已被大量消耗,代谢产物的生成又不是很多,挽救处理比较困难,可考虑加入适量的抗生素或杀菌剂。如果是发酵后期染菌,此时产物积累已较多,糖等养分已接近耗尽,若染菌不严重,可继续进行发酵;若染菌严重,可提前放罐。

三、实验材料

(1) 器材:超净工作台、高压蒸气灭菌锅、平板涂布器、酒精灯、带摇床的培养箱、显微镜、天平、三角瓶、移液管、培养皿、试管、接种针、载玻片。

(2) 试剂:磷酸二氢铵、七水合硫酸镁、营养琼脂、牛肉膏、蛋白胨、0.4%酚红溶液、葡萄糖、氯化钠、蒸馏水、番红染液、磷酸氢二钾、香柏油、擦镜液。

(3) 培养基。①葡萄糖酚红肉汤培养基:牛肉膏 0.3%、蛋白胨 0.8%、葡萄糖 0.5%、氯化钠 0.5%、0.4%酚红溶液,pH 7.2。②种子培养基:葡萄糖 0.5%、磷酸二氢铵 0.1%、七水合硫酸镁 0.02%、氯化钠 0.5%、磷酸氢二钾 0.1%。③营养琼脂培养基:直接称量营养琼脂粉 4.5 g,溶于 100 mL 蒸馏水配制,pH 7.2,分装到试管中,灭菌后摆成斜面。

四、实验方法

1. 种子的扩大培养

(1) 斜面培养基的配制。配制营养琼脂培养基,分装,灭菌(121 ℃条件下灭菌 30 min),倒斜面。

(2) 菌种的活化。① 将大肠杆菌采用无菌操作的方法接种于斜面上,37 ℃下培养 18 h。② 培养 18 h 后,观察菌落颜色是否一致,若颜色有黄有白,则两种颜色的菌落均要进行无菌检测;若均为黄色,挑取培养皿周边的菌落进行无菌检测。常用的检测方法是染色镜检测,若检测后,没有污染,便可进行扩大培养;若检测到杂菌,要重复上述步骤,直到无菌为止,否则不能继续下一步操作。

(3)扩大培养。在无菌条件下,从检测后的活化培养基上挑取10个左右菌落,用接种针接种到扩大培养基(种子培养基)中,于37 ℃下振荡培16～18 h,观察菌落形态,然后配合显微镜形态观察,根据结果判断能否进行下一步。

2. 污染的检测和判别

(1)显微镜检查。①取样:用无菌操作方式取发酵液少许,涂布在载玻片上。②制片、染色:自然风干后,用番红染液染色1～2 min,水洗。③干燥后在油镜下观察。

(2)平板检查。①配制营养琼脂培养基,灭菌,倒平板。②取少量待检发酵液,稀释(10^{-6}～10^{-7})后涂布在营养琼脂平板上,在37 ℃下培养24 h。③观察菌落形态。

(3)肉汤培养检查(用于检测培养基灭菌是否彻底)。将1 mL待测液(灭菌处理后的种子培养基)接入葡萄糖酚红肉汤培养基中,于37 ℃下培养24 h,观察培养基的状态和颜色。

五、实验结果

1. 种子的扩大培养

我们观察到在活化培养基上长出大量菌落,且菌落颜色单一,均为淡黄色。挑取边缘菌落及形态一致的菌落少量,制作装片,染色后在显微镜下观察,发现多个视野中都为杆菌,可初步得出活化的菌种中没有污染杂菌。挑取没有污染杂菌的菌落,用无菌操作技术接种,进行扩大培养。在适宜条件下培养18 h后,得到大肠杆菌的种子液,吸取该种子液在显微镜下观察到有大量的大肠杆菌。

2. 显微镜检查

镜检时,在多个视野中观察到的均为杆菌,呈链状或单个存在,没有观察到球菌或其他形态的细菌,因而可初步认为该种子液没有被菌体污染。

3. 平板检查

从营养琼脂平板培养基上观察到菌落的形态为圆形、边缘整齐、表面光滑、半透明或乳白色、菌落上有小的凸起,这是典型的大肠杆菌菌落,没有观察到其他形态的菌落,因而可初步认为该种子液没有被菌体污染。

4. 肉汤检测培养基灭菌是否彻底

葡萄糖酚红肉汤培养基中有酚红染液,酚红在酸性环境中呈黄色,在碱性环境中呈红色。肉汤培养基中接种的待测液若有菌体存在，则菌体代谢会使培养基呈酸性，显示黄色。该肉汤培养基经培养后，仍呈现红色，没有变为黄色，且澄清，未混浊，说明待测液中没有菌体存在，因而所测的灭菌种子培养基没有被菌体污染。

六、思考题

（1）显微镜检查法的缺点有哪些？

（2）平板检查法操作过程中需要注意的问题有哪些？

实验 14　摇床培养确定酵母菌体培养和营养条件

一、实验目的

掌握微生物斜面培养基、种子培养基和发酵培养基的确定方法，学会对已确定菌种确定实验室的发酵工艺。

二、实验原理

培养基优化指面对特定的微生物，通过实验手段配比和筛选找到一种最适合其生长、发酵的培养基，在原来的基础上提高发酵产物的产量，以期达到生产最大发酵产物的目的。发酵培养基的优化在微生物产业化生产中举足轻重，是从实验室到工业生产的必要环节。能否设计出一个好的发酵培养基，是一个发酵产品工业化成功与否的关键一步。目前，优化培养基的方法较多，如单因素法、正交实验设计、均匀设计、全因子试验设计、部分因子设计和中心组合设计等。下面详细介绍单因素法和正交实验设计。

单因素法的基本原理是保持培养基中其他所有组分的浓度不变，每次只研究一个组分的不同水平对发酵性能的影响。这种策略的优点是简单、容易，结果很明了，培养基组分的个体效应从图表上很明显地表现出来，而不需要统计分析。但是，这种策略的主要缺点是忽略了组分间的交互作用，可能会完全丢失最适宜的条件；不能考察因素的主次关系；当考察的实验因素较多时，需要大量的实验和较长的实验周期。尽管如此，由于它的容易和方便，单因素法一直以来都是培养基组分优化的流行选择之一。

正交试验设计是指研究多因素多水平的一种试验设计方法。根据正交性从全面试验中挑选出部分有代表性的点进行试验，这些有代表性的点具备均匀分散、齐整可比的特点。正交试验设计是分析因式设计的主要方法。当试验涉及的因素在3个或3个以上，而且因素间可能有交互作用时，试验工作量就会变得很大，甚至难以实施。针对这个困扰，正交试验设计无疑是一种更好的选择。正交试验设计的主要工具是正交表，试验者可根据试验的因素数、因素的水平数及是否具有交互作用等需求查找相应的正交表，再依托正交表的正交性从全面试验中挑选出部分有代表性的点进行试验，可以实现以最少的试验次数得到与大量全面试验等效的结果，因而正交试验设计是一种高效、快速且经济的多因素试验设计方法。另外，对多因素多水平试验，仍需要做大量的试验，实施起来比较困难。

生物量的测定方法有比浊法和直接称重法等。由于酵母在液体深层通气发酵过程中是以均一混浊液的状态存在的，所以可以采用直接比色法进行测定。

三、实验材料

（1）仪器设备：全恒温振荡培养箱、分光光度计、电热恒温水浴槽、天平、电炉。

（2）试剂：①葡萄糖标准溶液：准确称取100 mL分析纯葡萄糖（预先在105 ℃烘至恒重），置于小烧杯中，用少量蒸馏水溶解后，定量转移到100 mL的容量瓶中，以蒸馏水定容，冰箱中保存备用。② 3，5 – 二硝基水杨酸试剂（DNS试剂）：甲液，溶解6.9 g苯酚于15.2 mL 10%氢氧化钠中，并稀释至69 mL，在此溶液中加入6.9 g亚硫酸氢钠。乙液，称取22.5 g酒石酸钾钠，加到300 mL 10%氢氧化钠溶液中，再加入880 mL 1%的3，5 – 二硝基水杨酸溶液。将甲液与乙液混合即得黄色试剂，贮于棕色试剂瓶中，放置7～10天以后使用。③ 37%甲醛溶液。④ 0.05 mol/L氢氧化钠溶液：称取2 g氢氧化钠，溶于水并稀释至1 000 mL。

四、实验方法

（1）培养基的配制，见表1-11、表1-12。

表 1-11　正交表实验设计

因素水平	葡萄糖	蔗糖	酵母膏	KH$_2$PO$_4$
1	1.0	0.0	0.5	0.5
2	2.0	1.0	1.0	1.0
3	3.0	2.0	2.0	2.0

表 1-12　正交表实验方案

编号	葡萄糖(A)	蔗糖(B)	酵母膏(C)	KH$_2$PO$_4$(D)	生物量（OD）0 h	12 h	24 h	36 h	48 h	60 h
1	(1)	(1)	(1)	(1)						
2	(1)	(2)	(2)	(2)						
3	(1)	(3)	(3)	(3)						
4	(2)	(1)	(2)	(3)						
5	(2)	(2)	(3)	(1)						
6	(2)	(3)	(1)	(2)						
7	(3)	(1)	(3)	(2)						
8	(3)	(2)	(1)	(3)						
9	(3)	(3)	(2)	(1)						

（2）将上述培养基配制好以后，每 250 mL 三角瓶装入培养基 100 mL，于 121 ℃下灭菌 30 min，冷却。

（3）冷却后接种（接种量为 5%），置于 28 ℃培养箱进行培养。

（4）测 OD 值：将接种 0 h、12 h、24 h、36 h、48 h、60 h 不同时间的菌悬液摇均匀后于 560 nm 波长、1 cm 比色皿中测定 OD 值。比色测定时，以未接种的培养基作空白对照，并将 OD 值填入表中，最终确定最佳培养基的组成及发酵时间。

五、思考题

（1）比浊计数在生产实践中有何应用价值？

（2）本实验为什么采用 560 nm 波长测定酵母菌悬液的光密度？如果你在实验中需要测定大肠杆菌生长的 OD 值，你将如何选择波长？

实验 15　细菌生长曲线的测定

一、实验目的

通过细菌数量的测量了解大肠杆菌的生物特征和规律，绘制生长曲线图。

二、实验原理

细菌生长曲线（Bacterial growth curve）是专指单细胞微生物的。它是将少量的纯种单细胞微生物接种到一定容积的液体培养基后，在适宜的条件下培养，定时取样测定细胞数量。以细胞增长数目的对数为纵坐标，以培养时间为横坐标，绘制一条曲线，这条曲线就是细菌的生长曲线。曲线显示了细菌生长繁殖的 4 个时期：迟缓期、对数期、稳定期和衰亡期。

迟缓期又叫调整期，指细菌接种至培养基后，对新环境有一个短暂的适应过程（不适应者可因转种而死亡），这个时期曲线平坦稳定，因为细菌繁殖极少。迟缓期长短因种类、接种菌量、菌龄和营养物质等不同而异，一般为 1～4 h。这个时期细菌体积增大，代谢活跃，为细菌的分裂增殖合成并储备充足的酶、能量及中间代谢产物。对数期又称指数期，这个时期生长曲线上活菌数直线上升，细菌以稳定的几何级数极快增长，可持续几小时至几天（视培养条件及细菌代时而异）。这个时期细菌形态、染色、生物活性都很典型，对外界环境因素的作用敏感，因而研究细菌性状以这个时期的细菌最好。稳定期的细菌生长曲线平坦稳定，但细菌群体活力变化较大。由于培养基中营养物质消耗、毒性产物（有机酸、H_2O_2 等）积累、pH 下降等不利因素的影响，细菌繁殖速度逐渐下降，细菌死亡数开始逐渐增加，细菌增殖数与死亡数渐趋平衡。细菌形态、染色、生物活性发生改变，并产生相应的代谢产物，如外毒素、内毒素、抗生素及芽胞等。衰亡期指随着稳定期发展，细菌繁殖越来越慢，死亡菌数明显增多。活菌数与培养时间呈反比关系，此期细菌变长肿胀或畸形衰变，甚至菌体自溶，难以辨认其形，生理代谢活动趋于停滞。

将细菌接种到一只具有侧臂试管的三角烧瓶内的培养液中，在适宜的培养温度和良好的通气状态下，定时取出此三角烧瓶，用721分光光度计测定菌液浓度（光密度值），并根据所得结果与相对应的培养时间绘制出坐标图，得到该菌的生长曲线。此测定法的优点是不改变菌液体积并用同一培养容器，在细菌正常生长条件下，连续读取OD值，故不仅可绘制出细菌生长曲线，还可比较同一菌株在不同的培养基和培养条件下的生长情况。

大多数细菌的繁殖速率很快，在合适的条件下，一定时期的大肠杆菌细胞每20 min分裂一次。将一定量的细菌转入新鲜液体培养基中，在适宜的条件下培养细胞要经历迟缓期、对数期、稳定期和衰亡期四个阶段。以培养时间为横坐标、以细菌数目的对数或生长速率为纵坐标作图，所绘制的曲线称为该细菌的生长曲线。不同的细菌在相同的培养条件下其生长曲线不同，同样的细菌在不同的培养条件下其生长曲线也不同。测定细菌的生长曲线，了解其生长繁殖规律，这对人们根据不同的需要，有效地利用和控制细菌的生长具有重要意义。

三、实验材料

（1）菌种：大肠杆菌。
（2）种子培养基：牛肉膏蛋白胨培养基。
（3）发酵培养基：葡萄糖2 g/L、Nacl 2 g/L、Na_2HPO_4 1.6 g/L、$(NH_4)_2SO_4$ 1.6 g/L，pH调至7.2。
（4）仪器：光电比色计、摇床、冰箱。

四、实验步骤

（1）将在种子培养基中培养20 h的培养液3 000 rpm离心10 min倾去上层液，加入无菌的生理盐水，成均匀液，细胞数10^9/mL。

（2）取10个盛发酵培养液的三角瓶，各接3 mL菌液作种子，在摇床上相同位置30 ℃振荡培养，并立即取下一瓶，作为0时的增殖状态。之后于培养1、2、3、4、5、6、7、8、9各取一瓶，约9个间隔的菌液分别吸取5 mL菌于无菌试管中，置4 ℃下保存。

（3）用没接种的培养液作空白对照，将上述菌液于波长600 nm处比色，但要求消光度在0.3~0.6，若超过，用未接种的培养液适当稀释。

五、实验结果

（1）将测定的 OD_{600} 值填入表 1–13。

表 1–13 光密度值测定结果表

培养时间 /h	对 照	0	1	2	3	4	5	6	7	8	9
光密度值 OD_{600}											

（2）以菌悬液 OD 值为纵坐标，以培养时间为横坐标，绘出大肠杆菌的增殖曲线。

六、思考题

（1）如果用活菌计数法制作生长曲线，你认为会有什么不同？两者各有什么优缺点？

（2）细菌生长繁殖所经历的四个时期，哪个时期其代时最短？若细胞密度为 10^3/mL，培养 4.5 h 后，其密度高达 2×10^8/mL，请计算出其代时。

（3）次生代谢产物的大量积累在哪个时期？根据细菌生长繁殖的规律，采用哪些措施可使次生代谢产物积累更多？

实验 16　亚硫酸盐氧化法测量体积溶氧系数 $K_L \cdot a$

一、实验目的

（1）了解 Na_2SO_3 测定 $K_L \cdot a$ 的原理，并用该法测定摇瓶的 $K_L \cdot a$。

（2）了解摇瓶的转数（振幅、频率）对体积溶氧系数 $K_L \cdot a$ 的影响。

二、实验原理

好气性微生物的生长发育和代谢活动都需要消耗氧气。在发酵过程中，我们必须给其供给适量无菌空气，才能使菌体生长繁殖，并积累所需要的代谢产物。由双膜理论导出体积溶氧传递方程：

$$N_v = K_L \cdot a(c^* - c_L) \tag{1}$$

式中：N_v——体积溶氧传递速率（mol/mL·min）；

$K_L·a$——体积溶氧系数（1/min）；

c^*——气相主体中含氧量(mmol/L)；

c_L——液相主体中含氧量(mmol/L)。

该方程是研究通气液体中传氧速率的基本方程之一，该方程指出：就氧的物理传递过程而言，溶氧系数 $K_L·a$，一般是起着决定性作用的因素。因此，求出 $K_L·a$ 作为某种反应器或某一反应条件下传氧性能的标度，对于衡量反应器的性能和控制发酵过程有着重要意义。

空气中的氧向水体中转移，根据双膜理论，气膜中存在氧的分氧梯度，在液膜中存在氧的浓度梯度，并以后者为主，因而由氧的转移速率可知，氧的总传质系数 $K_L·a$ 和饱和溶解氧 C^* 是影响氧转移速率 N_v 的两个主要参数，而影响这两个参数的因素也必然是影响氧转移速率的因素。

1. 压力对 $K_L·a$ 的影响

在一定温度下，压力与体积传质系数有关，$K_L·a$ 值随着压力的增加而增加。这是由于压力增加时，气体溶解度增加，降低了液体的表面张力，使气体在液体中易形成小气泡，增加了气泡在液体内的表面积，即 a 值增加；况且在高压下，随着溶氧气体的增加，液体黏度将降低，因为 K_L 反比于黏度，所以使 $K_L·a$ 值随着压力增加而增加。

2. 温度对 $K_L·a$ 的影响

在一定压力下，$K_L·a$ 值随温度的升高而增加，这是因为温度升高，增加了气体中的分子扩散系数，降低了液体的黏度，导致气体进入液体有较高的扩散速率，使 K_L 值增加。但是，温度升高又促使小气泡凝聚成大气泡，使气泡在液体中的表面积减小，即 a 值降低，因而温度对 $K_L·a$ 的影响具有两重性，但在剧烈的搅拌下，小气泡凝聚受到一定的限制，即 a 值变化不大，所以温度上升，$K_L·a$ 值增加。

3. 温度对 C^* 的影响

水温的增减将使水的物理性质发生变化，亦即 $K_L·a$ 值和 C^* 值发生变化。当水温升高时，虽然 $K_L·a$ 值增高，但 C^* 值降低；反之，则 $K_L·a$ 值降低，而 C^* 值升高。

在有 Cu^{2+} 存在下，O_2 与 SO_3^{2-} 快速反应生成 SO_4^{2-}：

$$2Na_2SO_3 + O_2 \xrightarrow{Cu^{2+}} Na_2SO_4 \quad\quad (2)$$

在 20～45 ℃下，相当宽的 SO_3^{2-} 浓度范围（0.017～0.45 mol/L）内，O_2 与 SO_3^{2-} 的反应速度和 SO_3^{2-} 的浓度无关。利用这一反应特性，我们可以从单位时间内被

氧化的 SO_3 量求出传递速率。

当反应（2）达到稳态时，用过量的 I_2 与剩余的 Na_2SO_3 作用：

$$Na_2SO_3 + I_2 + H_2O = Na_2SO_4 + 2HI \quad\quad\quad (3)$$

再以 $Na_2S_2O_3$ 滴定过剩的 I_2：

$$2Na_2S_2O_3 + I_2 = Na_2S_4O_6 + 2NaI \quad\quad\quad (4)$$

由反应方程式（2）(3)(4) 可知，每消耗 4 mol $Na_2S_2O_3$ 相当于 1 mol O_2 被吸收，故可由 $Na_2S_2O_3$ 的耗量求出单位时间内氧吸收量。

$$N_v = \Delta V \cdot N / (m \cdot \Delta t \times 4 \times 1000)$$

在实验条件下，$P=1$ atm，$c^* = 0.21$ mmol/L，$c_L = 0$ mmol/L，据方程（1）有：

$$K_L \cdot a = N_v / c^* \quad (1/\text{min})$$

式中：t——取样间隔时间 (min)；

V——Δt 内消耗的 $Na_2S_2O_3$ 毫升数；

m——取样量 (mL)；

N——$Na_2S_2O_3$ 标准的摩尔浓度 (mol/L)。

三、实验材料

（1）摇瓶机。

（2）500 mL 三角瓶一支，100 mL 三角瓶两支；20 mL、5 mL 移液管各一支；碱式滴定管一支。

（3）试剂：① 2% 可溶淀粉指示剂（称取 2 g 可溶性淀粉，然后用少量蒸馏水调匀，并徐徐倾入已沸的蒸馏水中，煮沸至透明，冷却定容至 100 mL）；② 0.05 mol/L 碘、碘化钾液（称取碘化钾 39 g，溶解在 100 mL 蒸馏水中，再加入碘 12.96 g 溶解定容至 1 000 mL，贮存于棕色瓶中）；③ 0.4 mol/L 亚硫酸钠溶液（称取 50.42 g 亚硫酸钠溶解于蒸馏水中，定容至 1000 mL）；④ 0.025 mol/L 硫代硫酸钠标准液（称取硫代硫酸钠 24.82 g 和硫酸钠 0.2 g 溶于煮沸后冷却的蒸馏水中，定容至 1 000 mL 即得 0.1 mol/L 硫代硫酸钠液。将其贮存于棕色瓶中密封保存，配制后放置一星期可用于标定使用。标定：取在 120 ℃ 干燥至恒重的基准重铬酸钾 0.25 g，置于碘量瓶中，加水 50 mL 使其溶解；加碘化钾 2 g，轻轻振摇使其溶解，加 1 mol/L 硫酸溶液 40 mL 摇匀，密塞；在暗处放置 10 min 后，用蒸馏水 250 mL 稀释，用本液滴定至近终点时，加淀粉指示剂 3 mL，继续滴定至蓝色消失而显亮绿色，并将滴定的结果用空白试验校正。每 1 mL 0.1 mol/L 硫代硫酸钠液相当于 4.903 mg 的重铬酸钾。根据本液的消耗量与重铬酸钾的取用量，计算硫代硫酸钠的摩尔浓度。用新煮沸过的冷蒸馏水将其稀释成 0.025 mol/L 的硫代硫酸钠溶液供滴定使用）；⑤ 10^{-3} mol/L Cu^{2+} 溶液（称取 0.25 g 硫酸铜溶解在 100 mL 蒸馏水中，定容至 1 000 mL）。

四、实验方法

（1）将 100 mL 0.4 mol/L 亚硫酸钠溶液装入 500 mL 三角瓶中，滴入 1 mL Cu^{2+} 溶液。取样 1～2 mL 移入装有 20 mL 0.05 mol/L 碘、碘化钾液的 100 mL 三角瓶中。

（2）将 500 mL 三角瓶上摇瓶机持续摇瓶 150 min 后，再取样 1～2 mL 移入另一个装有 20 mL 0.05 mol/L 碘、碘化钾液的 100 mL 三角瓶中。

（3）用 0.025 mol/L 硫代硫酸钠标准液，以 2% 可溶淀粉指示剂对 100 mL 三角瓶中的残余碘液滴定至终点。

五、实验结果

1. 原始记录

（1）无摇瓶操作条件：20～30 ℃，取样时间：t=150 min，硫代硫酸钠标准液滴定毫升数：12.00-10.10=1.9 mL。

（2）无摇瓶操作条件：20～30 ℃，取样时间：t=150 min，硫代硫酸钠标准液滴定毫升数：43.70-21.30=22.40 mL。

2. 整理数据

溶氧系数测定实验数据，见表 1–14。

表 1–14　溶氧系数测定实验数据表

记录项目	反应前	反应后
$Na_2S_2O_3$ 终读数 /mL	21.60	30.90
$Na_2S_2O_3$ 初读数 /mL	0	5.00
$VNa_2S_2O_3$/mL	21.60	25.90
ΔV/mL	4.30	
Nv/(mol·mL^{-1}/min)	8.9×10^{-8}	
$K_L \cdot a$/(L·min^{-1})	0.43	

数据处理：

$$N_V = \frac{\Delta V \times N}{m \times \Delta t \times 4 \times 1000}$$

$$= \frac{4.30 \times 0.025}{2 \times 150 \times 4 \times 1000} = 8.958 \times 10^{-8}$$

$$K_L \cdot a = \frac{N_V}{C^*} = \frac{8.958 \times 10^{-8}}{0.21 \times 10^{-6}} = 0.426$$

六、思考题

（1）影响实验结果的操作因素有哪些？

（2）影响 $K_L \cdot a$ 的因素有哪些？

实验 17 小型连续发酵实验

一、实验目的

学习组建微生物连续发酵装置，掌握连续发酵的操作原理和方法，运用所学的连续培养知识求发酵过程的稀释率。

二、实验原理

分批培养是指在一个密闭反应器内投入一定数量的培养基后，接种微生物菌种进行培养的一种培养方式。分批培养的特征是在培养开始时一次性装入培养基和接入菌种，在培养过程中保持培养基体积和培养温度，在培养结束后一次性收获产物。由于分批培养中培养基底物不断被消耗和代谢废物的不断积累，微生物一般表现为 S 形生长曲线，具有明显的延迟期、对数生长期、稳定期和衰亡期。分批培养常用于扩繁微生物及废水处理、发酵等不连续的培养系统。在一些分批培养中，定期地加入一些营养物质以补充培养基中消耗的底物，称为补料分批培养。

分批补料式培养是指先将一定量的培养液装入反应器，在适宜的条件下接种细胞进行培养，使细胞不断生长，产物不断形成，而在此过程中随着营养物质的不断消耗，新鲜培养液不断地向系统中补充新的营养成分，使细胞进一步生长代谢，直到整个培养结束后取出产物。分批补料式培养的特点就是能够调节培养环境中营养物质的浓度：一方面，它可以避免某种营养成分的初始浓度过高影响细胞的生长代谢及产物的形成；另一方面，它还能防止某些限制性营养成分在培养过程中被耗尽而影响细胞的生长和产物的形成。同时，在分批补料式培养过程中，由于新鲜培养液的加入，整个过程的反应体积是不断变化的。根据分批补料控制方式的不同，有两种分批补料式培养方式：无反馈控制流加和有反馈控制流加。无反馈控制流加包括定流量流加和间断流加等；有反馈控制流加一般是连续或间断地测定系统中限制性营养物质的浓度，并以此为控制指标来调节流加速率或流加液中营养物质的浓度等。

连续培养是指在一个非封闭培养系统中接种微生物菌种，并在培养过程中不断补充新鲜营养液，解除抑制因子，优化生长环境，并不断收集培养产物的培养方式。连续培养是在深入研究分批培养中微生物生长曲线的基础上制定和实施的培养方式，因而具有显著的特点和优势。它可根据研究者的目的，在一定程度上人为控制生长曲线中的某个时期，使之缩短或延长，或改变某个时期的细胞生长速率，从而大大提高微生物培养过程的可控性。常用的连续培养有恒浊法与恒化法两类。连续培养常应用于发酵工业，用于提高菌体的生产效率或提高目的产物在培养液中的含量。

在分批培养中，一次加入所有的培养基，不予补充，不再更换。随着微生物的活跃生长，培养基中营养物质逐渐消耗，有害代谢产物不断积累，细菌的对数生长期不可长时间维持。如果在培养器中不断补充新鲜营养物质，并及时不断地以同样速度排出培养物（包括菌体及代谢产物），从理论上讲，对数生长期就可无限延长。只要培养液的流出量能使分裂繁殖增加的新菌数相当于流出的老菌数，就可保证培养器中总菌量基本不变。连续培养方法的出现不仅可随时为微生物的研究工作提供一定生理状态的实验材料，还可提高发酵工业的生产效益和自动化水平。此法的应用已成为当前发酵工业的发展方向。

三、实验材料

1. 菌种

大肠杆菌。

2. 培养基

基本培养基：牛肉膏蛋白胨培养基，培养 8 h 后接入发酵培养基培养或 4 ℃冰箱保藏。

发酵培养基：葡萄糖 2 g/L，Nacl 2 g/L，Na_2HPO_4 1.6 g/L，$(NH_4)_2SO_4$ 1.6 g/L，调 pH 至 7.2。

3. 简单连续培养装置

简单连续培养装置，如图 1-7 所示。

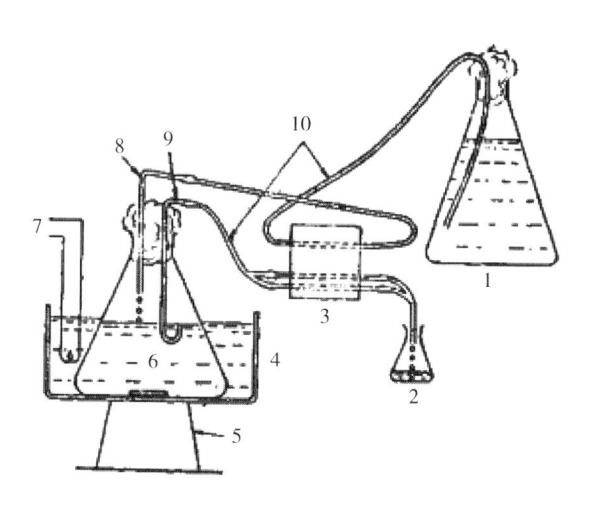

1—培养基贮槽；2—流出液接受器；3—蠕动泵；4—恒温水浴；5—磁力搅拌器；
6—培养槽中搅拌转子；7—温度调节器；8—培养基加入管；9—培养液流出量；10—输送管。

图 1-7　简单连续培养装置

四、实验步骤

1. 3，5-二硝基水杨酸比色法测定还原糖

（1）制作葡萄糖标准曲线。取7支试管并编号，按表1-15分别加入浓度为 1 mg/mL 的葡萄糖标准液、蒸馏水和 3，5-二硝基水杨酸（DNS）试剂，配成不同葡萄糖含量的反应液。

表 1-15　葡萄糖标准曲线制作

管　号	1mg/mL 葡萄糖标准液 /mL	蒸馏水 /mL	DNS /mL	葡萄糖含量 /mg	光密度值 (OD_{540})
0	0	2	1.5	0	
1	0.2	1.8	1.5	0.2	
2	0.4	1.6	1.5	0.4	

续 表

管 号	1mg/mL 葡萄糖标准液 /mL	蒸馏水 /mL	DNS /mL	葡萄糖含量 /mg	光密度值 (OD$_{540}$)
3	0.6	1.4	1.5	0.6	
4	0.8	1.2	1.5	0.8	
5	1.0	1.0	1.5	1.0	
6	1.2	0.8	1.5	1.2	

将各管摇匀，在沸水浴中加热 5 min，取出，冰浴冷却至室温，用蒸馏水定容至 25 mL，在分光光度计上进行比色。调波长 540 nm，用 0 号管调零点，测出 1～6 号管的光密度值。以光密度值为纵坐标、葡萄糖含量（mg）为横坐标，绘制标准曲线。

（2）样品中还原糖和总糖含量的测定。

① 样品中还原糖的提取。准确称取一定量的样品，放在 100 mL 三角瓶中，加 50 mL 蒸馏水，搅匀，置于 50 ℃恒温水浴中保温 20 min，自然冷却后，定容至 50 mL。静置后取上清液，即可作为还原糖待测液。② 样品中总糖的水解和提取。准确称取一定量的样品，放在 100 mL 的三角瓶中，加入 10 mL 6 mol/L HCl 及 15 mL 蒸馏水，置于沸水浴中加热水解 30 min，取出水解液自然冷却后，加入 1 滴酚酞指示剂，以 6 mol/L NaOH 中和至微红色，定容至 100 mL，混匀，作为总糖待测液。

（3）显色和比色。取 4 支试管并编号，按表 1-16 所示的量操作。

表 1-16 还原糖、总糖测定操作用量表

管 号	还原糖待测管号 ①	还原糖待测管号 ②	总糖待测管号 Ⅰ	总糖待测管号 Ⅱ
还原糖待测液 /mL	2	2	0	0
总糖待测液 /mL	0	0	1	1

按上述步骤操作后，再分别向每支试管中加入 1.5 mL DNS，摇匀，测定 OD 值。

2．考马斯亮蓝染色法测蛋白质浓度

（1）标准曲线绘制。取 6 支具塞试管，按表 1-17 加入试剂，摇匀，向各管中加入 5 mL 考马斯亮蓝试剂，5 min 左右，以 0 号试管为空白对照，在 595 nm 下比色测定吸光度，以蛋白质含量为横坐标、以吸光度为纵坐标，绘制标准曲线。

表 1-17　蛋白质浓度测定用量表

试　剂	0 号	1 号	2 号	3 号	4 号	5 号
标准蛋白体积 /mL	0.00	0.20	0.40	0.60	0.80	1.00
蒸馏水体积 /mL	1.00	0.80	0.60	0.40	0.20	0.00
蛋白质含量 /mg	0	20.00	40.00	60.00	80.00	100.00

（2）样品测定。① 样品提取：取一定量的样品，3 000～4 000 rpm 离心 10 min，取上清液备用。② 吸取样品提取液 1 mL（视蛋白质含量适当稀释），放入试管中（每个样品重复两次），加入 5 mL 考马斯亮蓝试剂，摇匀，放置 2 min 待反应完成，在 595 nm 下测定吸光度，并通过标准曲线计算蛋白质含量。

（3）蛋白质含量计算。

$$可溶性蛋白含量（mg/g）=(C \times V_T)/1\,000V_S$$

式中：C——查标准曲线值（g）；

V_T——提取液总体积（mL）；

W_F——样品重量（g）；

V_S——测定时加样量（mL）。

3．大肠杆菌增值速度的测定

（1）将制备好的发酵培养液倒入 2 L 的三角瓶中。用棉塞固定玻璃管，玻璃管上端接内径 3 mm、外径 5 mm 的橡皮管。用弹簧夹夹住，灭菌备用。

（2）将灭菌后冷却至 30 ℃的三角瓶安装于恒温水浴中培养。

（3）将大肠杆菌培养液以 10% 的接种量接入三角瓶中，先进行搅拌间歇式培养，若有无菌空气导管，也可通气搅拌培养。

（4）将补料用的 3 L 培养基装在 3 L 的三角瓶中，将送料的橡皮管的一端插入，用棉塞固定，另一端用油纸包好，灭菌备用。

（5）定时取出测定间歇培养的菌液浓度，以求出增殖速度。

$$\mu = dx/xdt$$

$$\mu t = dx/x$$

$$\mu(t_2 - t_1) = \ln(x_2/x_1)$$

$$\mu = (\ln x_2 - \ln x_1)/(t_2 - t_1)$$

（6）取下输液用的橡皮管，剥去牛皮纸，与蠕动泵进液口相接，将培养器的输液橡皮管接到蠕动泵出液口。

（7）据菌体增殖速度，以较小稀释率开始流加培养基，此时稀释率必须小于此增殖率。

$$F \leq \mu 即 F \leq (\ln x_2 - \ln x_1)/(t_2 - t_1)$$

五、实验结果

1．还原糖的测定

（1）绘制标准曲线。

（2）根据管①、②的吸光度平均值和管Ⅰ、Ⅱ的吸光度平均值，分别在标准曲线上查出相应的还原糖毫克数。按下式计算出样品中还原糖和总糖的百分含量。

$$还原糖（\%）= \frac{查曲线所得还原糖质量(mg) \times \frac{提取液总体积}{测定时取用体积}}{样品质量(mg)} \times 100\%$$

$$总糖（\%）= \frac{查曲线所得水解后还原糖质量(mg) \times 稀释倍数}{样品质量(mg)} \times 100\%$$

2．大肠杆菌增值速度的测定

将测定的 OD_{600} 值及相应的生物量填入表1-18。

表1-18　D_{600}值及生物测量定结果表

培养时间/h	对照	0	1.5	3	4	5	6	7	8	9	10	12
光密度值OD_{600}												
生物量/（g·L^{-1}）												

六、思考题

测定微生物比生长速率有什么重要的意义？

实验18　食品中粗脂肪含量的测定——碱性乙醚法

一、实验目的

（1）学会根据食品中脂肪存在状态及食品组成，正确选择脂肪的测定方法。

（2）熟练掌握罗兹-哥特里（碱性乙醚）法的原理和操作要点。

（3）掌握索氏抽提器和脂肪测定仪的使用。

二、实验原理

食品中的脂肪是重要的营养成分之一，脂肪是人体组织细胞的一个重要成分，脂肪与蛋白质结合生成的脂蛋白，在调节人体生理机能、完成生化反应方面具有重要的作用。因此，各种食品中脂肪的含量是重要的质量指标之一。食品中的脂肪有两种存在形式，即游离脂肪和结合脂肪。《食品中脂肪的测定》规定了食品中脂肪含量的测定方法，索氏抽提法适用于水果、蔬菜及其制品、粮食及粮食制品、肉及肉制品、蛋及蛋制品、水产及其制品、焙烤食品、糖果等食品中游离态脂肪含量的测定，酸水解法适用于水果、蔬菜及其制品、粮食及粮食制品、肉及肉制品、蛋及蛋制品、水产及其制品、焙烤食品、糖果等食品中游离态脂肪及结合态脂肪总量的测定，碱水解法适用于乳及乳制品、婴幼儿配方食品中脂肪的测定，盖勃法适用于乳及乳制品、婴幼儿配方食品中脂肪的测定。

利用氨-乙醇溶液破坏乳的胶体性状及脂肪球膜，使非脂成分溶解于氨-乙醇溶液中，促使脂肪游离出来，再用乙醚-石油醚提取出脂肪，蒸馏去除溶剂后，残留物即为脂肪。本法适用于各种液状乳（生乳、加工乳、部分脱脂乳、脱脂乳等），各种炼乳、奶粉、奶油和冰激凌等能在碱性溶液中溶解的乳制品，也适用于豆乳或加水呈乳状的食品。本法被国际标准化组织（ISO）、联合国粮食及农业组织（FAO）、世界卫生组织（WHO）等采用，为乳及乳制品脂类定量的国际标准法。

三、实验材料

（1）仪器：脂肪测定仪（或索氏抽提器）、电子分析天平、电热鼓风干燥箱、干燥器。

（2）器皿：100 mL 具塞量筒、电热恒温水浴锅、移液管等。

（3）试剂：无水乙醚、石油醚、浓氨水、95% 乙醇。

（4）材料：豆奶粉。

四、实验步骤

1. 操作前的准备

将脂肪测定仪的提取筒（或索氏抽提器的脂肪烧瓶）用蒸馏水洗净，于 100～105 ℃ 干燥箱内烘干至恒重，在干燥器内冷却，编号后称重，记录重量，备用。

2. 样品处理

精确称取样品 m g（固体取 1.0～5.0 g，用 10 mL 60 ℃蒸馏水分数次溶解；液体取 10.00 mL）于 100 mL 具塞量筒中，加入浓氨水 1.25 mL，混匀，置于 60 ℃水浴中加热 5 min，再振摇 2 min；加入 10 mL 乙醇，加塞，充分摇匀；于冷水中冷却后，加入 25 mL 乙醚，加塞轻轻振荡摇匀，小心放出气体，再塞紧，剧烈振荡 1 min，小心放出气体并取下塞子；加入 25 mL 石油醚，加塞，剧烈振荡 0.5 min，小心开塞放出气体，量筒静置 30 min。

3. 回收溶剂

待上层液澄清时，读取上层清液（醚层）总体积（V_0），倒出（或用移液管吸取）一定体积（V_1，20～30 mL）上清液（注意：不要搅动下层液），放入已恒重（mL）的提取筒（或脂肪烧瓶）中。

将提取筒置于加热板上，调节位置使提取筒上口对准下压紧圈的圆柱孔，两者保持良好接触。冷凝管旋塞处于水平关闭状态，开启电源，根据所需加热温度调节加热旋钮，进行溶剂回收。

4. 称量

溶剂回收完后，关闭电源，取下提取筒（或脂肪烧瓶），于水浴中将残余溶剂挥发，再置于 95～105 ℃恒温干燥箱中干燥 1.5 h，取出，于干燥器内冷却至室温后称重，重复操作直至恒重，记为 m_2。

5. 结果计算与分析

（1）计算。

$$X = \frac{m_2 - m_1}{m \times \dfrac{V_1}{V_0}} \times 100$$

式中：X——样品中脂肪的含量（g/100g）；

m_2——提取筒和脂肪的质量（g）；

m_1——提取筒的质量（g）；

m——样品的质量（g）；

V_0——醚层总体积（mL）；

V_1——测定所取的醚层体积（mL）。

（2）结果分析。

6.注意事项

（1）抽提脂肪的试剂是易燃、易爆物质，因而抽提室内严禁明火存在，同时还应注意抽提室的通风换气。

（2）提取筒（或脂肪烧瓶）中的残余溶剂必须在水浴上彻底挥发后才能放入烘箱内干燥。干燥初期提取筒（或脂肪烧瓶）侧放，半敞开烘箱门，于90 ℃以下鼓风干燥10～20 min，然后将烘箱门关闭，升至所需温度。

（3）样品和乙醚的浸出物在烘箱内干燥时间不应过长，以免不饱和脂肪酸受热氧化而增加质量。

实验19　牛乳酸度的测定

一、实验目的

（1）掌握用滴定法测定牛乳酸度的方法。
（2）了解牛乳的新鲜程度与酸度的关系。

二、实验原理

牛初乳是奶牛分娩后3天内所分泌的乳汁，色黄味苦，有异臭味。这些乳汁是母牛为了使牛犊在新生环境下成长、抵抗外来病毒及细菌而合成的，富含天然抗体。根据研究，乳牛产犊后24 h内所分泌的乳汁，优质蛋白质和免疫球蛋白含量特别丰富，其中的IgG含量可占总蛋白量的40%以上，比人初乳的含量最多高出100倍；在24 h后采集的IgG含量会急速下降至4%；在48～72 h的IgG更会逐渐降至接近普通乳汁水平。医学研究发现牛初乳所含的重要生长因子在化学成分上和人乳中的一致。这些生长因子除了有助于人体正常的生长以外，对于老化或受损肌肉再生、皮肤胶原质、软骨组织甚至神经组织的修复都有促进作用。因此，它是一种具潜力的调节免疫、促进生长发育、抗衰老的功能性食品。

牛奶与牛乳，从时间上讲只是乳汁分泌过程中不同阶段的产物。牛奶即母牛的乳汁，含有丰富的蛋白质和脂肪及幼儿生长所需要的各种营养成分，是公认的营养食品，而与它极为相似的牛初乳则是新兴的既营养又能提升儿童免疫力的天然食品。牛乳和牛奶虽然都是奶牛分泌的乳汁，但营养价值却有所差异。就营养来说，牛初乳中的营养成分有 3 000 多种，其中常量成分 200 多种，包括人体发育所需的一切营养成分。牛初乳中的胰岛素样生长因子为普通牛奶的 10 倍，初乳脂中的维生素 A、维生素 E、维生素 D_3 和胡萝卜素含量比全脂乳高 20 多倍，铁和铜的含量则分别高 5～6 倍和 3～4 倍。因此，我们完全可以说牛初乳比牛奶更有营养。

牛奶酸度 = 自然酸度 + 发酵酸度。酸度是一个代表牛奶新鲜程度的理化指标，通过它可以评判出牛奶的新鲜程度。自然酸度指新鲜的牛奶本身就具有一定的酸度，这种酸度主要由奶中的蛋白质、柠檬酸盐、磷酸盐和二氧化碳等酸性物质构成。牛奶在被挤出后的存放过程中，受微生物分解乳糖影响产生乳酸，牛奶酸度升高，这种因发酵而升高的酸度称为发酵酸度。牛乳的酸度一般是以中和 100 mL 牛乳所消耗的 0.1 mol/L 氢氧化钠的毫升数来表示的，这一酸度被称为滴定酸度，简称为酸度。我们也可以用乳酸的百分含量表示牛乳的酸度：

$$RCOOH + NaOH \rightarrow RCOONa + H_2O$$

此中和反应用酚酞做指示剂。无色的酚酞与碱作用时，生成酚酞盐，同时失去一分子水，引起醌型重排而呈现红色。

三、实验材料

1. 器皿

250 mL 锥形瓶、1 mL 刻度吸管、5 mL 微量滴定管、50 mL 烧杯、60 mL 滴瓶、10 mL 吸管。

2. 试剂

（1）0.5% 酚酞乙醇溶液。

（2）0.1 mol/L NaOH 标准溶液：用小烧杯在粗天平上称取固体氢氧化钠 4 g，加水 100 mL，待氢氧化钠全部溶解，将溶液倒入另一清洁试剂瓶中，用蒸馏水稀释至 1 000 mL，以橡皮塞塞瓶口，充分摇匀。将化学纯邻苯二甲酸氢钾于 120 ℃烘约 1 h 至恒重，冷却 25 min，称取 0.3～0.4 g（精确到 0.000 1 g）于 250 mL 锥形瓶中，加入 100 mL 水，加三滴酚酞指示剂，用以上配好的氢氧化钠标准溶液滴定至微红色，0.5 min 不褪色为止。按下式计算氢氧化钠标准溶液的当量浓度：

$$N = W/(V \times 0.204\ 2)$$

式中：N——氢氧化钠标准溶液的当量浓度；

V——滴定时消耗氢氧化钠的毫升数；

W——邻苯二甲酸氢钾的克数；

0.204 2——与1 mL 1 mol/L NaOH 溶液相当的邻苯二甲酸氢钾的克数。

四、实验步骤

在 250 mL 三角瓶中注入 10 mL 牛乳，加 20 mL 蒸馏水，加 0.5% 酚酞指示液 0.5 mL，小心混匀，用 0.1 mol/L 氢氧化钠标准溶液滴定，直至微红色在 1 min 内不消失为止。消耗 0.1 mol/L 氢氧化钠标准溶液的毫升数乘以 10，即得酸度。

$$T° = V \times 10$$

五、思考题

影响牛乳酸度的因素有哪些？

实验20　水分的测定方法

一、实验目的

掌握直接干燥法测量水分的原理与操作步骤。

二、实验原理

水活度是一个未被大众广泛知晓及重视的指标，但它为质量控制能比传统的水分含量测量提供更多的有效信息。它是关于产品保质期、质地、味道及微生物和化学稳定性的关键参数。现代食品在全世界范围内广泛流通，严格控制产品的水活度有助于控制产品的保质期，为消费者提供安全、无污染的食品。

水活度被定义为当前可用"自由水"的量，和水分含量没有直接的对比关系，水活度值范围在 0（绝对干燥）和 1（100% 相对湿度）之间。物质与环境空气发生水分交换活动会在物体表面形成适宜微生物生长的理想条件，这样会影响微生物的稳定性。水活度也是影响食品中化学反应的重要因素。

一个产品的平衡相对湿度值是通过确定其表面水蒸气压力值得到的，取决于化合物成分、温度、水分含量、存储环境、绝对压力和包装。样品中的"自由水"可以被有害微生物（如细菌和霉菌）的生长所使用，继而产生毒素和其他有害物质，而且也影响化学/生化反应（如美拉德反应），使产品的下列性质受到影响：微生物的稳定性（生长），化学稳定性，蛋白质和维生素含量，颜色、口味和营养价值，稳定性和耐久度，存储和包装，溶解性和质地。食品中发生的化学反应和酶促反应是引起食品品质变化的重要原因之一，降低食品的水分活度可以延缓酶促褐变和非酶褐变的进行。低水分活度能抑制食品的化学变化，稳定食品质量。

水分活度除影响化学反应和微生物生长外，还影响干燥和半干燥食品的质地。例如，欲保持饼干、膨化玉米和油炸马铃薯的脆性，防止砂糖、奶粉和速溶咖啡结块，以及硬糖果、蜜饯等黏结，均应保持适当低的水分活度。

综上所述，产品性能的优化和稳定需要控制水活度值在一个较窄的范围之内，所以水分活度的测量应广泛应用于研究、开发、生产和质量控制等领域。

三、实验试剂

海砂：购买 80 目海砂，用前经 105 ℃ 干燥 1 h 备用。

四、实验步骤

1. 粉体样品

取洁净铝制或玻璃制的扁形称量瓶，置于 101～105 ℃（一般设置为 103 ℃）干燥箱中，瓶盖斜支于瓶边，加热 0.5～1.0 h，取出盖好，置干燥器内冷却 0.5 h 后称量，记数（必要时重复干燥至恒重）。精确称取 2 g 样品（精确至 0.000 1 g），放入此称量瓶中，样品厚度约为 5 mm，加盖，精密称量后，记数。置 101～105 ℃ 干燥箱中，瓶盖斜支于瓶边，干燥 4 h 后，盖好取出，放入干燥器内冷却 0.5 h 后称量。然后再放入 101～105 ℃ 干燥箱中干燥 1 h，取出，放干燥器内冷却 0.5 h 后再称量，直至前后两次质量差不超过 0.002 g，即为恒重。

2. 膏体样品

取洁净铝制或玻璃制的扁形称量瓶，内加 10.0 g（误差在 2.0 g 以内）海砂及一根小玻棒，置于 101～105 ℃（一般设置为 103 ℃）干燥箱中，干燥 0.5～1.0 h 后取出，放入干燥器内冷却 0.5 h 后称量记数（必要时重复干燥至恒重）；然后精密称取 2 g 样品（精确至 0.000 1 g），放入此称量瓶中，加盖连同玻璃棒一起精密称量后，记数；接着用小玻棒搅匀海砂和样品，置 101～105 ℃ 干燥箱中干燥 6 h 后盖好取出，放入干燥器内冷却 0.5 h 后称量。

验证：放置过久的上述产品或新产品按以上粉体检测方法对此 6 h 检测结果进行验证。

五、实验结果

$$X = \frac{m_2 - m_3}{m_2 - m_1} \times 100\%$$

式中：X——样品中水分的含量（%）；

m_1——称量瓶（或加海砂、玻棒）和样品的质量（g）；

m_2——称量瓶（或加海砂、玻棒）和样品干燥后的质量（g）；

m_3——称量瓶（或加海砂、玻棒）的质量（g）。

六、注意事项

盐、味精：称取 5 g 样品于恒重后的称量瓶内，置 103±2 ℃烘箱干燥 2 h 后，不需恒重，冷却 30 min 后直接称重计算。白砂糖：称取 20～30 g 于干燥 30 min 并冷却到室温的称量瓶中，放入 105 ℃的干燥箱中，干燥 3 h，不必恒重，直接取出冷却到室温称重后计算。CMC 测定：称取 4 g 试验样品（精确值 0.001 g）置于干燥至恒重的称量瓶中，于（105±2）℃干燥箱干燥 2 h，取出冷却到室温，称量，不必恒重。麦芽糊精：称取 2 g 试验样品（精确值 0.001 g）置于干燥至恒重的称量瓶中，于（105±2）℃干燥箱干燥 2 h，取出冷却到室温，称量，直到恒重。玉米淀粉：称取 5 g 样品于恒重称量瓶内（前后两次相差 0.005 g），在 130 ℃烘箱中干燥 90 min，冷却至室温后称量，不需恒重。大蒜、花椒、丁香等挥发性强的农副产品不用恒重，直接干燥 2 h。体积较大的农副产品等用铝盘称量，膏体用玻璃称量瓶称量。香辛料类用直接干燥法检测不合格时，用蒸馏法进行复检，检测结果以蒸馏法测定结果为准。

实验 21　基因工程菌的活化和扩大培养

一、实验目的

（1）了解基因工程菌保藏菌种的活化方法。

（2）熟悉实验室小型发酵罐发酵实验菌种扩大方法和质量检查方法，为后续发酵实验准备质量合格、数量充足的菌种。

二、实验原理

基因工程利用重组技术，在体外通过人工"剪切"和"拼接"等方法，对各种生物的核酸（基因）进行改造和重新组合，然后将其导入微生物或真核细胞内进行无性繁殖，使重组基因在细胞内表达，产生人类需要的基因产物，或者改造、创造新的生物类型。一个完整的、用于生产目的的基因工程技术程序包括的基本内容有以下几个方面。

（1）外源目标基因的分离、克隆，以及目标基因的结构与功能研究。这一部分的工作是整个基因工程的基础，因而又称为基因工程的上游部分。

（2）适合转移、表达载体的构建或目标基因的表达调控结构重组。

（3）外源基因的导入。

（4）外源基因在宿主基因组上的整合、表达及检测与转基因生物的筛选。

（5）外源基因表达产物的生理功能的核实。

（6）转基因新品系的选育和建立，以及转基因新品系的效益分析。

（7）生态与进化安全保障机制的建立。

（8）消费安全评价。

保藏的基因工程菌种需要活化才能进行后续的实验。在相应微生物最适宜的平板培养基上接种转基因菌株，可以使其由休眠状态快速转入正常生长状态，同时由于抗生素的选择压力，可以淘汰未转基因菌株，纯化目标菌株，增加其遗传稳定性。活化后的菌株经过连续转接放大，在合适的培养基中经摇瓶培养能快速生长，得到大量健壮的种子，为工程菌的发酵罐培养准备充足的菌种，通常发酵罐发酵菌种的接种量在3%～5%。

三、实验材料

（1）菌种：巴斯德毕赤酵母GS115基因工程菌。

（2）试剂：蛋白胨、酵母粉、氨苄青霉素、葡萄糖、氯化钠、琼脂。

（3）仪器及用具：三角瓶、培养皿、高压灭菌锅、恒温培养箱、超净工作台、分光光度计、pH计、酒精灯、载玻片、盖玻片。

四、实验步骤

1. 培养基制备

（1）将培养皿121 ℃灭菌30 min。

（2）按配方配制培养基，充分溶解后分装到三角瓶，装量约为总体积的 1/3，最后加入琼脂于 121 ℃灭菌 20 min。待培养基冷却至 40～50 ℃时，于超净工作台上混匀后倒入灭菌平板中平放静置，待平板完全固化后接种。培养基配方：酵母粉 10 g/L，蛋白胨 20 g/L，葡萄糖 20 g/L，琼脂 15～20 g/L，pH 7.0。

2. 平板无菌检查

制成的平板在 37 ℃空培 24 h，检查无菌后备用。

3. 接种

在超静工作台中，取液体保藏菌种原液 50 μL 转移到平板上，用涂布器涂布均匀，做好标记。菌种原液的用量可以酌情适当增减，以使培养皿表面菌落达到适当密度，保证菌落正常形态。

4. 培养

将接种后的培养皿于 30 ℃恒温培养箱中倒置培养，待平板表面出现大小适中的菌落，挑取单菌落进行后续试验。培养时间 72 h 左右。

5. 种子培养基制备

菌种扩大采用两级种子工艺：一级种子液体培养用 250 mL 三角瓶，培养基装量 100 mL；二级种子液体用 500 mL 三角瓶，装量 250 mL。培养基的总量参照接种量 10% 计算，最终发酵培养基体积为 4 000 mL。

6. 接种和培养

取活化后的平板于超净工作台中，用接种环挑取菌落形态正常的单菌落，接入一级种子培养基。将接种后的培养基于 30 ℃振荡培养，摇床转速为 170～190 rpm，一级种子培养约 24 h，二级种子培养 18～24 h。

7. 种子质量检查

培养后菌种镜检并检测菌浓度，菌体形态正常，没有杂菌污染，OD_{600} 2～6 即可。

实验 22　食品中菌落总数的测定

一、实验目的

（1）学习并掌握细菌的分离和活菌计数的基本方法和原理。

（2）了解菌落总数测定在对被检样品进行卫生学评价中的意义。

二、实验原理

菌落总数是指食品经过处理，在一定条件下培养后，所得 1 g 或 1 mL 检样中所含细菌菌落总数。菌落总数主要用于判断食品被污染的程度，我们也可以应用这一方法观察细菌在食品中繁殖的动态，以便在对被检样品进行卫生学评价时提供依据。测定食品中菌落总数的目的在于了解食品在从原料加工到成品包装的生产过程中受外界污染的情况，也可以应用这一方法观察细菌在食品中繁殖的动态，确定食品的保存期，以便在对被检样品进行卫生学评价时提供依据。

食品有可能被多种类群的微生物所污染，每种细菌都有其特定的生理特性，培养时只有满足不同细菌生长所需要的条件（如温度、培养时间、pH、需氧性质等），才能分别将各种细菌培养出来。但在实际工作中，一般都只用一种常用的方法进行菌落总数的测定，所以所得结果只包括一群能在营养琼脂上发育的嗜中温性需氧菌的菌落数，其并不代表样品中实际存在的所有细菌总数。国家标准所规定的菌落总数就是指食品检样经过处理并在一定条件下培养后，所得 1 g 或 1 mL 检样中所含细菌菌落的总数。

食品中菌落总数的多少直接反映了食品的卫生质量。如果食品中菌落总数多于 10 万个，就足以引起细菌性食物中毒；如果人的感官能察觉食品因细菌的繁殖而发生变质时，细菌数已达到 $10^6 \sim 10^7$ CFU/g（mL 或 cm^2），详见表 1-19。

表 1-19 不同食品中的菌落总数

食品种类	菌落总数 /CFU	
	1 g 或 1 mL	1 cm^2
鸡肉	10^8	$10^6 \sim 10^{8.5}$（极少）
牛肉(生)	10^8	$10^{6.3} \sim 10^{8.5}$
腊肠		$10^6 \sim 10^{8.5}$
鱼	$10^{6.5} \sim 10^{6.6}$	
蟹肉	10^8	
贝	10^7	
牡蛎	$10^4 \sim 10^{5.7}$	

续 表

食品种类	菌落总数/CFU	
	1 g 或 1 mL	1 cm²
鲜蛋奶	10^7	
冰蛋	$10^{6.7}$	
豆腐	$10^5 \sim 10^6$	
鲜牛乳	$10^6 \sim 10^7$	
米饭	$10^7 \sim 10^8$	

从表 1-19 中可以看出食品的变质与菌落总数的增多有一定联系，但有时食品中细菌含量很高，甚至已达到同种食品变质时的细菌数，而食品并未有任何变质现象，这种情况也是经常会遇到的。这可能是因为食品中虽含有大量的细菌，但时间短暂或细菌繁殖条件不具备，所以食品没有任何变质现象。例如，细菌难以生长的干制食品和冰冻食品含有细菌的多少可以反映其在生产、运输、贮藏等过程中卫生管理的状况。

从食品卫生观点来看，食品中菌落总数越多，食品质量越差，病原菌污染的可能性越大；当菌落仅少量存在时，病原菌污染的可能性较低，或者几乎不存在，但也有少数例外情况，有人曾报道，从市售的一批冰蛋制品中，检出菌落总数在 5 000 CFU/g 以下的样品和仅含菌落总数 380 CFU/g 的样品中，均可分离出沙门氏菌，并且都有大肠菌群。在一些菌落总数低的食品中（如罐头食品），曾有细菌繁殖并已产生了毒素，但是由于环境条件的限制使细菌不能继续生长繁殖，而毒素因性状稳定不受环境的影响仍在食品中保留。如果是这种情况，就不能单凭菌落总数这一项指标来评定食品卫生质量的优劣。还有一些食品，如酸泡菜、发酵乳等发酵制品，也不能单凭测定菌落总数来确定卫生质量，因为发酵制品本身就是通过微生物的作用而制成的。

根据以上事实，食品中菌落总数的测定对评定食品的新鲜度和卫生质量起着一定的卫生指标作用，但检验者还须配合大肠菌群的检验和病原菌项目的检验，才能做出比较全面准确的评定。

三、实验材料

（1）食品检样。

（2）培养基和试剂：75%乙醇、无菌生理盐水、15%氢氧化钠溶液、营养琼脂培养基。

（3）其他设备和材料：电热恒温培养箱、冰箱（0～4℃）、恒温水浴锅(46±1)℃、托盘天平、电炉（可调式）、吸管（1 mL和10 mL）、广口瓶（500 mL）、三角瓶（500 mL）、玻璃珠（直径为5 mm）、平皿（皿底直径为9 cm）、试管、试管架、酒精灯、均质器或乳钵、灭菌刀或剪刀、灭菌镊子、75%酒精棉球、玻璃蜡笔、登记薄。

四、实验步骤

1. 检验程序

菌落总数检验程序，如图1-8所示。

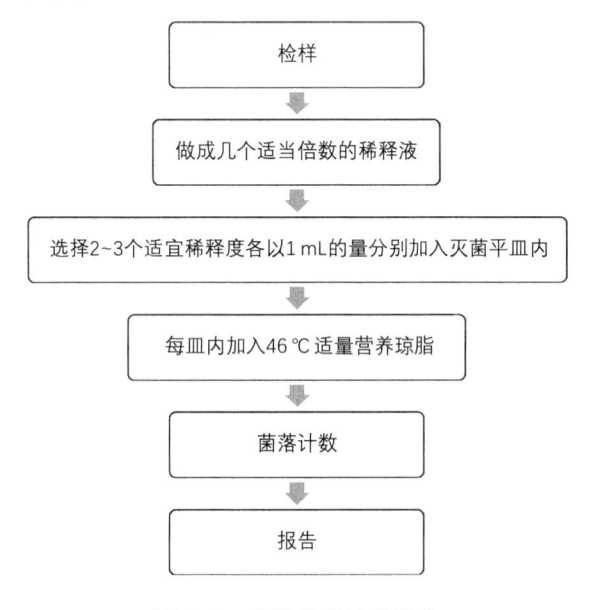

```
检样
 ↓
做成几个适当倍数的稀释液
 ↓
选择2~3个适宜稀释度各以1 mL的量分别加入灭菌平皿内
 ↓
每皿内加入46℃适量营养琼脂
 ↓
菌落计数
 ↓
报告
```

图1-8 菌落总数检验程序

2. 检样稀释及培养

（1）以无菌操作，将检样25 g（或25 mL）剪碎以后，放于含有225 mL灭菌生理盐水或其他稀释液的灭菌玻璃瓶内（瓶内预先置适当数量的玻璃珠）或灭菌乳钵内，经充分振摇或研磨做成1:10的均匀稀释液。

固体检样在加入稀释液后，最好置灭菌均质器中以8 000～10 000 r/min的速度处理1 min做成1:10的均匀稀释液。

（2）用 1 mL 灭菌吸管吸取 1∶10 稀释液 1 mL，沿管劈徐徐注入装有 9 mL 灭菌生理盐水或其他稀释液的试管内（注意吸管尖端不要触及管内稀释液，下同），振摇试管混合均匀，做成 1∶100 的稀释液。

（3）另取 1 mL 的灭菌吸管，按上项操作顺序做 10 倍递增稀释液，如此每递增稀释一次，即换用 1 支 1 mL 灭菌吸管。

（4）根据食品卫生标准要求或对检样污染情况的估计，选择 2～3 个适宜稀释度，分别在做 10 倍递增稀释的同时，即同一支吸管取 1 mL 稀释液于灭菌平皿内，每个稀释度做两个平皿。

（5）稀释液移入平皿后，应及时将凉至 46 ℃营养琼脂培养基注入平皿 20 mL，并转动平皿使混合均匀，同时将营养琼脂培养基倾入加有 1 mL 稀释液（不含样品）的灭菌平皿内作空白对照。

（6）待琼脂凝固后，翻转平板，置（36±1）℃恒温箱内培养（48±2）h 取出，计算平板内菌落数目，乘以稀释倍数，即得 1 g（1 mL）样品所含菌落总数。

3．菌落计算方法

（1）平板菌落数的选择。选取菌落数在 30～300 CFU 的平板作为菌落总数测定标准。一个稀释度使用两个平板，选取两个平板平均数，其中一个平板有较大片状菌落生长时，则不宜采用，而应以无片状菌落生长的平板计数作为该稀释度的菌落数。若片状菌落不到平板的一半，而其余一半中菌落分布均匀，可计算半个平板后乘 2 以表示整个平皿菌落数。

（2）稀释度的选择及菌落总数报告方式，见表 1-20。

表 1-20　稀释度的选择及菌落数据报告方式

编号	稀释液及菌落数			两稀释液之比	菌落总数（个/g，个/mL）	报告方式（菌落总数）
	10^{-1}	10^{-2}	10^{-3}			
1	多不可计	164	20		16 400	16 000 或 1.6×10^4
2	多不可计	295	46	1.6	37 750	38 000 或 3.8×10^4
3	多不可计	271	60	2.2	27 100	27 000 或 2.7×10^4
4	多不可计	多不可计	313		31 300	310 000 或 3.1×10^5
5	27	11	5		270	270 或 2.7×10^2

续　表

编　号	稀释液及菌落数			两稀释液之比	菌落总数（个/g，个/mL）	报告方式(菌落总数)
	10^{-1}	10^{-2}	10^{-3}			
6	0	0	0		<10	<10
7	多不可计	305	12		30 500	31 000 或 3.1×10^4

①应选择平均菌落数在 30～300 的稀释度，乘以稀释倍数，报告之。②若有两个稀释度，其生长的菌落数均在 30～300，则视两者之比如何来决定。若其比值小应报告其平均数，若比值大于 2，则报告其中较小的数字。③若所有稀释度的平均菌落数均大于 300，则应按稀释度最高的平均菌落数乘以稀释倍数报告之。④若所有稀释度的平均菌落数均小于 30，则应按稀释度最低的平均菌落数乘以稀释倍数报告之。⑤若所有稀释度均无菌落生长，则以小于 1 乘以最低稀释倍数报告之。⑥若所有稀释度的平均菌落数均不在 30～300，其中一部分大于 300 或小于 30 时，近 30 或 300 的平均菌落数乘以稀释倍数报告之。

（3）菌落数的报告。菌落数在 100 以内则按其实有数报告；大于 100 时，用两位有效数字，在两位有效数字后面的数字，以四舍五入方法计算。为了缩短数字后面的 0 的个数，可用 10 的指数来表示，如表 1-20"报告方式"一栏所示。

五、注意事项

平板培养计数法只能检出生长的活菌，不能检出样品中全部的细菌数，且检出细菌数总是比实际生存在食品中的细菌数要少，这是因为食品中存在多种细菌，它们的生活特性各异，不可能在同一培养条件下全部生长出来。但是，仍能借此评定整个食品被细菌污染的程度，所以目前在食品的卫生检验中一般都采用这种方法。平板菌落计数测定食品中的菌落总数，一般均采用中温培养，特别是在测定直接供食用的制成食品的菌落数时，因为要严格防止这些食物受消化道传染病病原菌和食物中毒病原菌污染，这些病原菌都属于嗜温性菌，因而测定细菌数时，采用中温培养是比较合理的。

其他菌落总数的测定方法：标准平板培养计数法虽是国家制定的菌落总数测定方法，在一定程度上能反映食品的卫生质量，但却对一些食品不能作出准确的评价，这是因为细菌适应生长的温度有高温、中温和低温之分，所需的 pH 和营养条件也不尽相同，并且和培养时间也有关系。例如，引起新鲜鱼类、贝类食品的新鲜度降低以至于腐败变质的细菌类群主要是低温细菌，为了调查这类食品新鲜度的状况，就必须采取低温培养 72 h。又如，冰冻鲜鱼、贝类作为食品原料，也常以嗜冷细菌的多少来有效地反映出它们的新鲜度；对于罐装食品，就必须通过测定嗜热菌的多少来判定它们的卫生情况，等等。对于这类细菌的培养，所用的时间应相对延长，通常要使平板上生长出可见菌落。因为菌落的形成需要一定的时间，如果食品中混杂有多种细菌，菌种之间生长的速度就必然存在着差异，尽可能使多种细菌都能在平板上产生菌落，才能比较准确地反映出食品的卫生质量。培养的时间与培养的温度有关，在不同的培养温度范围内，一般常采用的时间见表 1-21。

表 1-21　菌落总数测定所采用的时间和温度

培养的细菌	培养温度 /℃	培养时间
嗜温菌	30～37	(48±3) h
嗜冷菌	20～25	5～7 d
	5～10	10～14 d
嗜热菌	45～55	2～3 d

六、思考题

（1）菌落总数的概念。

（2）测定食品中的菌落总数有什么重要意义？

（3）详细论述食品中菌落总数的测定方法。

（4）怎样用不同的方法测定活菌制剂中的双歧杆菌？

（5）活菌计数法测定食品中的菌落数有何优缺点？

实验 23　食品中大肠菌群的测定

一、实验目的

（1）了解大肠菌群在食品卫生检验中的意义。

（2）学习并掌握大肠菌群的检验方法。

二、实验原理

大肠菌群指一群能发酵乳糖、产酸产气、需氧和兼性厌氧的革兰氏阴性无芽孢杆菌。该菌主要来源于人畜粪便，故以此作为粪便污染指标来评价食品的卫生质量，具有广泛的卫生学意义。它反映了食品是否被粪便污染，同时间接反映出食品是否有肠道致病菌污染的可能性。食品中大肠菌群数系以每100 g（或mL）检样内大肠菌群最近似数（the most probable number，英文缩写MPN）表示。

根据国家1994年颁布的食品卫生检验方法微生物学部分，大肠菌群是指一群在37℃、24h能发酵乳糖，产酸、产气，需氧和兼性厌氧的革兰氏阴性无芽胞杆菌。大肠菌群主要是由肠杆菌科中四个菌属内的一些细菌所组成，即艾希氏菌属、拘橼酸杆菌属、克雷伯氏菌属及肠杆菌属，其生化特性分类见表1-22。

表1-22 大肠菌群生化特性分类表

分 类	靛基质	甲基红	V-P	拘橼酸	H_2S	明 胶	动 力	44.5℃乳糖
大肠艾希氏菌Ⅰ	+	+	-	-	-	-	+/-	+
大肠艾希氏菌Ⅱ	-	+	-	-	-	-	+/-	-
大肠艾希氏菌Ⅲ	+	+	-	-	-	-	+/-	-
费劳地拘橼酸杆菌Ⅰ	-	+	-	+	+/-	-	+/-	-
费劳地拘橼酸杆菌Ⅱ	+	+	-	+	+/-	-	+/-	-
产气克雷伯氏菌Ⅰ	-	-	+	-	-	-	-	-
产气克雷伯氏菌Ⅱ	+	-	+	+	-	-	-	-
阴沟肠杆菌	+	-	+	+	-	-	+/-	-

注："+"表示阳性；"-"表示阴性；"+/-"表示多数阳性，少数阴性。

由表1-22可以看出，大肠菌群中大肠艾希氏菌Ⅰ型和Ⅲ型的特点是，对靛基质、甲基红、V-P和拘橼酸盐利用四个生化反应分别为"++--"，通常称为典型大肠杆菌；其他类大肠杆菌则被称为非典型大肠杆菌。

1. 粪便污染的指标细菌

早在1892年，沙尔丁格（Schardinger）氏首先提出大肠杆菌作为水源中病原菌污染的指标菌的意见，因为大肠杆菌是存在于人和动物的肠道内的常见细菌。一年后，塞乌博尔德·斯密斯（Theobold Smith）氏指出，大肠杆菌因普遍存在于肠道内，若在肠道以外的环境中发现，就可以认为这是由于受到了人或动物的粪便污染。从此，大肠杆菌开始作为水源中粪便污染的指标菌。

据研究发现，成人粪便中的大肠菌群的含量为 $10^8 \sim 10^9$ 个 /g。若水中或食品中发现有大肠菌群，即可证实已被粪便污染，有粪便污染也就有可能有肠道病原菌存在。据此，我们可以认为这种含有大肠菌群的水或食品供食用是不安全的。因此，目前在评定食品的卫生质量而进行检验时，大都采用大肠菌群或大肠杆菌作为粪便污染的指标细菌。当然，有粪便污染，不一定就有肠道病原菌存在，但即使无病原菌，被粪便污染的水或食品也是不卫生的。

2. 粪便污染指标菌的选择

作为理想的粪便污染的指标菌应具备以下几个特性，才能起到比较正确的指标作用。

（1）存在于肠道内特有的细菌，才能显示出指标的特异性。

（2）在肠道内占有极高的数量，即使被高度稀释后，也能被检出。

（3）在肠道以外的环境中，其抵抗力大于肠道致病菌或相似，进入水中不再繁殖。

（4）检验方法简便，易于检出和计数。

依据上述条件，粪便中数量最多的是大肠菌群，而且大肠菌群随粪便排出体外后，其存活时间与肠道主要致病菌大致相似，而且在检验方法上，也以大肠菌群的检验计数较为简便易行。因此，我国选用大肠菌群作为粪便污染指标菌是比较适宜的。

另外，作为粪便污染的指标细菌还有分叉杆菌、拟杆菌、乳酸菌、肠杆菌科中的梭状芽胞和底群链球菌等。据报道，拟杆菌是人体肠道内第二个较大的菌群；厌气性乳酸菌占人体肠道内细菌组分的 50% 以上，一般粪便中该菌量为 $10^9 \sim 10^{10}$ 个 /g。肠道内属于肠杆菌科的细菌，除上述的细菌外，克雷伯氏菌属、变形杆菌和副大肠杆菌等也可以充当粪便污染指标菌。很多研究者认为，在冷冻食品或冷冻状态照射处理过的食品中，大肠杆菌比其他多种病原菌容易死亡，因而这类食品用大肠菌群作为指标菌就不够理想，而底群链球菌对低温抵抗力强，作为这类食品的粪便污染指标菌就比较适宜。上述的这些肠道内的其他细菌，虽与粪便有关，因均比不上大肠菌群所具备的指标特异性，所以目前还没有被当作公认的粪便污染的指标细菌。

当然，大肠菌群作为粪便污染指标菌也有一些不足之处：

（1）饮用水在含有较少量大肠菌群的情况下，有时仍能引起肠道传染病的流行。

（2）大肠菌群在一定条件下能在水中生长繁殖。

（3）在外界环境中，有的沙门氏菌比大肠菌群更有耐受力。

3. 大肠菌群作为粪便污染指标菌的意义

食用粪便污染过的食品往往是肠道传染病发生的主要原因，因而检查食品中有无肠道菌，对控制肠道传染病的发生和流行具有十分重要的意义。

许多研究者的调查证明，人、畜粪便对外界环境的污染是大肠菌群在自然界存在的主要原因。在腹泻患者所排粪便中，非典型大肠杆菌常有增多趋势，这可能与机体肠道发生紊乱，因而大肠菌群在型别组成的比例上发生改变有关；随粪便排至外环境中的典型大肠杆菌也可因条件的改变使生化性状发生变异，因而转变为非典型大肠杆菌。由此看来，大肠菌群无论是在粪便内还是在外环境中，都是作为一个整体存在的，它的菌型组成往往是多种的，只是在比例上，因条件不同而有差异。因此，大肠菌群的检出不但反映校样被粪便污染的总体情况，而且在一定程度上反映了食品在生产加工、运输、保存等过程中的卫生状况，所以具有广泛的卫生学意义。

大肠菌群作为粪便污染指标菌被列入食品卫生微生物学常规检验项目，如果食品中大肠菌群超过规定的限量，则表示该食品有被粪便污染的可能，而粪便如果是来自肠道致病菌者或者腹泻患者，该食品有可能造成肠道致病菌污染，所以凡是大肠菌群数超过规定限量的食品，即可确定该食品卫生是不合格的，该食品食用是不安全的。

三、实验材料

1. 样品

乳、肉、禽蛋制品、饮料、糕点、发酵调味品或其他食品。

2. 菌种

大肠埃希氏菌、产气肠杆菌。

3. 培养基及试剂

单料乳糖胆盐发酵管、双料乳糖胆盐发酵管、乳糖胆盐发酵管、伊红美蓝琼脂（EMB）、革兰氏染色液、蛋白胨水、靛基质试剂、麦康凯（MA）。

4. 其他设备和材料

温箱（36±1）℃、水浴锅（44±0.5）℃、天平、显微镜、均质器或乳钵、温度计、平皿、试管、发酵管、吸管、载玻片、接种针。

四、实验步骤

1. 检验程序

大肠菌群检验程序,如图 1-9 所示。

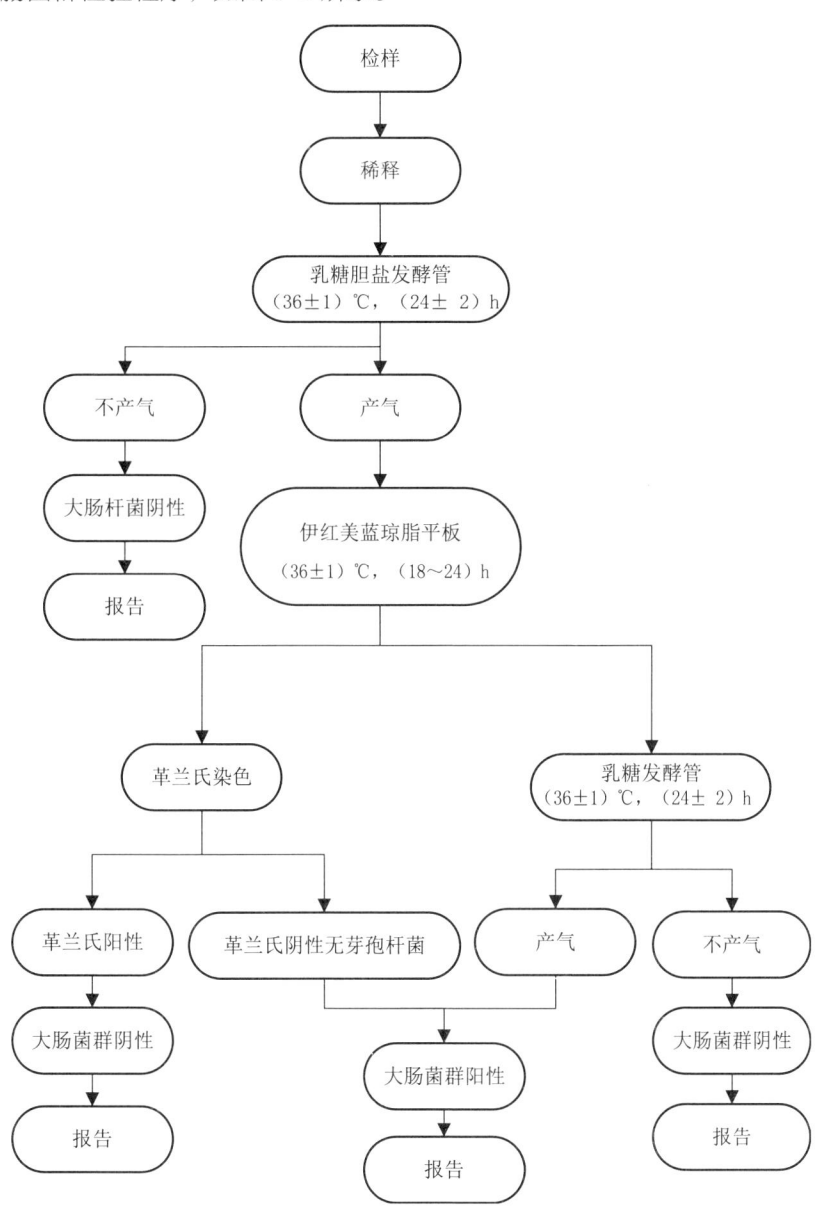

图 1-9 大肠菌群检验程序

2. 操作步骤

（1）采样及稀释。

①以无菌操作将校样 25 g（或 25 mL）放于含有 225 mL 灭菌生理盐水或其他稀释液的灭菌玻璃瓶内（瓶内预置适当数量的玻璃珠）或灭菌乳钵内，经充分振摇或研磨做成 1 : 10 的均匀稀释液。固体检样最好用无菌均质器，以 800～1000 r/min 的速度处理 1 min，做成 1 : 10 的稀释液。②用 1 mL 灭菌吸管吸取 1 : 10 稀释液 1 mL，注入含有 9 mL 灭菌生理盐水或其他稀释液的试管内，振摇混匀，做成 1 : 100 的稀释液，换用 1 支 1 mL 灭菌吸管，按上述操作依次做 10 倍递增稀释液。③根据食品卫生要求或对检验样品污染情况的估计接种 3 管，也可直接用样品接种。

（2）乳糖初发酵实验即通常所说的假定实验，其目的在于检查样品中有无发酵乳糖、产生气体的细菌。

将待校样品接种于乳糖胆盐发酵管内，接种量在 1 mL 以上者，用双料乳糖胆盐发酵管，1 mL 及 1 mL 以下者，用单料乳糖发酵管。每一个稀释度接种 3 管，置于（36±1）℃培养箱内，培养（24±2）h，若所有乳糖胆盐发酵管都不产气，则可报告为大肠菌群阴性；若有产气者，则按下列程序进行。

（3）分离培养。将产气的发酵管分别转种在伊红美蓝琼脂板或麦康凯琼脂平板上，置于（36±1）℃温箱内，培养 18～24 h，然后取出，观察菌落形态并做革兰氏染色镜检和复发酵实验。

（4）乳糖复发酵实验即通常所说的证实实验，其目的在于证明从乳糖初发酵实验呈阳性反应的试管内分离到的革兰氏阴性无芽孢杆菌确能发酵乳糖、产生气体。

在上述的选择性培养基上，挑取可疑大肠菌群 1～2 个进行革兰氏染色，同时接种乳糖发酵管，置于（36±1）℃的温箱内培养（24±2）h，观察产气情况。

凡乳糖发酵管产气，革兰氏染色为阴性无芽胞杆菌，即报告大肠杆菌阳性；若发酵管不产气或革兰氏染色为阳性，则报告大肠杆菌为阴性。

（5）报告。根据证实为大肠菌群阳性的管数，查 MPN 检索表（表 1-23），报告每 100 mL（g）食品中大肠菌群的最可能数。

表1-23 MPN检索表

阳性管数			MPN	95% 可信限	
1 mL(g)×3	0.1 mL(g)×3	0.01 mL(g)×3	100 mL(g)	下限	上限
0	0	0	30	<5	90
0	0	1	30		
0	0	2	60		
0	0	3	90		
0	1	0	30	<5	130
0	1	1	60		
0	1	2	90		
0	1	3	120		
0	2	0	60		
0	2	1	90		
0	2	2	120		
0	2	3	160		
0	3	0	90		
0	3	1	130		
0	3	2	160		
0	3	3	190		
1	0	0	40		
1	0	1	70	<5	200
1	0	2	110	10	210
1	0	3	150		
1	1	0	70		
1	1	1	110	10	230
1	1	2	150	30	360
1	1	3	190		
1	2	0	110		
1	2	1	150	30	360
1	2	2	200		
1	2	3	240		

续 表

阳性管数			MPN	95% 可信限	
1 mL(g) × 3	0.1 mL(g) × 3	0.01 mL(g) × 3	100 mL(g)	下限	上限
1	3	0	160		
1	3	1	200		
1	3	2	240		
1	3	3	290		
2	0	0	90		
2	0	1	140	30	360
2	0	2	200	70	370
2	0	3	260		
2	1	0	150		
2	1	1	200	30	440
2	1	2	270	70	890
2	1	3	340		
2	2	0	210		
2	2	1	280	40	470
2	2	2	350	100	1 500
2	2	3	420		
2	3	0	290		
2	3	1	360		
2	3	2	440		
2	3	3	530		
3	0	0	230	40	1 200
3	0	1	390	70	1 300
3	0	2	640	150	3 800
3	0	3	950		
3	1	0	480	70	2 100
3	1	1	750	140	2 300
3	1	2	1 200	300	3 800
3	1	3	1 600		
3	2	0	930	150	3 800
3	2	1	1 500	300	4 400
3	2	2	2 100	350	4 700
3	2	3	2 900		

续　表

阳性管数			MPN	95% 可信限	
1 mL(g) × 3	0.1 mL(g) × 3	0.01 mL(g) × 3	100 mL(g)	下限	上限
3	3	0	2 400	360	13 000
3	3	1	4 600	710	24 000
3	3	2	11 000	1 500	48 000
3	3	3	24 000		

注：1. 本表采用3个稀释度，即1 mL(g)、0.1 mL(g)、0.01 mL(g)，每稀释度3管。

2. 表内所列检样量如改用10 mL(g)、1 mL(g)、0.1 mL(g)]，表内数字应相应降低10倍；如改用0.1 mL(g)、0.01 mL(g)、0.001 mL(g)时，则表内数字应相应增10倍，其余类推。

五、大肠菌群最可能数(MPN)检索表中数值的计算

大肠菌群最可能数检索表中数值是通过几率计算出来的。由于我国在大肠菌群检验中，对检样采用了三个不同的10倍递减接种量，每个接种量各接种3个乳糖胆盐发酵管。因此，乳糖阳性管可能只出现在一个管组内，也可能出现在两个管组内，或者三个管组内。为此，就乳糖阳性管出现的这三种不同情况各举一例，以说明检索表中最可能数的情况。

（1）仅有一组乳糖发酵管内有大肠菌群存在时，计算方法如下：

$$N\lambda = 2.303 \times \lg A/B \qquad (1)$$

式中：N——检出大肠菌群的乳糖发酵管所加样品量；

λ——大肠菌群的最可能数（个/mL 或个/g）；

A——加进所有管组乳糖发酵管内样品的总量；

B——所有各管组未检出大肠菌群管中样品的总量。

例1，每管内样品数及阳性管数，见表1-24。

表1-24　仅一组乳糖发酵管有大肠菌群示例表

管　组	①	②	③
管　数	3	3	3
每管内样品量	10 mL	10 mL	10 mL
阳性管数	3	0	0

因此，N=10，A=33.3，B=3.3

代入公式（1）得

10λ =2.303×lg33.3/3.3

=2.303×lg10.091

=2.3

λ =0.23 个 /mL

所以每 100 mL 样品内大肠菌群最可能数为 23 个。表 1–23 中样品接种量较例 1 低 10 倍，故其大肠菌群效应为 230 个。

（2）两组乳糖发酵管内有大肠菌群存在时，计算公式如下：

$$N_1\lambda = 2.303 \times \lg \frac{(A - N_2\gamma - A \times 10^{-0.4343N_2\lambda})}{[B - (A - N_1P) \times 10^{-0.4343N_2\lambda}]} \quad (2)$$

式中 N_1P——管组②每管内加 N_1 mL（g）样品量，有 P 个大肠菌群阳性管；

$N_2\gamma$——管组②每管内加 N_2 mL（g）样品量，有 γ 个大肠菌群阳性管；

γ——大肠菌群的最可能数（个 /mL 或个 /g）；

A——加进各管组乳糖发酵管内样品的总量；

B——所有各管组未检出大肠菌群管中样品的总量。

应用公式（2）时，须先假定 λ 值，用试算法代进公式内以计算出 k 值，当代进公式的假定值与计算出的 λ 值相符（或最接近时）时，则所假定的 λ 值，即为大肠菌群的最可能数。

例 2，每管内样品及阳性管数，见表 1–25。

表 1–25 两组乳糖发酵管内有大肠杆菌群示例表

管　组	①	②	⑧
管　数	3	3	3
每管内样品量	10 mL	1 mL	0.1 mL
阳性管数	0	3	2

因此，N_1=1，N_1P=3，N_2=0.1，$N_2\gamma$=0.2，A=33.3，B=30.1

令 $K = 10^{-4343N_2\lambda}$，则 $\lg K = -0.4343N_2\lambda$

设 λ =0.16 个 /mL，代入上式得：

lgK=-0.434 3 × 0.1 × 0.16

=1.993 051 2

所以，K=0.984 127 12

将以上各值代入公式（2）得：

$$1\times\lambda = 2.303\times\lg\frac{(33.3-0.2-33.3\times 0.984\,127)}{[30.1-(33.3-3)\times 0.984\,127]}$$

=2.303 × 0.067 996 3

=0.156 595 5

≈ 0.16

计算所得的 λ 值与所假设的 λ 值相符，因而大肠菌群最可能数为 0.16 个 /mL，因表 1-23 中样品接种量较例 3 低 10 倍，故大肠菌群数应为 160 个。

（3）三组乳糖发酵管内都有大肠菌群存在时，计算公式如下：

$N_1\lambda = 2.303\times$

$$\lg\frac{[(A-N_2\gamma-N_3t)-(A-N_3t)\times 10^{-0.434\,3N_2\lambda}-(A-N_2\gamma)\times 10^{0.434\,3N_3\lambda}+A\times 10^{-0.434\,3(N_2+N_3)\lambda}]}{[B-(A-N_1P-N_3t)\times 10^{-0.434\,3N_2\lambda}-(A-N_1P-N_2\gamma)\times 10^{0.434\,3N_3\lambda}+(A-N_1P)\times 10^{-0.434\,3(N_2+N_3)\lambda}]}$$

式中　A——加入各管组乳糖发酵管内样品的总量；

　　　B——所有各管内未检出大肠菌群管中样品的总量；

　　　N_1P——管组①每管加入 N_1 mL（g）样品，有 P 个大肠菌群阳性管；

　　　$N_2\gamma$——管组②每管加入 N_2 mL（g）样品，有 γ 个大肠菌群阳性管；

　　　N_3t——管组③每管加入 N_3 mL（g）样品，有 t 个大肠菌群阳性管；

　　　λ——大肠菌群的最可能数（个 /mL 或个 /g）。

应用公式（3）与应用公式（2）相同，也要先假定 λ 值，用计算法代入公式内以计算出 λ 值，当代进公式的假定值与计算出的 λ 值相符 (或最接近) 时，则所假定的 λ 值，即为大肠菌群的最可能数。

例 3，每管内样品及阳性管数，见表 1-26。

表 1-26　三组乳糖发酵管内有大肠菌群示例表

管　组	①	②	③
管　数	3	3	3
每管内样品量	10 mL	1 mL	0.1 mL
阳性管数	2	3	1

因此，$N_1=10$，$N_1P=20$，$N_2=1$，$N_2\gamma=3$，$N_3t=0.1$，$A=33.3$，$B=10.2$

令 $K_1 = 10^{-0.4343N_2\lambda}$，则 $\lg K_1 = -0.4343N_2\lambda$ ①

令 $K_2 = 10^{-0.4343N_2\lambda}$，则 $\lg K_2 = -0.4343N_3\lambda$ ②

令 $K_3 = 10^{-0.4343(N_2+N_3)\lambda}$，则 $\lg K_3 = -0.4343(N_2+N_3)\lambda$ ③

设 $\lambda=0.36$ 个/mL，代入①②③式可得：

$\lg K_1 = -0.4343 \times 1 \times 0.36$
$= -0.156\ 348$

所以，$K_1 = 0.697\ 673\ 12$

$\lg K_2 = -0.4343 \times 0.1 \times 0.36$
$= -0.015\ 634\ 8$

$K_2 = 0.964\ 64$

$\lg K_2 = -0.4343 \times (1+0.1) \times 0.36$
$= -0.171\ 982\ 8$

所以，$K_3 = 0.673\ 003\ 3$

将以上各值代入公式（3）得：

$$10\lambda = 2.303 \times \lg\frac{[(33.3-3-0.1)-(33.3-0.1)\times 0.697\ 673\ 12-(33.3-3)\times 0.964\ 64-33.3\times 0.673]}{[10.2-(33.3-20-0.1)\times 0.697\ 673\ 12-(33.3-20-3)\times 0.964\ 64-(33.3-20)\times 0.673]}$$

$= 2.303 \times \lg 37.705\ 191$
$= 3.630\ 451\ 7$

所以，$\lambda = 0.363\ 045\ l7$

$\lambda \approx 0.36$

计算所得的 λ 值与所假设的 λ 值相符，因而大肠菌群最可能数为 0.36 个/mL（g），即 100 mL（g）样品中大肠菌群最可能数为 36 个，表 1-22 中样品接种量较例 3 低 10 倍，故大肠菌群最可能数为 360 个。

六、粪大肠菌群的检验

1. 粪大肠菌群与大肠菌群的关系

根据国家颁布的食品卫生微生物检验标准方法 (GB 4789.3—94)，粪大肠菌群系指一群能在 44 ℃、24 h 内发酵乳糖、产酸产气和利用色氨酸产生靛基质，需氧和兼性厌氧的革兰氏阴性无芽胞杆菌。大肠艾希氏菌 I 型即属粪大肠菌群。

粪大肠菌群的唯一来源是粪便，因而只有粪大肠菌群是粪便污染的确切指标。在被检样品中，如果有粪大肠菌群存在，则在大肠菌群检验中也应被计入。因此，也有人将大肠菌群数称为总大肠菌群数。

近年来，曾有人建议采用大肠菌群和粪大肠菌群两种细菌作为食品卫生学的指标菌，如果大肠菌群数和粪大肠菌群数均高，一般多考虑为近期污染；如果大肠菌群数高，而粪大肠菌群数低，则应着重考虑粪便的远期污染，这在一定条件下，对污染的来源及工艺学意义可作出恰当的判定。

2. 检验步骤

（1）校样的稀释。同大肠菌群。

（2）44 ℃乳糖发酵试验。将检样以无菌操作接种于乳糖胆盐发酵管内 1 mL 及 1 mL 以内者，用单料乳糖胆盐发酵管），置 (44 ± 0.5)℃水浴内，培养 (24 ± 2) h。经培养后，如所有乳糖胆盐发酵管都不产气，则可报告为阴性；如果有产气者，则按下列程序进行。

（3）证实试验。将所有产气发酵管，分别种在伊红美蓝琼脂平板上，同时接种蛋白陈水，置（44 ± 0.5）℃培养 24 h。经培养后，在上述平板上观察有无典型菌落生长，粪大肠菌群在伊红美蓝琼脂平板上菌落呈紫黑色，有金属光泽，同时做革兰氏染色镜检。在蛋白陈水内加入靛基质试剂约 0.5 mL，观察靛基质反应。

（4）结果评定。凡靛基质阳性、平板上有典型菌落者，则证实为粪大肠菌群阳性。

（5）报告。根据证实为粪大肠菌群的阳性管数，查 MPN 检索表，报告 100 mL(g)粪大肠菌群的最可能数。

七、大肠菌群快速检验

大肠菌群检验国标采用发酵法，需要 3 天。为了满足食品卫生快速监测的实际需要，多年来大肠菌群科研协作组曾在这方面进行了大量研究，并取得了一定成绩。1985 年 5 月，大肠菌群快速检验方法会议在西宁召开，会议总结了近年来我国大肠菌群快速检验方面的经验，通过对 24 个单位 1 099 件样品（包括乳与乳制品、冷饮、肉制品、豆制品、调味品、啤酒、糕点等）的统计分析，可以认为当前国内应用的三种快速检验方法（TTC 显色法、DC 试管法和纸片法）的准确性和符合率均较高，它们的测试结果与发酵法结果相近，并具有快速、简便等优点，18～24 h 可报告结果。三种快速检验方法在检验结果上与发酵法均无显著差异，且三法各有其持点，在实际工作中，可根据具体情况选用。

八、思考题

（1）大肠菌群的定义及检测意义是什么？
（2）作为粪便污染指标菌应具备哪些条件？
（3）革兰氏染色的关键点及程序。
（4）详细论述某一类食品大肠菌群的检验步骤。
（5）粪大肠菌群与大肠菌群有何关系？在测定方法上有什么不同？

实验 24　微生物菌落的观察

一、实验目的

识别细菌、酵母菌、放线菌和霉菌四大类微生物的菌落特征。

二、实验内容

（1）观察已知菌菌落的形态、大小、色泽、透明度、致密度和边缘等特征。
（2）根据菌落的形态特征判断未知菌的类别。

三、实验材料

大肠杆菌、金黄色葡萄球菌、枯草芽孢杆菌、酿酒酵母、粘红酵母、热带假丝酵母、细黄链霉菌、灰色链霉菌、黑曲霉、产黄青霉、球孢白僵菌等细菌的斜面菌种。

牛肉膏蛋白胨培养基、马铃薯培养基、高氏 1 号培养基、无菌水。

接种环、接种针、酒精灯、无菌培养皿多套、电热恒温箱。

四、实验步骤

1. 制备已知菌的单菌落

（1）制备平板。将已融化的无菌培养基冷却至 50 ℃左右，分别制备牛肉膏蛋白胨培养基平板、马铃薯蔗糖培养基平板和高氏 1 号培养基平板各一皿。

（2）制备菌悬液或孢子悬液。在培养好的斜面菌种管内加入 5 mL 无菌水，制成菌悬液后备用。

（3）制备单菌落。通过平板划线法获得细菌、酵母菌和放线菌的单菌落。用三点接种法获得霉菌的单菌落。细菌于37 ℃恒温培养24～48 h，酵母菌于28 ℃培养2～3 d，霉菌和放线菌置28 ℃培养5～7 d，待长成菌落后，仔细观察四大类微生物菌落的形态特征，并将观察结果记录于表1-27中。

2. 制备未知菌落

（1）倒平板。

（2）接种。未知菌落可用弹土法接种，其要点如下：采集土壤，待风干磨碎后，可将细土撒在无菌的硬板纸表面，先弹去纸面浮土，然后打开皿盖，使含土的纸面对着平板培养基的表面，用手指在硬板纸背面轻轻一弹即可接种上各种微生物。

（3）培养。将牛肉膏蛋白胨培养基平板倒置于37 ℃培养箱中恒温培养2～3 d，将马铃薯蔗糖培养基倒置于28 ℃培养箱中恒温培养3～5 d，即可获得未知菌的单菌落。

（4）编号。从培养好的未知平板中，挑选8个不同的单菌落，逐个编号，根据菌落识别要点区分未知菌落类群，并将判断结果填入表1-28中。

3. 直接观察菌落

直接对通过"土壤稀释分离"获得的单菌落进行观察识别，并将结果填入表1-27中。

五、注意事项

观察菌落特点时，我们要选择分离得很开的单个较大菌落；已知菌落和未知菌落要编好号，不要随意移动开盖，以免搞混菌号。

六、实验结果

（1）将已知菌落的形态特征记录于表1-27中。

（2）将未知菌落的辨别结果记录于表1-28中。

七、思考题

（1）试比较细菌、放线菌、酵母菌和霉菌菌落形态的差异。

（2）设计一个实验，检测实验室空气环境中的微生物类别。

表 1-27　已知菌菌落的形态

微生物类数	菌　名	辨别要点					菌落描述						
^	^	湿		干		表面	边缘	隆起形状	颜色			透明度
^	^	厚薄	大小	松密	大小	^	^	^	正面	反面	水溶性色素	^
细菌	大肠杆菌											
^	金黄色葡萄球菌											
^	枯草杆菌											
酵母菌	酿酒酵母											
^	粘红酵母											
^	热带假丝酵母											
放线菌	细黄链霉菌											
^	灰色链霉菌											
霉菌	产黄青霉											
^	黑曲霉											
^	球孢白僵菌											

表 1-28　未知菌菌落的形态

菌落号	湿		干		菌落描述						判断结果	
^	厚薄	大小	松密	大小	表面	边缘	隆起形状	颜色			透明度	1	2
^	^	^	^	^	^	^	^	正面	反面	水溶性色素	^	^	^
1													
2													
3													
4													
5													

续　表

菌落号	湿		干		菌落描述			颜色				判断结果	
	厚薄	大小	松密	大小	表面	边缘	隆起形状	正面	反面	水溶性色素	透明度	1	2
6													
7													
8													

第二部分　综合型实验

第二部分以综合型实验为主,包括抗生素发酵、液体静置发酵、固体发酵等18个实验。在授课过程中,教师应有意识地引导学生把国家、社会和个人的价值要求融为一体,自觉把小我融入大我,将社会主义核心价值观内化为精神追求、外化为自觉行动;在能力培养方面,主要培养学生综合运用所学的理论知识、实验方法、实验技能分析问题和解决问题的能力;在价值引领方面,培养学生精益求精的工匠精神,激发学生以科技报国的家国情怀和使命担当。

该部分实验的目的是通过具有一定综合性并带有一定设计性的大实验,着重培养学生的大局观和团队合作精神。

思政触点三:啤酒发酵(实验2)——文化自信、使命担当。

我国自古就形成了独特的诗酒文化,这一文化反映出酒在诗人认识生活、评论时事、表达情感及精神操守养成方面所特具的社会功能。这些诗词中也包含着许多民族文化传统和人文素质教育内涵,对于提高大学生的人文素质、陶冶情操有着极其独特的教育价值。因此,本节课以李白的诗句作为教学的切入点,让学生讨论每个人所了解的我国与酒有关的诗词。这样既弘扬了民族文化,又可以培养学生的人文思维,强化爱国情怀和使命担当。

思政触点四:果酒的酿造(实验11)——工匠精神的培养。

工匠精神的目标是打造本行业最优质的产品。他们虽不都是出身名牌大学、有着耀眼的文凭,但都是在默默坚守着自己所热爱的岗位,他们的工作虽然很平凡,但他们那追求完美和极致的精神令人敬佩。本实验通过小组活动(2~6人)共同完成。首先,小组成员讨论确定实验用品,制定实验方案;其次,小组成员分工完成实验任务;最后,小组成员按照制定好的程序完成检测,撰写实验报告。在实验过程中,小组成员会讨论、协作、分析与行动,在这期间也会有争论和讨论，但最终应确定一种方案为最终行动方案，同时在这一过程中展开团队合作，以便在较短的实验时间内完成任务，最后秉承工匠精神，继续探讨产品质量有没有进一步提升的空间。

实验1　链霉素发酵综合性实验

发酵过程的中间分析是生产控制的眼睛，它显示了发酵过程中微生物的主要代谢变化。因为微生物个体极微小，肉眼无法看见，要了解它的代谢状况，只能靠分析一些参数来判断，所以说中间分析是生产控制的眼睛。发酵过程主要控制的参数有以下几个。

1. 发酵温度的控制

一般来说，接种后应适当提高培养温度，以利于孢子的萌发或微生物生长、繁殖的增速，而且此时发酵的温度大多数是上升的。随着发酵液的温度逐渐上升，发酵液的温度应该控制在微生物最适生长的温度；到主发酵旺盛阶段温度可比最适生长温度低一些，即控制在微生物代谢产物合成的最适温度；到发酵的后期，温度出现下降的趋势，发酵成熟后即可放罐。工业发酵过程一般无须加热，因为释放的发酵热常常超过微生物的最适生长温度，所以更需要冷却。冷却通常是利用发酵罐的热交换装置进行降温（如采用夹套或蛇形管进行调温）的，冬季发酵时还需对空气进行加热处理，以便维持发酵的正常温度。

2. 发酵 pH 值控制

对发酵 pH 值的控制不但应根据不同微生物的特性，控制原始培养基的 pH 值，而且在整个发酵过程中，我们还必须随时检测 pH 值的变化情况，根据发酵过程中的 pH 值变化规律，选用适当的方法对 pH 值进行调节和控制。在实际生产中，调节和控制 pH 值的方法主要有以下几种。

（1）调节培养基的原始 pH 值，或通过加入缓冲溶液（如磷酸盐）制成缓冲能力强、pH 值变化不大的培养基，或使盐类和碳源的配比平衡。

（2）在发酵过程中，我们可加入弱酸或弱碱进行 pH 值调节，进而合理地控制发酵条件；也可通过调整通风量来控制 pH 值。

（3）如果仅用酸或碱调节 pH 值不能改善发酵情况时，进行补料是一个较好的办法，它既可调节培养基的 pH 值，又可补充营养，通过增加培养液的浓度、减少阻遏作用，来进一步提高发酵产物产率。

（4）采用生理酸性铵盐作为氮源时，可通过在培养液中加入碳酸钙来调节 pH 值。但是，碳酸钙的加入量一般都很大，在操作上很容易引起染菌。因此，此方法在发酵过程中应用不是太广。

（5）发酵过程参照 pH 值的变化可用流加氨水的方法来调节，同行又可把氨水作为氮源供给。由于氨水会使发酵液的 pH 值波动大，应采用少量多次的流加方法，以免造成 pH 值过高，从而抑制微生物细胞的生长，或引发 pH 值过低，NH_4^+ 不足等现象。具体的流加方法应根据微生物的特性、发酵过程的菌体生长情况、耗糖情况等来决定，一般 pH 值控制在 7.0～8.0，最好采用自动控制连续流加方法。

（6）以尿素作为氮源进行流加，是目前国内味精厂普遍采用的调节 pH 值的方法。尿素分解放出氨，使 pH 值上升；同时，氨和培养基中的营养成分被微生物利用后形成有机酸等中间代谢产物，使 pH 值降低；此时就需要流加尿素，以调节 pH 值和补充氮源。

（7）目前已有用于发酵过程的 pH 测量电极，其可连续测量并记录 pH 值的变化，用于控制和检测发酵 pH 值。

3. 溶氧量的提高措施

控制氧溶解的工艺手段主要是从供氧和需氧两方面来考虑的。影响氧溶解效果的主要因素有通气流量（通风量）、搅拌速度、气体组分中的氧分压、罐压、温度、培养基的物理性质等。影响需氧量的则是菌体的生理特性，如不同菌龄的呼吸强度差别、基质加入时菌丝耗氧的增加等。工艺上主要的控制手段有以下几种。

（1）改变通气速率（增大通风量）。改变通气速率主要通过改变体积溶氧系数 KLa 来改变供氧能力。在低通气量的情况下，增大通气量对提高溶氧浓度有十分显著的效果；在空气流速已经十分高的情况下，再增加通气速率，作用便不是很明显，反而会产生某些副作用，如泡沫形成、水分蒸发、罐温增加及染菌几率增加等。

（2）改变搅拌速度。一般来说，改变搅拌速度的效果要比改变通气速率好，这是因为通气泡沫充分破碎，增加了有效气液接触面积；液流滞流增加，气泡周围液膜厚度和菌丝表面液膜厚度减小，并延长了气泡在液体中的停留时间，因而较有效地增加了 KLa，提高了供氧能力。

（3）改变气体组成中的氧分压。用通入纯氧的方法来改变空气中氧的含量，提高了 KLa 值，因而提高了供氧能力。纯氧成本较高，但对于某些发酵，如溶氧低于临界值的发酵，短时间内加入纯氧是有效而可行的，这种方法在实验室动植物细胞培养中已被采用。其他富氧装置也在开发，但因成本核算问题，离实际规模化应用还有距离。

（4）改变罐压。增加罐压实际上就是通过改变氧的分压来提高液相氧浓度，从而提高供氧能力，但此法不是十分有效。

（5）改变发酵液的理化性质。在发酵过程中，菌体本身的繁殖及代谢可引起发酵液性质的不断改变，如改变培养液的表面张力、黏度和离子强度等，就会影响培养液中气泡的大小、溶解性、稳定性及合并为大气泡的速率。同时，发酵液的性质还影响液体的流动及界面或液膜的阻力，因而显著地影响氧的溶解速度，而且由于发酵液中菌丝浓度改变所引起的表观黏度的增加，可使通气速率下降。

4. 二氧化碳浓度控制

CO_2 在发酵液中的浓度变化受许多因素的影响，如细胞的呼吸强度、发酵液的流变学特性、通气搅拌程度，以及罐压大小、设备规模等。对 CO_2 浓度的控制主要看其对发酵的影响，如果对发酵有促进作用，应该提高其浓度；反之，则应设法降低其浓度。通过提高通气量和搅拌速率，在调节溶氧量的同时，还可以调节 CO_2 的浓度，使溶氧量保持在临界值以上，CO_2 又可随着废气排出，使其维持在引起抑制作用的浓度之下。此外，降低通气量和搅拌速率，有利于提高 CO_2 在发酵液中的浓度，CO_2 的产生与补料控制有密切关系。

5. 泡沫的控制

通气和搅拌、培养基的成分和灭菌方法和培养液的温度、酸碱度、浓度等对发酵过程的泡沫形成也有一定的影响。只有了解发酵过程中泡沫的消长规律，才可有效地控制泡沫。消除和控制泡沫的方法主要包括化学消泡和机械消泡两种方法，同时还可以考虑从减少起泡物质和产泡外力着手（如起泡物质多为表面活性物质，可以适当予以减少；通气使氧的含量达到临界值即可，不一定要达到饱和度）。

（1）化学消泡。化学消泡的优点是化学消泡剂来源广泛，消泡效果好，作用迅速可靠，尤其是合成消泡剂的效率更高，用量少，不需要改造现有的生产设备，不仅适用于大规模发酵生产，还适用于小规模的发酵实验，是目前应用最广的一种消泡方法。工业上常用的化学消泡剂种类：天然油脂类、高级醇类、聚醚类（生产上应用较多的有聚氧丙烯甘油、聚氧乙烯氧丙烯甘油等，将它们以一定比例配制成的消泡剂又称"泡敌"，消泡能力是天然植物油的10倍以上）、硅酮类、氟化烷烃。

（2）机械消泡。机械消泡不同于化学消泡，它是靠强烈机械振动和压力的变化，促使气泡破裂，或借助机械力将气泡破碎，然后将气泡破碎产生的液体加以分享回收，从而达到消泡的目的。

发酵的目的是使微生物大量分泌抗生素。在发酵开始前,有关设备和培养基必须先经过灭菌后再接入种子。接种量一般为10%或10%以上,发酵期视抗生素品种和发酵工艺而定。整个发酵过程需要不断通无菌空气并搅拌,以维持一定的罐压或溶氧量,在罐的夹层或蛇管中需通冷却水以维持一定罐温。此外,还要加入消泡剂以控制泡沫,必要时还要加入酸、碱以调节发酵液的pH。有的品种在发酵过程中还需加入葡萄糖、铵盐或嵌体,以促进抗生素的产生。在发酵期间每隔一定时间应取样进行生化分析、镜检和无菌试验。对其中一些主要发酵参数可以用电子计算机进行控制,分析或控制的参数有菌丝形状和浓度、残糖量、氨基氮、抗生素含量、溶解氧、pH、通气量、搅拌转速和液面控制等。

例如,青霉素发酵控制具体包括以下几个方面。

(1)加糖控制。加糖的控制主要根据发酵过程中的pH或排气中CO_2和O_2的量来控制。一般在残糖量降至0.6%左右,pH上升时开始加糖。

(2)补氮及加前体。补氮是指加硫酸铵、氨或尿素,使发酵液氨氮控制在0.01%~0.05%。补前体以使发酵液中残余苯乙酰胺浓度0.05%~0.08%为宜。

(3)pH控制。对pH的要求视不同菌种而异,一般为6.4~6.6,可通过加葡萄糖来控制pH。当前趋势是加酸或碱自动控制pH。

(4)温度控制。一般前期为25~26℃,后期为23℃,以减少后期发酵液中青霉素的降解破坏。

(5)通气与搅拌。抗生素深层培养需要通气与搅拌,一般要求发酵液中溶氧量不低于饱和情况下溶氧量的30%。通气比一般为1∶0.8 VVM,搅拌转速在发酵各阶段应根据需要而调整。

(6)泡沫与消泡。在发酵过程中产生大量泡沫,可以用天然油脂(如豆油、玉米油等)或用化学合成消泡剂"泡敌"来消泡。应当控制其用量并少量多次加入,尤其在发酵前期不宜多用,否则会影响菌的呼吸代谢。

灰色链霉菌的活化

一、实验目的

学习制备高氏1号斜面培养基的方法及斜面接种技术。

二、实验原理

高氏 1 号斜面培养基是一种合成培养基，用于培养放线菌。

三、实验材料

（1）菌种：灰色链霉菌。

（2）培养基：可溶性淀粉 20 g，硝酸钾 1 g，氯化钠 0.5 g，磷酸氢二钾 0.5 g，硫酸镁 0.5 g，硫酸亚铁 0.01 g，琼脂 20 g，水 1 000 mL，pH 7.2～7.4（配制时注意，可溶性淀粉要先用冷水调匀后再加入以上培养基中）。

（3）器材：天平、500 mL 刻度量杯、小刀、牛角匙、玻棒、纱布、18 mL×180 mL 试管、棉花、电炉、烧杯、记号笔、酒精灯、接种环等。

四、实验步骤

1. 高氏 1 号培养基的制备

（1）按配方称量药品，加热搅拌至琼脂完全溶化，补水至 1 000 mL，趁热分装于 18 mL×180 mL 试管中，斜面以 8 mL 为宜。

（2）分装完毕后，塞好棉塞并将试管捆扎好；高压蒸汽灭菌（121 ℃灭菌 20 min），灭菌后趁热摆斜面。

2. 斜面接种

接种是在无菌操作条件下，将纯种微生物，移植到已灭菌并适宜该菌生长繁殖的培养基中。为了获得纯种的微生物，要求接种过程中必须严格进行无菌操作。一般是在无菌室内，超净工作台或实验台酒精灯火焰旁进行。

（1）左手拿试管菌种，右手拿接种环，先将金属环烧灼灭菌，再将接种环在空白培养基处冷却，挑取菌落，在火焰旁稍等片刻。

（2）左手将试管菌种放下，拿起斜面培养基。在火焰旁用右手小指和手掌边缘拔下棉塞并夹紧，迅速将接种环伸入空白斜面，在斜面培养基上轻轻画线，将菌体接种于其上。画线时由底部向上画一条直线，一直画到斜面的顶部。注意勿将培养基划破，不要使菌体沾污管壁。

（3）灼烧试管口，在火焰旁将棉塞塞上。接种完毕，接种环上的余菌必须灼烧灭菌后才能放下。

（4）斜面置于 28 ℃恒温箱中，培养 5～6 d 观察结果。

灰色链霉菌的摇瓶种子制备

一、实验目的

学习制备摇瓶种子培养基的方法及种子扩大培养技术。

二、实验原理

种子扩培的一般过程：斜面菌种 → 一级种子培养（摇瓶）→ 二级种子培养（种子罐）→ 发酵。种子制备过程大致可分为实验室阶段和生产车间阶段，前期不用种子罐，所用的设备为培养箱、摇床等实验室常见设备，在工厂这些培养过程一般都在菌种室完成，因而我们将这一培养过程称为实验室阶段的种子培养。后期种子培养在种子罐里面进行，一般在工程上归为发酵车间管理，因而我们形象地称这一培养过程为生产车间阶段。并非所有的种子扩大培养都采用从摇瓶到种子罐的二级发酵模式，其实际发酵级数受发酵规模、菌体生长特性、接种量的影响。

摇瓶培养技术生产于 20 世纪 30 年代，由于其简便、实用，广泛用于微生物菌种筛选、实验室大规模发酵试验、种子培养等。摇瓶培养设备主要有旋转式摇床和往复式摇床两种类型，其中以旋转式最为常用。振荡培养中所使用的发酵容器通常为三角烧瓶，也使用特殊类型的烧瓶或试管。振荡培养技术通常用于微生物菌种的筛选或生产工艺的改良和工艺参数的优化。在摇瓶培养过程中，振荡的目的在于改善活细胞的氧气和营养物的供给。摇瓶培养通常用特定生长条件下的培养物接种，也可用孢子接种。振荡培养是建立深层发酵的开始，就某一特定微生物而言，振荡培养时存在最佳培养基配方和最佳培养基容量。细胞或孢子接种浓度对试验的成功极为重要，不同的微生物细胞或孢子及不同的振荡培养过程的接种浓度差异可能是十分显著的，且各自存在一个最适浓度。

三、实验材料

（1）菌种：灰色链霉菌。

（2）培养基：豆饼粉 20 g、淀粉 40 g、酵母膏 5 g、蛋白胨 5 g、硫酸铵 3 g、硫酸镁 0.25 g、磷酸二氢钾 0.2 g、碳酸钙 4 g、自来水 1 000 mL、pH7.2～7.4。

（3）器材：天平、500 mL 刻度量杯、小刀、牛角匙、玻棒、纱布、250 mL 三角瓶、棉花、电炉、烧杯、记号笔、酒精灯、接种环等。

四、实验步骤

1. 摇瓶种子培养基的制备

取干净三角烧瓶，250 mL 三角瓶分装培养基 30～50 mL，用棉塞包扎瓶口，再加牛皮纸包扎，在 0.1 MPa 下灭菌 45～60 min。

2. 接种

将活化的菌种斜面在无菌的条件下注入 10 mL 无菌水，振荡成孢子悬浮液（孢子浓度约为 $8×10^4$ 个/mL）。待发酵培养基灭菌后冷却到 28 ℃时，分别将孢子悬浮液接入三角瓶中，接种量为 2 mL，标好记号。

3. 培养与观察

28 ℃、200 r/min 旋转式摇床培养 24 h，观察菌丝体形态及浓度。

灰色链霉菌摇瓶发酵

一、实验目的

学习和掌握摇瓶发酵培养的原理和方法。

二、实验原理

链霉素是一种从灰链霉菌的培养液中提取的抗菌素，属于氨基糖甙碱性化合物，它与结核杆菌体核糖核酸蛋白体蛋白质结合，干扰结核杆菌蛋白质的合成，从而起到杀灭结核杆菌或者抑制结核杆菌生长的作用。

链霉素是含有链霉胍的氨基糖苷类抗生素族中的主要成员，由链霉胍、链霉糖和 N-甲基-L-葡萄糖胺构成的糖苷。链霉素中链霉糖部分的醛基被还原成伯醇基后，就成为双氢链霉素，它的抗菌效能和链霉素大致相同，目前临床上使用的是链霉素或双氢链霉素的硫酸盐。它的生产过程分为两步：①发酵。将冷干管或沙土管保存的链霉菌孢子接种到斜面培养基上，于 27 ℃下培养 7 d。待斜面长满孢子后，制成悬浮液接入装有培养基的摇瓶中，于 27 ℃下培养 45～48 h，待菌丝生长旺盛后，取若干个摇瓶，合并其中的培养液将其接种于种子罐内已灭菌的培养基中，通入无菌空气并搅拌，在罐温 27 ℃下培养 62～63 h，然后接入发酵罐内已灭菌的培养基中，通入无菌空气，搅拌培养，在罐温 27 ℃下，发酵约 7～8 d。②提取精制。发酵液经酸化、过滤，除去菌丝及固体物，然后中和，通过弱酸型阳离子交换树脂进行离子交换，再用稀硫酸洗脱，收集高浓度洗脱液——链霉素硫酸盐溶液。洗脱液再经磺酸型离子交换树脂脱盐，此时溶液呈酸性，用阴离子树脂中和后，再经活性炭脱色得到精制液。精制液经薄膜浓缩成浓缩液，再经喷雾干燥得到无菌粉状产品，或者将浓缩液直接做成水针剂。

三、实验材料

（1）菌种：灰色链霉菌摇瓶种子。

（2）摇瓶发酵生产培养基：水解糖 160 g，尿素 5 g（单独灭菌），$MgSO_4$ 0.5 g，Na_2HPO_4 1.6 g，玉米浆 25～35 g、$FeSO_4$ 和 $MnSO_4$ 各 20 mg/L，消泡剂 0.3 g，水 1 000 mL，pH 7.2。

（3）仪器：500 mL 三角烧瓶、旋转式摇床等。

四、实验步骤

1. 摇瓶发酵培养基的制备

取干净三角烧瓶、250 mL 三角瓶分装培养基 30 mL，用 8 层纱布包扎瓶口，再加牛皮纸包扎，在 115 ℃下灭菌 20 min。

2. 接种

待发酵培养基灭菌后冷却到 30 ℃时，按接种量 8%～10% 进行接种。

3. 培养与观察

32 ℃、100 rpm 旋转式摇床培养 36～40 h，发酵过程补加灭菌尿素以增加氮源，维持 pH 值。

五、思考题

（1）观察菌丝形态，用试纸测发酵液的 pH 值，并补加灭菌尿素。

（2）试举例说明摇瓶培养技术的应用。

灰色链霉菌发酵产物活性测定

一、实验目的

学习并掌握抗生素抑菌性能的测定方法。

二、实验原理

抗生素是一种生理活性物质，它对生命现象很敏感，可以用抗生素的生物效能表示它的效价，其最小效价单元就叫作"单位"（U）。经由国际协商规定出来的标准单位，称为"国际单位"（IU）。通常各种抗生素的单位是根据国家抗生素标准品测定出来的，是衡量药物有效成分的一种尺度。理论效价是指抗生素纯品的重量与效价单位的折算比率。一些合成、半合成的抗生素多以其有效部分的一定重量（多为 1 μg）作为一个单位，如链霉素、土霉素、红霉素等均以纯游离碱 1 μg 作为一个单位。少数抗生素则以其某一特定的盐的 1 μg 或一定重量作为一个单位。例如，链霉素碱为 1 000 单位/mg，链霉素硫酸盐为 798 单位/mg，金霉素和四环素均以其盐酸盐纯品 1 μg 为 1 单位，青霉素则以国际标准品青霉素 G 钠盐 0.6 μg 为 1 单位。

抗生素的效价常采用微生物学方法测定，它是利用抗生素对特定的微生物具有抗菌活性的原理来测定抗生素效价的方法，如管碟法。管碟法是根据抗生素在琼脂平板培养基中的扩散渗透作用，通过比较标准品和检品两者对试验菌的抑菌圈大小来测定供试品效价的。该方法的优点是灵敏度高，需用量小，测定结果较直观，测定原理与临床应用的要求一致，更能确定抗生素的医疗价值；使用范围广，较纯的精制品、纯度较差的制品、已知或新发现的抗生素均能应用；对同一类型的抗生素不需分离，可一次测定其总效价，是抗生素药物效价测定的最基本方法。

三、实验材料

（1）测定用指示菌：枯草芽孢杆菌。

（2）仪器：分光光度计、离心机、培养箱、水浴锅、高压蒸汽灭菌锅、牛津小杯、培养皿等。

（3）培养基。①传代用培养基（用于枯草芽孢杆菌菌传代和保藏）：蛋白胨 10 g，牛肉膏 3.0 g，氯化钠 5.0 g，琼脂 18 g，蒸馏水 1 000 mL，pH 7.2～7.5。②生物测定用培养基（培养基Ⅰ）：蛋白胨 5 g，牛肉浸出粉 3 g，琼脂 15～20 g，磷酸氢二钾 3 g，蒸馏水 1 000 mL，除琼脂外，混合上述成分，调节 pH 值使其比最终的 pH 值略高 0.2～0.4，加入琼脂，加热溶化后滤过，调节 pH 值使灭菌后为 7.8～8.0，在 115 ℃下灭菌 30 min。

（4）试剂。①标准链霉素（标准品理论计算值为 798.3 u/mg）：0.6～1.6 单位/mL。② 0.85% NaCl 溶液（生理盐水）100 mL。③ 1% pH 7.8 磷酸缓冲液：取磷酸氢二钾

5.59 g 与磷酸二氢钾 0.41 g，加水使其溶解成 1 000 mL，即得。

四、实验步骤

1. 枯草芽孢杆菌菌悬液的制备

将枯草芽孢杆菌接种于营养琼脂培养基斜面，在 35～37 ℃培养 7 d，用革兰氏染色法涂片镜检，应有芽孢85%以上。用无菌水将芽孢洗下，在 65 ℃加热 30 min，备用。

2. 上层培养基的准备

将已灭菌的生物测定用培养基 100 mL，融化后放入 50 ℃恒温水浴中，待温度平衡后，加入枯草芽孢杆菌菌悬液 5 mL，充分摇匀，备用。

3. 平板的制作

取灭菌培养皿，每皿用大口移液管吸入 50 ℃左右的测定培养基 20 mL，水平放置，待凝固后用大口移液管吸入上层培养基 5 mL，将培养皿来回倾侧（要迅速），使含菌上层培养基均匀分布，凝固后备用，双碟不得少于 4 个。

4. 放置小钢管

放置小钢管时，注意管与管之间不能太靠近，否则会引起相邻的两个抑菌圈之间的抗生素扩散区中的浓度增大，相互影响形成卵圆形或椭圆形抑菌圈。管与双碟边缘同样也不能太靠近，因为液面浸润作用，边缘的琼脂培养基菌层为非平面，会影响抑菌圈的形状。可在试验前在双碟的底上用尺测量，作好标记，试验中可以按照双碟底面标记放置小钢管，避免放置位置不恰当而产生问题。小钢管放置时，要小心地从同一高度垂直放在菌层培养基上，不得下陷，不得倾斜，不能用悬空往下掉的方法。放置之后，不能随意移动，要静置 5 min，使之在琼脂内稍下沉降稳定后，再开始滴加抗生素溶液。

5. 滴加抗生素溶液

滴加抗生素要按照 SH → TH → SL → TL（二剂量法，S 代表标准品，T 代表供试品，H 代表高浓度，L 代表低浓度）的顺序滴加，在一双碟对角的 2 个不锈钢小管中分别滴装高浓度及低浓度的标准品溶液，其余 2 个小管中滴装相应的高低两种浓度的供试品溶液；高低浓度的剂距为 2∶1 或 4∶1。液面应该与小钢管管口齐平，液面反光呈黑色。注意抗生素液体加入量不能按滴计算，即使同一滴管，每滴的量也有差异。如果抗生素溶液滴加过满，可以用无菌滤纸片小心吸去多余部分。

6. 双碟中菌株的培养

滴加了抗生素溶液后的双碟忌振摇，要轻拿轻放。搬运到培养箱的过程可以预先在培养箱中垫上报纸铺平,再把双碟连同垫于桌上的玻璃板小心运至培养箱,缓慢推入箱内。双碟在 35～37 ℃下培养约 14～16 h。时间太短会造成抑菌圈模糊,太长则会使菌株对抗生素的敏感性下降,在抑菌圈边缘的菌继续生长,使抑菌圈变小。在培养过程中,如果温度不均匀(过于接近热源),会造成同一双碟上细菌生长速率不等,使抑菌圈变小或者不圆。因此,把双碟放入培养箱时,要与箱壁保持一定的距离,双碟叠放也不能超过 3 个。培养中箱门不得随意开启,以免影响温度。应经常注意温度,防止意外过冷、过热。

7. 抑菌圈测量

(1)试验结果中抑菌圈直径不应该过大或者过小,在试验之前,可以先做一个关于用不同浓度菌液配制的琼脂培养基菌层预试验,选择抑菌圈直径在 18～22 mm 的菌液浓度为试验用浓度(菌液浓度约为 10^6 个/mL)。批量试验中后期,菌液保存的时间过久,菌株就会逐渐衰亡,生长周期不一致,影响其对抗生素的敏感度,导致抑菌圈变大、模糊或者出现双圈。如若菌株不纯,也会造成这样的结果。因此,菌液在使用一段时间后,可以重新配制纯化或者减小原来菌液在使用中的稀释倍数。

(2)用游标卡尺测量抑菌圈直径,可以在双碟底部垫一张黑纸,在灯光下测量。不宜取去小钢管再测量,因为小钢管中残余的抗生素溶液会流出扩散,使抑菌圈变得模糊。不能把双碟翻转过来测量抑菌圈直径,因为底面玻璃折射会影响抑菌圈测量的准确度。记录测量结果后进行效价计算。

五、思考题

(1)为什么抗生素发酵常需用孢子接种?

(2)抗生素发酵与酒精发酵相比,在细胞生长和发酵动力学、发酵技术及发酵过程等方面有何异同?

实验 2　啤酒发酵

实验目的

(1)学习和掌握啤酒发酵基本流程。

(2)培养学生的人文思维,强化爱国情怀和使命担当。

液体发酵法的工业特点是以液体为培养基，进行微生物的生产繁殖和产酶。根据通风方法不同，液体发酵法又可分为液体表层发酵法和液体深层发酵法。液体表层发酵法即液态静置发酵法，此法目前实际上已被淘汰；而液体深层发酵法采用具有搅拌桨叶和通气系统的密闭发酵罐，从培养基的灭菌冷却到发酵都在同一发酵罐内进行。它是现代普遍采用的方法。我国的抗菌素、有机酸、氨基酸、核苷酸、维生素、酶制剂等的发酵生产都采用此法。影响深层发酵产酶的主要因素除菌种、培养基、温度外，还有通风量、搅拌速度。深层培养的微生物需要利用培养液中的溶解氧进行呼吸，由此提高溶解氧水平，所以说溶解氧水平与氧溶解速度息息相关。氧溶解速度可用单位体积发酵液在一定时间内氧的溶解量表示，称为溶氧速率。溶氧速率受到通风量、搅拌速度、罐压、黏度、温度、搅拌器直径与发酵罐直径之比及发酵罐直径与高度之比、搅拌器形状、发酵罐形状等诸多因素的影响。

麦芽由大麦制成。大麦是一种坚硬的谷物，成熟过程比其他谷物快得多，正因为用大麦制成麦芽比小麦、黑麦、燕麦快，所以其才被选作酿造的主要原料。没有壳的小麦很难发出麦芽，且很不适合酿酒。大麦必须通过发麦芽这一过程将内含的难溶性淀粉转变为用于酿造工序的可溶性糖类。除了一般的麦芽，我们还可使用结晶麦芽或烘烤的麦芽作为各种酿造类型的成分。结晶麦芽是经由蒸汽处理的麦芽，经慢慢炖煮后再干燥处理，它的颜色较黑，并有咖啡般的味道。烘烤过的麦芽则经干燥并在热度较高的回转鼓室中烘烤处理，它能使啤酒含有焦味，颜色变黑。产地不同，麦芽的品质也就会有很大的区别。总的来说，全世界有三大啤酒麦产地，澳大利亚、北美和欧洲。其中，澳大利亚啤酒麦因讲求天然、光照充足、不受污染和品种纯洁而最受啤酒酿造专家的青睐，所以它又有"金质麦芽"之称。

酒花是荨麻或大麻系的植物。酒花生有结球果的组织，正是这些结球果给啤酒注入了苦味与甘甜，使啤酒更加清爽可口，并且有助于消化。结球果在早秋时采集，并需要迅速进行高燥处理，然后装入桶中卖给酿酒商。将碾压后的结球果在专用的模具中压碎，然后置于托盘上，托盘大都被放置于真空或充氮的环境下以减少氧化的可能性。球粒适于往容器中添加。酒花结球果的提取液现在广泛应用在所有的啤酒品种中，而提取方法的不同会产生迥然不同的口味。提取液应在工艺的最后阶段加入，这样更有利于控制最终的苦味轻重。特别的提取液可用来组织光照反应的发生，从而使啤酒可以在透明的容器中生产。不同品牌选用不同的优质酒花，如世好啤酒仅仅采用新西兰深谷中的"绿色子弹"酒花。

酵母是一种真菌类的微生物。在啤酒酿造过程中，酵母是魔术师，它把麦芽和大米中的糖分发酵成啤酒，产生酒精、二氧化碳和其他微量发酵产物。这些微量但种类繁多的发酵产物与其他那些直接来自于麦芽、酒花的风味物质一起，组成了成品啤酒诱人而独特的感官特征。有两种主要的啤酒酵母菌：顶酵母和底酵母。用显微镜看时，顶酵母呈现的卵形稍比底酵母明显。这两种酵母菌名称的得来是由于发酵过程中，顶酵母上升至啤酒表面并能够在顶部撇取；底酵母则一直存在于啤酒内，并在发酵结束后最终沉淀在发酵桶底部。顶酵母产生淡色啤酒、烈性黑啤酒和苦啤酒。底酵母产出贮藏啤酒。

啤酒是以小麦芽和大麦芽为主要原料，并加啤酒花，经过液态糊化和糖化，再经过液态发酵而酿制成的。啤酒酒精含量较低，含有二氧化碳，富有营养。它含有多种氨基酸、维生素、低分子糖、无机盐和各种酶，这些营养成分容易被吸收利用。啤酒中的低分子糖和氨基酸很易被消化吸收，在体内产生大量热能，因而啤酒往往被人们称为"液体面包"。1 L 12° Bx 的啤酒，可产生 3 344 kJ 热量，相当于 3～5 个鸡蛋或 210 g 面包所产生的热量。一个轻体力劳动者，如果一天能饮用 1 L 啤酒，即可获得所需热量的三分之一。啤酒倒入杯子中应形成持久不消、洁白细腻的泡沫，这些构成了啤酒独特的风格。目前，啤酒的生产遍及世界各国，啤酒以其低酒精含量、丰富的营养成分而成为世界上产量最大的饮料酒。

啤酒酵母的扩大培养

一、实验目的

学习酵母菌种的扩大培养方法，为实验室啤酒发酵准备菌种。

二、实验原理

在进行啤酒发酵之前，我们必须准备好足够量的发酵菌种。在啤酒发酵中，接种量一般应为麦芽汁量的 10%（使发酵液中的酵母量达 1×10^7 个酵母 /mL），因而要进行大规模的发酵，应先进行酵母菌种的扩大培养。扩大培养的目的一方面是获得足量的酵母，另一方面是使酵母由最适生长温度（28 ℃）逐步适应为发酵温度（10 ℃）。

三、实验材料

恒温培养箱、生化培养箱、显微镜等。

四、实验步骤

本次实验拟用 60 L 麦芽汁,因而应制备 6 000 mL 含 1×10^7 个酵母 /mL 的菌种,以每班 10 个组计算,每个组应制备约 600 mL 菌种。建议流程如下:菌种扩大,麦汁斜面菌种—麦芽汁平板—镜检,挑单菌落 3 个,接种,50 mL 麦芽汁试管(或三角瓶)—550 mL 麦芽汁三角瓶—计数备用。

1. 培养基的制备

取制备的麦芽汁滤液(约 400 mL),加水定容至约 600 mL,取 50 mL 装入 250 mL 三角瓶中,另 550 mL 装入 1 000 mL 三角瓶中,包上瓶口布后,于 0.05 MPa 灭菌 30 min。

2. 菌种扩大培养

按上述流程进行菌种的扩大培养(斜面活化菌种由教师提供)。

3. 注意事项

灭菌后的培养基会有不少沉淀,这不影响酵母菌的繁殖。若要减少沉淀,可在灭菌前将培养基充分煮沸并过滤。

五、思考题

菌种扩大过程中为什么要慢慢扩大?培养温度为什么要逐级下降?

麦芽汁的制备

一、实验目的

熟悉麦芽汁的制备流程,为啤酒发酵准备原料。

二、实验原理

麦芽汁制备包括麦芽粉碎、原料糖化、麦醪过滤和麦芽汁煮沸等过程。粉碎的目的主要是使表皮破裂,增加麦芽本身的表面积,使其内容物更容易溶解,利于糖化。糖化指利用麦芽中或添加的各种水解酶,在适宜的温度、pH、时间下,将麦芽及其辅料中的不溶性高分子物质(淀粉、蛋白质等),逐步降解为可溶性低分子物质,其实质就是制备啤酒酵母可以利用的麦芽汁。由于麦芽的价格相对较高,再加上发酵过程中需要较多的糖,因而目前大多数工厂都用大米做辅料。

三、实验材料

在糖化车间一般有四种设备：糊化锅、糖化锅、麦芽汁过滤槽和麦芽汁煮沸锅。本实验由于受条件限制，只能采用单式设备，即将糊化锅、糖化锅和麦汁煮沸锅合而为一。

四、实验步骤

1. 糖化用水量的计算

糖化用水量一般按下式计算：

$$W=A（100-B）/B$$

式中：B——过滤开始时的麦汁浓度（第一麦芽汁浓度）；

A——100 kg 原料中含有的可溶性物质（浸出物重量百分比）；

W——100 kg 原料（麦芽粉）所需的糖化用水量（L）。

例如，我们要制备 60 L 10° 的麦芽汁，如果麦芽的浸出物为 75%，请问需要加入多少麦芽粉？

因为"$W=75（100-10）/10=675$ L"，即 100 kg 原料需 675 L 水，则要制备 60 升麦芽汁，大约需要添加 10 kg 的麦芽和 60 L 左右的水（不计麦芽溶出后增加的体积）。

2. 糖化

传统的糖化方法主要有两大类：①煮出糖化法：利用酶的生化作用及热的物理作用进行糖化的一种方法。②浸出糖化法：纯粹利用酶的生化作用进行糖化的方法。本实验采用浸出糖化法。推荐使用如下流程：35～37℃，保温 30 min；50～52 ℃，保温 60 min；65 ℃，保湿 30 min（至碘液反应完全）；76～78 ℃送入过滤槽。

3. 麦芽汁过滤

麦芽汁过滤是将糖化醪中的浸出物与不溶性麦糟分开，以得到澄清麦芽汁的过程。过滤槽底部是筛板，要借助麦糟形成的过滤层来达到过滤的目的，因而前 30 min 的滤出物应返回重滤。头号麦芽汁滤完后，应用适量热水洗槽，得到洗涤麦芽汁。

4. 麦芽汁煮沸

麦芽汁煮沸是将过滤后的麦芽汁加热煮沸以稳定麦芽汁成分的过程。此过程中可加入酒花（每 100 L 麦芽汁中添加约 200 g）。煮沸的具体目的主要有破坏酶的活性、使蛋白质沉淀、浓缩麦汁、浸出酒花成分、降低 pH、蒸出恶味成分、杀死杂菌、形成一些还原物质。

添加酒花的目的主要有赋予啤酒特有的香味和爽快的苦味、增加啤酒的防腐能力、提高啤酒的非生物稳定性。

将过滤的麦芽汁用蒸汽加热至沸腾，煮沸时间一般控制在 1.5～2 h，蒸发量达 15%～20% 蒸发时尽量开口，煮沸结束时，为了防止空气中的杂菌进入，最好密闭。

5. 回旋沉淀及麦芽汁预冷却

回旋沉淀及麦芽汁预冷却是将煮沸后的麦芽汁从切线方向泵入回旋沉淀槽，使麦芽汁沿槽壁回旋而下，借以增大蒸发表面积，使麦芽汁快速冷却，同时由于离心力的作用，麦芽汁中的絮凝物快速沉淀的过程。

6. 麦芽汁冷却

麦芽汁冷却是将回旋沉淀后的预冷却麦芽汁通过薄板冷却器与冰水进行热交换，从而使麦芽汁冷却到发酵温度的过程。

7. 设备清洗

由于麦芽汁营养丰富，各项设备及管阀件（糖化煮沸锅、过滤槽、回旋沉淀槽及板式换热器）使用完毕后，应及时用洗涤液和清水清洗，并蒸汽杀菌。

8. 注意事项

（1）若加热、煮沸过程中将蒸汽直接通入麦芽汁中，那么蒸汽的冷凝会使麦芽汁量增加，因而最好用夹套加热的方法。

（2）麦芽汁煮沸后的各步操作应尽可能无菌，特别是各管道及薄板冷却器应先进行杀菌处理。

五、思考题

麦芽粉碎程度会对过滤产生怎样的影响？

啤酒主发酵

一、实验目的

熟悉啤酒主发酵的过程，掌握酵母发酵规律。

二、实验原理

啤酒主发酵是静止培养的典型代表，是将酵母接种至盛有麦芽汁的容器中，在一定温度下培养的过程。由于酵母菌是一种兼性厌氧微生物，要先利用麦芽汁中的溶解氧进行好氧生长，然后利用糖醇解途径进行厌氧发酵生成酒精。显然，同样体积的液体培养基用粗而短的容器盛放比细而长的容器更容易使氧进入液体，因而前者降糖较快（所以测试啤酒生产用酵母菌株的性能时，所用液体培养基至少要 1.5 m 深，才接近生产实际）。定期摇动容器，既能增加溶氧，又能改善液体各成分的流动，最终加快菌体的生长速度。这种有酒精产生的静止培养比较容易进行，因为产生的酒精有抑制杂菌生长的能力，且允许一定程度的粗放操作。培养基中糖的消耗，使 CO_2 与酒精的产生比重不断下降，因而可用糖度表监视。若需分析其他指标，应从取样口取样测定。

主发酵过程分为酵母繁殖期、起泡期、高泡期、落泡期和泡盖形成期五个时期。酵母繁殖期一般为麦芽汁添加酵母后 8～16 h，液面形成白色泡沫，继续繁殖至 20 h，发酵液中酵母数达 1×10^7 个/mL，可换槽。起泡期为换槽后 4～5 h 表面逐渐出现泡沫，经历一两天，温度上升 0.5～0.8 ℃/天，糖度下降 0.3～0.5 Bx/天。高泡期一般为发酵第 3 天后，泡沫大量产生，可高达 20～35 cm；蛋白质和酒花树脂的氧化析出，使泡沫表面呈现棕黄色；此时发酵旺盛，需用冷却水控制温度；此期可维持两三天，糖度下降 1.5～2 Bx/天。落泡期一般为发酵 5 天后，发酵力逐渐减弱，泡沫逐渐变成棕褐色。此期维持 2 天左右，一般降温 0.5 ℃/天，糖度下降 0.5～0.8 Bx/天。泡盖形成期一般为发酵七八天后，酵母大部分沉淀，泡沫回缩，表面形成褐色的泡盖，厚 2～4 cm，此期降糖 0.2～0.5 Bx/天，降温 0.5 ℃/天。

三、实验材料

带冷却装置的发酵罐（50 L，100 L）。若无发酵装置，可将玻璃缸放于生化培养箱中进行微型静止发酵。

四、实验步骤

1. 接种

将糖化后冷却至 10 ℃左右的麦芽汁送入发酵罐，接入酵母菌种（共约 5 L），然后充氧，以利于酵母菌生长，同时使酵母在麦芽汁中分散均匀（充氧，即通入无菌空气，也可在麦芽汁冷却后进行，一般温度越低，氧在麦芽汁中的溶解度越大），待麦芽汁中的溶解氧饱和后，让酵母进入繁殖期，约 20 h 后，溶解氧被消耗，逐渐进入主发酵。

2. 主发酵

一般主发酵整个过程分为酵母繁殖期、起泡期、高泡期、落泡期和泡盖形成期五个时期。

3. 主发酵测定项目

接种后取样进行第一次测定，以后每隔 12 h 或 24 h 测 1 次直至结束。全部数据叠画在 1 张方格纸上，纵坐标为 7 个指标，横坐标为时间，共测定下列几个项目：①糖度；②细胞浓度、出芽率、染色率；③酸度；④α-氨基氮；⑤还原糖；⑥酒精度；⑦pH；⑧色度；⑨浸出物浓度；⑩双乙酰含量。

4. 注意事项

（1）若在发酵罐中发酵，则可从取样开关处直接取样（先弃去少量发酵液）。若无取样开关，则可用一截灭过菌的乳胶管，深入发酵池面下 20 cm 处，用虹吸法使发酵液流出，弃去少量先流出的发酵液，然后用一个清洁干燥的三角瓶接取发酵液作样品。

（2）除少数特殊的测定项目外，应将发酵液在两个干净的大烧杯中来回倾倒 50 次以上，以除去 CO_2，再经过滤后，滤液用于分析，且分析工作应尽快完成。

五、思考题

（1）画出发酵周期中 10 个指标的曲线图，并解释它们的变化。

（2）写出操作体会与注意点。

α-氨基氮含量的测定

一、实验目的

学习 α-氨基氮含量的测定方法，控制麦汁或啤酒质量。

二、实验原理

α-氨基氮为 α-氨基酸分子上的氨基氮。水合茚三酮是一种氧化剂，可使氨基酸脱羧氧化，而本身被还原成还原型水合茚三酮。还原型水合茚三酮再与未还原的水合茚三酮及氨反应，生成蓝紫色缩合物，颜色深浅与游离 α-氨基氮含量成正比，可在 570 nm 下比色测定。

三、实验材料

1. 仪器

分光光度计、电炉等。

2. 试剂

（1）显色剂：称取 10 g Na$_2$HPO$_4$·12H$_2$O、6 g KH$_2$PO$_4$、0.5 g 水合茚三酮、0.3 g 果糖，用水溶解并定容至 100 mL（pH 6.6～6.8），棕色瓶低温保存，可用两周。

（2）碘酸钾稀释液：溶 0.2 g 碘酸钾于 60 mL 水中，加 40 mL 纯度为 95% 的乙醇。

（3）标准甘氨酸贮备溶液：准确称取 0.107 2 g 甘氨酸，用水溶解并定容至 100 mL，0 ℃保存，用时 100 倍稀释。

四、实验步骤

1. 样品稀释

适当稀释样品至含 1～3 μg α-氨基氮/mL（麦芽汁一般稀释 100 倍，啤酒一般稀释 50 倍，啤酒应先除气）。

2. 测定

取 9 支 10 mL 比色管，其中 3 支吸入 2 mL 甘氨酸标准溶液，另 3 支各吸入 2 mL 试样稀释液，剩下 3 支吸入 2 mL 蒸馏水；然后各加显色剂 1 mL，盖玻塞，摇匀，在沸水浴中加热 l6 min。取出，在 20 ℃冷水中冷却 20 min，分别加 5 mL 碘酸钾稀释液，摇匀。在 30 min 内，以水样管为空白，在 570 nm 波长下测各管的光密度。

3. 计算

α-氨基氮含量（μg/mL）=（样品管平均 O.D./标准管平均 O.D.）×2× 稀释倍数

式中样品管平均 O.D./标准管平均 O.D. 表示样品管与标准管之间的 α-氨基氮之比；标准管的 α-氨基氮浓度（μg/mL）即（0.1072×14/75）×100。

4. 注意事项

（1）必须严防任何外界痕量氨基酸的引入，所用比色管必须仔细洗涤，洗净后的手只能接触管壁外部，移液管不可用嘴吸。

（2）测定时加入果糖作为还原性发色剂，碘酸钾稀释液的作用是使茚三酮保持氧化态，以阻止不希望的生色反应进一步发生。

（3）深色麦芽汁或深色啤酒应对吸光度作校正：取 2 mL 样品稀释液，加 1 mL 蒸馏水和 5 mL 碘酸钾稀释液在 570 nm 波长下以空白做对照测吸光度，将此值从测定样品吸光度中减去。

五、思考题

啤酒色泽是否会对结果产生影响？

酸度和 pH 的测定

一、实验目的

掌握酸度和 pH 的测定方法，监测啤酒发酵的进程。

二、实验原理

总酸是指样品中能与强碱（NaOH）作用的所有物质的总量，用中和每升样品（滴定至 pH 9.0）所消耗的 1 mol/L 的 NaOH 的毫升数来表示，但在啤酒发酵液的测定过程中常用中和 100 mL 除气发酵液所需的 1 mol/L 的 NaOH 的毫升数来表示。

啤酒中含有各种酸类 100 种以上，生产原料、糖化方法、发酵条件、酵母菌种都会影响啤酒中的酸含量，其中包括挥发性的（甲酸、乙酸）、低挥发性的（C_3、C_4、异 C_4、异 C_5、C_6、C_8、C_{10} 等脂肪酸）和不挥发性的（乳酸、柠檬酸、琥珀酸、苹果酸、氨基酸、核酸、酚酸等）各种酸类。适宜的 pH 和适量的可滴定总酸，能赋予啤酒柔和清爽的口感，同时这些酸及其盐类也是酒中重要的缓冲物质，有利于各种酶的作用。

由于样品有多种弱酸和弱酸盐，有较大的缓冲能力，滴定终点 pH 变化不明显，再加上样品有色泽，用酚酞作指示剂效果不是太好，最好采用电位滴定法。

三、实验材料

1. 仪器

自动电位滴定仪或普通碱式滴定管 \ pH 计。

2. 试剂

（1）0.1 mol/L 的 NaOH 标准溶液（精确至 0.000 1 mol/L）。

（2）0.05% 酚酞指示剂：0.05 g 酚酞溶于 50% 的中性酒精（普通酒精常含有微量的酸，可用 0.1 mol/L 的 NaOH 溶液滴定至微红色即为中性酒精）中，定容至 100 mL。

四、实验步骤

1. 酸度测定

取 50 mL 除气发酵液，置于烧杯中，加入磁力搅拌棒，放于自动电位滴定仪上，插入 pH 探头，逐滴滴入 0.1 mol/L 的 NaOH 标准溶液，直至 pH 达到 9.0，记下耗去的 NaOH 毫升数。

若无自动电位滴定仪，可用下述酸碱滴定方法。取 5 mL 除气发酵液，置于 250 mL 三角瓶中，加 50 mL 蒸馏水，再加 1 滴酚酞指示剂，用 0.1 mol/L 氢氧化钠标准溶液滴定至微红色（不可过量），经摇动后不消失为止，记下消耗的氢氧化钠溶液的体积，计算：

总酸（1 mol/L 的 NaOH 毫升数 /100 mL 样品）= 20 MV

式中：M——NaOH 的实际摩尔浓度；

V 为消耗的氢氧化钠溶液的体积。

2．pH 测定

以 PHS-3C 型精密 pH 计为例，说明 pH 的测定方法。PHS-3C 型 pH 精密计是一种精密的数字显示 pH 计，它采用 3 位半十进制 LED 数字显示，其在使用前应在蒸馏水中浸泡 24 h；接通电源后，先预热 30 min，然后进行标定。一般说来，仪器在连续使用时，每天要标定一次，具体步骤如下：①选择开关旋至 pH 档；②调节温度至室温；③把斜率调节钮顺时针旋到底（调到 100% 位置）；④将洗净擦干的电极插入 pH 6.86 的缓冲液中，调节定位旋钮至 6.86；⑤用蒸馏水清洗电极，擦干，再插入 pH 4.00 的标准缓冲液中，调节斜率至 pH 4.00；⑥重复④、⑤，直至不用再调节定位和斜率两旋钮为止；⑦清洗电极，擦干，将电极插入发酵液中，摇动烧杯，使发酵液均匀接触，在显示屏中读出被测溶液的 pH；⑧关闭电源，清洗电极，并套上电极保护套，套内应放少量补充液以保持电极球泡湿润，切忌浸泡于蒸馏水中。

3．注意事项

（1）发酵液中的二氧化碳必须彻底去除。

（2）0.1 mol/L 的 NaOH 必须经过标定，保留 4 位有效数。

五、思考题

（1）酸碱滴定时为什么要用水稀释？

（2）水的酸碱度对滴定结果有什么影响？

色度的测定

一、实验目的

了解用目视比色法测定啤酒色度的方法，检测发酵液的质量。

二、实验原理

色泽与啤酒的清亮程度有关，是啤酒的感官指标之一。啤酒依色泽可分为淡色、浓色和黑色等类型，每种类型又有深浅之分。淡色啤酒以浅黄色稍带绿色为好，给人以愉快的感觉。形成啤酒颜色的物质主要是类黑精、酒花色素、多酚、黄色素及各种氧化物，浓黑啤酒中还有多量的焦糖。淡色啤酒的色素主要取决于原料麦芽和酿造工艺；浓色啤酒的色泽来源于麦芽，另外也需要添加部分着色麦芽或糖色；黑啤酒的色泽则主要依靠焦香麦芽、黑麦芽或糖色形成。

造成啤酒色深的因素有如下几种：①麦芽煮沸色度深；②糖化用水 pH 偏高；③糖化、煮沸时间过长；④洗糟时间过长；⑤酒花添加量大、单宁多，酒花陈旧；⑥啤酒含氧量高；⑦啤酒中铁离子偏高。对淡色啤酒来说，其颜色与稀碘液的颜色比较接近，因而可用稀碘液的浓度来表示。色度的 Brand 单位就是指滴定到与啤酒颜色相同时 100 mL 蒸馏水中需添加的 0.1 mol/L 碘液的毫升数。淡色啤酒的色度最好在 5～9.5 E.B.C 之间，要控制好啤酒的色度，应注意以下几点：①选择麦芽汁煮沸色度低的优质麦芽，适当增加大米用量，使用新鲜酒花，选用软水，对硬度高的水应预先处理；②糖化时适当添加甲醛，调酸控制 pH，尤其煮沸时应将 pH 控制在 5.2；③严格控制糖化、过滤、麦芽汁煮沸时间，不得延长，冷却时间宜为 60 min；④防止啤酒吸氧过多，严格控制瓶颈空气含量，巴氏灭菌时间不能太长。

三、实验材料

耗材：100 mL 比色管、白瓷板、吸管等。

试剂：0.1 mol/L 碘标准溶液：经标定，精确至 0.000 1 mol/L。

四、实验步骤

第一，取 2 支比色管，一支中加入 100 mL 蒸馏水，另一支中加入 100 mL 除气啤酒发酵液（或麦芽汁，或啤酒），面向光亮处，立于白瓷板上。第二，用 1 mL 移液管吸取 1.00 mL 碘液，逐滴滴入装水比色管中，并不断用玻棒搅拌均匀，直至从轴线方向观察其颜色与样品比色管相同为止，记下所消耗的碘液毫升数 V（准确至小数后第二位）。第三，样品色度 =10°。

注意事项：

（1）若用 50 mL 比色管，结果乘以 2。

（2）不同样品须在同等光强下测定，最好用日光灯，不可在阳光下测定。

（3）麦芽汁应澄清，可经过滤或离心后测定。

五、思考题

对色泽较深的麦芽汁，应怎样处理？

苦味质的测定

一、实验目的

了解用分光光度计测定苦味质的方法，监测发酵液的质量。

二、实验原理

啤酒喝起来有点苦，这就是啤酒的口感。啤酒口感的一个重要指标是苦味，苦味主要源于啤酒花中的 α-酸、多酚类物质和蛋白质，这三样物质会给啤酒带来特有的苦味和香味。其中，多酚类物质有澄清麦芽汁和使啤酒酒体醇厚的作用。

啤酒中的苦味儿来自啤酒花，一般情况下啤酒正常的苦味会很快消失，饮后给人以爽快的感觉，不留后苦。但是，在啤酒的生产过程中，如果工艺条件不够完善、原料质量有缺陷、工艺卫生差，啤酒的这种苦味就会变得粗糙、苦涩、后苦味长。造成啤酒出现后苦味的原因包括以下四点。

（1）使用变质的酒花。如果在贮存的时候遇到含水量高、环境温度高、阳光照射、包装不严密等情况，会加速酒花中的苦味物质（α-酸）的氧化聚合，α-酸会逐渐被氧化发生聚合，变成苦味度很低的硬树脂。

（2）酒花的添加剂过量或使用方法不当。酿造啤酒时如果啤酒花添加太多，啤酒就会太苦。同时，啤酒花的添加时间很重要，过早添加酒花，苦味物质利用率高，苦味质量不甚满意；若酒花添加太晚，则会影响苦味物质的利用率。

（3）酿造啤酒的水碱度过高。用碱性水酿造啤酒会使苦味溶解较多，给啤酒带来不良的后苦味；使用含有较高重碳酸盐的酿造水酿造啤酒，不仅会影响酶的活力，还会使酒花苦味变得粗糙，产生后苦味和涩味。

（4）酵母发生自溶。如果酵母发酵时，外界环境不利或酵母的营养成分不足，就会产生酵母自溶的现象，会使啤酒产生有苦味的氨基酸；如果其含量偏高，则会给啤酒带来不愉快的后苦味。

在酸性条件下，发酵液或啤酒中的 α-酸可被异辛烷萃取，在 275 nm 波长下有最大吸收值，可用紫外分光光度计测定。

三、实验材料

仪器：紫外分光光度计、离心机、回旋振荡器等。

试剂：6 mol/L 的 HCl，270 mL HCl 用重蒸馏水稀释至 500 mL；异辛烷，要求在 275 nm 下的吸光度低于 0.010，否则应提纯后再用。在异辛烷中加入 1%(w/v)氢氧化钠颗粒，静置过夜，而后在通风柜中蒸馏，注意防火。

四、实验步骤

第一，取 5.00 mL 20 ℃麦芽汁或 10.00 mL 除气啤酒（混浊样品须先通过离心澄清），放入 35 mL 离心管中。第二，加入 0.5 mL 6 mol/L HCl 和 20 mL 异辛烷，放入 2～3 个玻璃珠，盖上盖子，在 20 ℃回旋振荡器（130 rpm）中振荡 15 min。第三，3 000 rpm 离心 3 min。第四，以异辛烷作对照，在 275 nm 下用 1 cm 石英比色杯测上层清液的吸光度。第五，计算：苦味质 $=A_{275} \times 50$（个单位）。

注意事项：

（1）异辛烷提纯时，要在通风柜中蒸馏，注意防火，切勿蒸干。

（2）啤酒或发酵液应将气除尽。

五、思考题

混浊样品是否可通过过滤来澄清？

二氧化碳含量的测定

一、实验目的

熟悉测定啤酒及发酵液中 CO_2 含量的方法。

二、实验原理

CO_2 对啤酒来说不仅必不可少，还大有裨益。在啤酒酿造过程中，酵母菌在无氧环境下可分解葡萄糖产生酒精和 CO_2，这些 CO_2 会与水结合成碳酸，不仅起到降低酒体的酸碱度、延长啤酒的保质期的作用，还起到去除酒中的氧气、防止啤酒被氧化的功效。啤酒中的 CO_2 和有机酸具有清新、提神的功用。一方面，适量饮用啤酒可减少过度兴奋和情绪紧张，并能促进肌肉松弛；另一方面，CO_2 会刺激口腔神经，起到促进消化的作用。此外，啤酒中的 CO_2 还赋予啤酒爽口的杀口力和丰富的泡沫，这些泡沫正是啤酒中的 CO_2 在一定压力和低温条件下，以溶解、吸附等多种形式存于啤酒中的。在开瓶时由于压力的变化、震动和激溅等原因，CO_2 从酒液中释放出来升至液面，加上啤酒本身的黏度和一些表面活性物质，特别是蛋白质的存在，使泡沫不易破裂，而且保持一段时间，形成漂亮、洁白、细腻的泡沫堆积。除了 CO_2 外，个别啤酒厂还会在啤酒中添加其他气体，如有的公司会在啤酒中添加 70% N_2+30% CO_2 的混合气体，使勍黑的酒体上泛出天鹅绒般细腻的泡沫，让啤酒的口感变得像奶油般丝滑。N_2 本身是一种惰性气体，在啤酒中的溶解度很低，这就意味着 N_2 所带出的香气很少，更多将香味物质留在酒里，让酒香从口腔中迸发出来。

发酵液或啤酒中 CO_2 含量的测定方法有压力表法、水银测压计法和电位滴定法等几种。电位滴定法是利用 CO_2 可被 NaOH 吸收生成 $NaCO_3$ 这一原理，用 HCl 来滴定生成的 $NaCO_3$。滴定至 pH = 8.31 时，$NaCO_3$ 转变成 $NaHCO_3$：$NaCO_3$ + HCl → $NaHCO_3$ + NaCl 滴定终点用酸度计来指示。

三、实验材料

仪器：电位滴定计或附有电磁搅拌器的酸度计。

试剂：0.1 mol/L 的 NaOH 溶液（不用准确标定）及 0.1 mol/L 的 HCl（需用无水 $NaCO_3$ 准确标定）。

四、实验步骤

（1）取冷啤酒或发酵液 20.00 mL，边搅拌边加入盛有 30～40 mL NaOH 的烧杯中。

（2）将电极浸入溶液中，用 0.1 mol/L 的 HCl 标准溶液滴定至 pH = 8.31，记录酸用量 V_1。

（3）取 100 mL 酒样在沸水中短时煮沸以赶走 CO_2，冷却后同样取 20.00 mL，用 0.1 mol/L 的 HCl 标准溶液滴定至 pH：8.31，记录酸用量 V_2。

（4）用 20.00 mL 无 CO_2 的蒸馏水代替样品，同样滴定至 pH = 8.31，记录酸用量 V；

（5）计算：二氧化碳（CO_2，%）= $(V-V_1-V_2)$ N × 0.044 × 100 ÷ 20

其中，0.044 为每毫摩尔二氧化碳之克数。

注意事项：

发酵液中的 CO_2 在温度高时易蒸发，实验尽可能在低温下进行，特别是在加样品时移液管应浸入 NaOH 溶液中。

啤酒质量品评

一、实验目的

了解评酒方法，品评各种类型啤酒。

二、实验原理

啤酒是一个成分非常复杂的胶体溶液。啤酒的感官性品质同其组成有密切的关系。啤酒中的成分除了水以外，还有两大类物质：一类是浸出物，另一类是挥发性成分。浸出物主要包括碳水化合物、含氮化合物、甘油、矿物质、多酚类物质、苦味物质、有机酸、维生素等；挥发性成分包括乙醇、CO_2、空气、高级醇类、酸类、醛类、连二酮类等。这些成分的不同和工艺条件的差别，造成了啤酒感官性品质的不同。所谓评酒就是通过对啤酒的滋味、口感和气味的整体感觉来鉴别啤酒的风味质量。评酒的要求很高，如统一用内径 60 mm，高 120 mm 的毛玻璃杯；酒温以 10～12 ℃为宜；一般从距杯口 3 cm 处倒入，倒酒速度适中。评酒以百分制计分：外观 10 分，气味 20 分，泡沫 15 分，口味 55 分。

良好的啤酒，除理化指标必须符合质量标准外，还必须满足以下的感官性品质要求（这些感官特性，只能抽象地加以表达）：①爽快，指有清凉感、利落的良好味道，即爽快、轻快、新鲜。②纯正，指无杂味，亦表现为轻松、愉快、纯正、细腻、无杂臭味、干净等。③柔和，指口感柔和，亦指表现力温和。④醇厚，指香味丰满，有浓度，给人以满足感，亦表现为芳醇、丰满、浓醇等。啤酒的醇厚主要由胶体的分散度决定，因而醇厚性在很大程度上与原麦芽汁浓度有关。但是，浸出物低的啤酒有时会比浸出物高的啤酒口味更丰满，发酵度低的啤酒并不醇厚，而发酵度高的啤酒多是醇厚的，其酒精含量高也参与了醇厚性。泡持性好的啤酒，也是醇厚的啤酒。⑤澄清有光泽，色度适中。无论何种啤酒应该澄清有光泽，无混浊，不沉淀。色度是确定酒型的重要指标，如淡色啤酒、黄啤酒、黑啤酒等，可从外观直接分类。不同类型的啤酒有一定的色度范围。⑥泡沫性能良好。淡色啤酒倒入杯中时应升起洁白细腻的泡沫，并保持一定的时间。如果是含铁多或过度氧化的啤酒，有时泡沫会出现褐色或红色。

⑦有再饮性。啤酒是供人类饮用的液体营养食品,好的啤酒会让人感到易饮,无论怎么饮都饮不腻。

三、实验材料

啤酒、玻璃杯等。

四、实验步骤

第一,将啤酒冷冻至 10～12 ℃。第二,开启瓶盖,将啤酒自 3 cm 高处缓慢倒入玻璃杯内。第三,在干净、安静的室内按表 2-1 进行啤酒品评。

表 2-1 淡色啤酒的品评标准

类　别	项　目	满分要求	优缺点	扣分标准/分	样　品
外观 10 分	透明度 5 分	迎光检查清亮透明,无悬浮物或沉淀物	清亮透明	0	
			光泽略差	1	
			轻微失光	2	
			有悬浮物或沉淀	3～4	
			严重失光	5	
	色泽 5 分	呈淡黄绿色或淡黄色	色泽符合要求	0	
			色泽较差	1～3	
			色泽很差	4～5	
	评　语				

续 表

类 别	项 目	满分要求	优缺点	扣分标准/分	样 品
泡沫性能 20 分	起泡 2 分	气足，倒入杯中有明显泡沫升起	气足，起泡好	0	
			起泡较差	1	
			不起泡沫	2	
	形态 4 分	泡沫洁白	洁白	0	
			不太洁白	1	
			不洁白	2	
		泡沫细腻	泡沫细腻	0	
			泡沫较粗	1	
			泡沫粗大	2	
	持久 6 分	泡沫持久，缓慢下落	持久 4 min 以上	0	
			3～4 min	1	
			2～3 min	3	
			1～2 min	5	
			1 min 以下	6	
泡沫性能 20 分	挂杯 3 分	杯壁上附有泡沫	挂杯好	0	
			略不挂杯	1	
			不挂杯	2～3	
	喷酒缺陷 5 分	开启瓶盖时，无喷涌现象	没有喷酒	0	
			略有喷酒	1～2	
			有喷酒	3～5	
			严重喷酒	6～8	
	评 语				

续　表

类　别	项　目	满分要求	优缺点	扣分标准/分	样　品
啤酒香气 20分	酒花香气 4分	有明显的酒花香气	明显酒花香气	0	
			酒花香不明显	1～2	
			没有酒花香气	3～4	
	香气纯正 12分	酒花香纯正，无生酒花香	酒花香气纯正	0	
			略有生酒花味	1～2	
			有生酒花味	3～4	
		香气纯正，无异香	纯正无异香	0	
			稍有异香味	1～4	
			有明显异香	5～8	
	无老化味 4分	新鲜，无老化味	新鲜，无老化味	0	
			略有老化味	1～2	
			有明显老化味	3～4	
	评　语				
酒体口味 55分	纯正 5分	应有纯正口味	口味纯正，无杂味	0	
			有轻微的杂味	1～2	
			有较明显的杂味	3～5	

续 表

类　别	项　目	满分要求	优缺点	扣分标准/分	样　品
酒体口味 55分	杀口力 5分	有二氧化碳刺激感	杀口力强	0	
			杀口力差	1～4	
			没有杀口力	5	
	苦味 5分	苦味爽口适宜，无异常苦味	苦味适口，消失快	0	
			苦味消失慢	1	
			有明显的后苦味	2～3	
			苦味粗糙	4～5	
	淡爽或醇厚 5分	口味淡爽或醇厚，具有风味特征	淡爽，不单调	0	
			醇厚丰满	0	
			酒体较淡薄	1～2	
			酒体太淡，似水样	3～5	
			酒体腻厚	1～5	
	柔和协调 10分	酒体柔和、爽口、谐调，无明显异味	柔和、爽口、谐调	0	
			柔和、谐调较差	1～2	
			有不成熟生青味	1～2	
			口味粗糙	1～2	
			有甜味、不爽口	1～2	
			稍有其他异杂味	1～2	
	口味缺陷 25分	不应有明显口味缺陷（缺陷扣分原则：各种口味缺陷分轻微、有、严重三等酌情扣分）	没有口味缺陷	0	
			有酸味	1～5	
			酵母味或酵母臭	1～5	
			焦糊味或焦糖味	1～5	
			双乙酰味	1～5	
			污染臭味	1～5	
			高级醇味	1～3	

续　表

类　别	项　目	满分要求	优缺点	扣分标准/分	样　品
酒体口味 50分	口味缺陷 20分	不应有明显口味缺陷（缺陷扣分原则：各种口味缺陷分轻微、有、严重三等酌情扣分）	异脂味	1～3	
			麦皮味	1～3	
			硫化物味	1～3	
			日光臭味	1～3	
			醛　味	1～3	
			涩　味	1～3	
	评　语				
	总体评价 总计得分		总计减分		

注意事项：

（1）评酒时室内应保持干净，不允许杂味存在。

（2）品评人员应保持良好心态，不能吸烟，不能吃零食。

五、啤酒品评训练

1. 稀释比较法

使用冷却的蒸馏水或无杂味的自来水，通入二氧化碳以排出空气，并溶入二氧化碳。将此水加入啤酒中，使之稀释10%。将稀释的啤酒与未稀释的同一种啤酒装瓶，密封于暗处，存放过夜，使之达到平衡，然后进行品评。连续3天重复品评，将结果填入表内。

2. 甜度比较

取定量纯蔗糖，全部溶解在一小部分啤酒中，并在不大量损失 CO_2 的条件下，与其他大部分啤酒混合，使其含糖浓度为4 g/L。事先告知有一种是加糖酒，连续品评3天，将结果填入表内。

3. 苦味比较

在一部分啤酒中，加入4 ppm溶解于90%乙醇的异 α-酸，使之呈苦味，并将经此处理的啤酒放置过夜，然后如上所述品评，连续3天，将结果填入表中。

六、评酒员考选办法

1. 三杯法

三只杯中有两只装入同一种酒,另一杯为不同酒,判断正确得10分,否则得0分,考2次,取平均值。

2. 五杯对号法

用五杯不同啤酒二次品评,找出相同的酒,正确一对得4分。

3. 五杯选优排名对号法

基本同上法,增加排序,即品评人员根据判断,排出优劣次序。

4. 口味特点考评法

要求参评人员指出标准酒样最突出的一个特点。答对一只酒样得3分,共15分。

5. 气味特点考评法

参评人员根据嗅觉判断酒样的香气和不良气味,不能饮用样品。

实验3 酸奶的制作与乳酸菌的活菌计数

一、实验目的

(1)学习并掌握酸奶制作的基本原理与方法。
(2)了解市售酸奶的生产工艺。
(3)掌握乳酸菌活菌计数方法与操作。

二、实验原理

酸奶是以牛奶为原料,将牛奶经过巴氏杀菌后,再向牛奶中添加有益菌(发酵剂),经发酵后,再冷却灌装的一种牛奶制品。目前,市场上酸奶制品以凝固型、搅拌型,以及添加各种果汁、果酱等辅料的果味型为多。酸奶不但保留了牛奶的所有优点,而且某些方面经加工过程扬长避短,成为更加适合于人类的营养保健品。

酸奶是我国乳制品中增长最快的品类,不仅产量呈现直线上升的趋势,其销量增长速度更是高达40%以上,远远超过其他乳制品细分领域。数据显示,过去几年来,城镇居民的年均酸奶消费量复合增长速度达20%以上,超出居民的收入增长速度。

另外，酸奶还是钙的良好来源，虽然酸奶的营养成分取决于原料奶的来源和成分，但一般酸奶比原料奶的营养成分都有所提高，一方面因为对原料质量的要求高，另一方面因为有些酸奶在制作中加入了少量奶粉。因此，一般来讲，饮用一杯 150 g 的酸奶，可以满足 10 岁以下儿童所需钙量的 1/3、成人所需钙量的 1/5。益生菌是指有益于人类生命和健康的一类肠道生理细菌，如双歧杆菌、嗜酸乳杆菌、干酪乳杆菌等。

凡是能从葡萄糖或乳糖的发酵过程中产生乳酸的细菌统称为乳酸菌。这是一群相当庞杂的细菌，目前至少可分为 18 个属，共有 200 多种。除极少数外，其中绝大部分都是人体内必不可少的且具有重要生理功能的菌群，广泛存在于人体的肠道中。目前，国内外生物学家已证实，肠内乳酸菌与人类健康长寿有着非常密切的关系。乳酸菌在乳中生长繁殖，发酵分解乳糖，产生乳酸等有机酸，使乳的 pH 值下降，使乳酪蛋白在其等电点附近发生凝集。乳酸菌属于兼性厌氧微生物，在无氧条件下生长繁殖较好。

三、实验材料

菌种：市售酸奶。
试剂：白糖、奶粉、培养基各成分。
器材：培养箱、电炉、5 L 铝锅、培养皿、酸奶发酵瓶（自带）。

四、实验内容

1. 酸奶制作

（1）10% 脱脂奶粉溶解于热水（80 ℃左右）中，充分搅拌均匀，配成调制乳。

（2）添加蔗糖：为了缓和酸奶的酸味，改善酸奶口味，在调制乳中加入 4%～8% 的蔗糖。

（3）灭菌：将乳加热至 90 ℃，保温 5 min。

（4）接种：往冷却到 43～45 ℃灭过菌的乳中加入乳酸菌，接种量为 2%～5%。

（5）分装：酸奶受到振动，乳凝状态易被破坏，因而不能在发酵罐容器中先发酵再进行分装，需将含有乳酸菌的牛乳培养基先分装到小容器中，加盖后送入恒温室培养，在小容器中发酵制成酸奶。

（6）发酵：发酵的温度保持在 40～43 ℃，一般发酵时间为 3～6 h。

（7）发酵终点的确定有两种方法：①检测发酵奶的酸度，达到 65～70 ℃；②倾斜观察，瓶内酸奶流动性差，而且瓶中部有细微颗粒出现。

（8）冷却：发酵结束，将酸奶从发酵室取出，用冷风迅速将其冷却到10 ℃以下，一般2 h，使酸奶中的乳酸菌停止生长，防止酸奶酸度过高而影响口感。

（9）冷藏和后熟：经冷却处理的酸奶贮藏在2～5 ℃的冷藏室中保存。

（10）感官指标：①色泽均匀一致，呈乳白色，或稍带微黄色；②组织状态，凝块稠密结实，均匀细腻，无气泡，允许少量乳清析出；③气味，具有清香纯净的乳酸味，无酒精发酵味、霉味和其他外来不良气味。

2．乳酸菌活菌检测

（1）检测培养基：蛋白胨15 g、牛肉膏5 g、葡萄糖20 g、氯化钠5 g、碳酸钙10 g、琼脂粉20 g、水1 000 mL，115～121 ℃灭菌20 min，灭菌后放置水浴52 ℃保温备用。

（2）稀释：取10 g样品放入添加90 mL无菌水的带4～6颗玻璃珠的250 mL三角瓶中，摇床180 rpm震荡30 min，即为10^{-1}样品溶液，再从中取1 mL至添加9.0 mL无菌生理盐水三角瓶中，稀释至10^{-2}，以此类推稀释至10^{-8}。即稀释了1亿倍。

（3）倒培养平板：从上述已稀释了1亿倍的乳酸菌悬液中取1 mL，在无菌操作台上注入直径为9.0 cm培养皿中，再将已经灭菌的保持在52 ℃水浴锅中的呈溶解状态的15 mL左右的培养基倒入培养皿中，与菌悬液充分混合均匀（倒入培养基后，马上用手转动培养皿，转动几下，让其混合均匀），等其凝固再移入培养箱中培养，注意最后一步倒平皿必须在超净台上无菌操作，以免杂菌污染。每次稀释均要换灭好菌的移液管。

（4）培养条件：37 ℃恒温培养箱培养48～72 h。

（5）培养完毕后，取出进行计数，因为稀释了1亿倍，所以一个透明圈菌落代表1亿/克，如果有200个透明圈菌落，则是200亿/克。

五、思考题

乳酸菌的保藏通常为低温条件，这使运输、贮存的成本很高，请问可采用什么方法使乳酸菌在常温条件下有很高的存活率？

实验 4　甜酒酿的制作和酒药中糖化菌的分离

一、实验目的

（1）学习并掌握甜酒酿的酿制方法，了解酿酒的基本原理。
（2）进一步了解淀粉在糖化菌——根霉、毛霉和酵母菌作用下制成甜酒酿的过程。
（3）进一步掌握微生物的分离、培养等基本方法和无菌操作技术。
（4）加深理解根霉或毛霉的形成特征。

二、实验原理

甜酒酿是将糯米经过蒸煮糊化、接种后，在适宜的条件下（28～30 ℃），让种曲中的霉菌孢子萌发菌丝体，大量繁殖后通过酒药（根霉、毛霉和酵母菌等微生物的混合糖化发酵剂）中的根霉和毛霉等微生物所产淀粉酶的作用将原料中糊化后的淀粉糖化，将蛋白质水解成氨基酸，然后酒药中的酵母菌利用糖化产物生长繁殖，并通过酵解途径将糖转化成酒精，从而赋予甜酒酿特有的香气、风味和丰富的营养。随着发酵时间的延长，甜酒酿中的糖分逐渐转化成酒精，糖度下降，酒度提高，故适时结束发酵是保持甜酒酿口味的关键。

要初步学会和掌握酿制方法并不困难，从微生物学的观点来看，酿制的关键包括以下几个方面：要有优质的酒酿种曲，即种曲中应含有糖化率高的优质根霉、毛霉孢子或菌丝体；应选择优质的糯米作原料；严格无菌操作规程，尽量避免杂菌污染；合理控制酿制条件；等等。

以糯米（或大米）经甜酒药发酵制成的甜酒酿是我国的传统发酵食品。我国酿酒工业中的小曲酒和黄酒生产中的淋饭酒在某种程度上就是由甜酒酿发展而来的。

三、实验材料

原料：酒药（根曲霉 AS3.866）、糯米、马铃薯、蔗糖。
试剂：甜酒药中糖化菌的分离培养基（马铃薯 – 蔗糖 – 琼脂培养基）。
器材：蒸锅、纱布、1 000 mL 烧杯、250 mL 广口培养瓶、封口膜、保鲜膜、牛皮纸、天平、培养箱、高压灭菌锅、淘米盆、防水纸、绳子、凉开水、显微镜、载玻片、盖玻片、接种环、解剖针、酒精灯、镊子、培养皿等。

四、实验步骤

1. 甜酒酿的制作

（1）浸米与洗米。选择优质新鲜糯米，淘洗干净后浸泡过夜，使米粒中的淀粉粒子吸水膨胀，便于蒸煮糊化，清水冲洗至水清亮，捞起沥干。

（2）隔水蒸煮。将糯米放在蒸锅内搁架的纱布上隔水蒸煮，6.8 kg 10～20 min，常压 30 min，至米饭熟透为止。要求达到熟而不糊，外硬内软，内无夹心，疏松易散，透而不烂，均匀一致。

（3）淋水降温。用清洁冷水淋洗蒸熟的糯米饭，使其降温至 35 ℃左右，同时使饭粒松散。

（4）接入种曲酿制。将冷却到 35 ℃左右的米饭按干糯米重量换算接种量，将 0.4% 经粉碎的根霉曲与米饭拌匀，盛于广口培养瓶中，饭粒搭成中心下陷的喇叭形凹窝，以利于出汁，饭面均匀撒上少许曲粉，用封口膜及牛皮纸覆盖于广口培养瓶表面，用线包扎后置于 30 ℃温箱，保温培养 48 h 即可食用。酿成的甜酒酿应是醪液清澈半透明且甜醇爽口。

（5）品尝。

2. 甜酒药中糖化菌的分离

（1）无菌操作技术，以平板划线法分离甜酒药中的糖化菌。

第一，每组取无菌培养皿两付，先在培养皿中加入两滴 5 000 U/mL 的链霉素液，而后用已融化的马铃薯－蔗糖－琼脂培养基倒平板，使链霉素与培养基充分混匀，制成平板。

第二，取已被碾碎的甜酒药粉 1 环在平板上划线，然后倒置于 28～30℃恒温箱中培养 4～6 d。

第三，观察平板上的菌落形态，用接种环调取霉菌菌落的孢子或菌丝体于新鲜的马铃薯－蔗糖－琼脂平板上，再进行划线培养，直至获得纯培养，即平板上只有一种霉菌的菌落或菌苔。

（2）对已分离出的糖化菌进行个体形态的观察。

第一，打开皿底，用低倍镜直接观察分离菌各部分结构形态，如孢囊梗、孢囊、囊轴、假根、匍匐菌丝。

第二，取一干净的载玻片，滴一滴乳酚油，再用解剖针挑取少量带有孢囊的分离菌菌丝放在悬滴液中，将菌丝分散平铺，然后盖上盖玻片，轻轻一压，注意避免气泡产生。

第三，镜检。先用低倍镜观察菌丝有无隔膜、孢囊梗的形态、孢囊的着生方式、孢囊和囊轴的形态和大小，然后换成中倍镜观察，绘制分离菌的形态图，注明各部位名称，并根据菌落和菌体形态特征，判断出该分离菌是何种真菌。

五、实验结果

（1）发酵期间每天观察、记录发酵现象。

（2）对产品进行感官评定，将各批发酵的甜酒酿品评结果记录于表2-2中，并写出品尝体会。

表2-2 甜酒酿品评记录表

批　次	品 评 项 目						结　论
	出汁/mL	口　感	酒　度	甜　味	异　味	pH	
1							
2							
3							
4							

六、思考题

（1）甜酒酿制作中有哪几类微生物参与发酵作用？各自起何种作用？

（2）成功制作甜酒酿的关键步骤是什么？

实验5　枯草芽孢杆菌固态发酵及活菌数测定

一、实验目的

（1）了解固态发酵原理。

(2)以枯草芽孢杆菌为对象,了解固态发酵的控制技术。

(3)掌握枯草芽孢杆菌活菌计数方法与操作。

二、实验原理

固态发酵指在没有或几乎没有自由水存在的情况下,在有一定湿度的水不溶性固态基质中,培养一种或多种微生物的生物反应过程,这是一种以气相为连续相的生物反应过程。白酒和陈醋生产工艺就属于典型的固态发酵,将粮食中的糖转化成酒精,继而转化成醋。相对的液态发酵有味精生产过程中的谷氨酸发酵、黄原胶生产发酵等。与液态发酵相比,固态发酵有以下优点:①水分活度低,基质水不溶性高,微生物易生长,酶活力高,酶系丰富;②发酵过程粗放,不需严格的无菌条件;③设备构造简单、投资少、能耗低、易操作;④后处理简便、污染少,基本无废水排放。

益生菌是一类对宿主有益的活性微生物,是定植于肠道、生殖系统内,能产生确切健康功效从而改善宿主微生态平衡、发挥有益作用的活性有益微生物的总称。人体、动物体内有益的细菌或真菌主要有酪酸梭菌、乳杆菌、双歧杆菌、放线菌、酵母菌等。目前,世界上研究的功能最强大的产品主要是以上各类微生物组成的复合活性益生菌,其广泛应用于生物工程、工农业、食品安全及生命健康领域。作为抗生素的替代品,益生菌和酶制剂等的研究与开发近几年成为绿色饲料添加剂的热点,其中益生菌倍受关注。作为益生菌的一种,芽孢杆菌制剂在动物生产中的研究和应用一直都是畜牧业科研和生产人员关注的焦点。目前,芽孢杆菌多采用液体深层发酵技术,再经喷雾干燥进行生产,对设备要求高,生产工艺复杂;而固体发酵采用的原料一般是廉价的农副产品(草粉、麸皮等),采用的设备也较液体发酵简单,生产成本大大低于液体发酵。因此,近年来各生产厂家都在积极探索芽孢杆菌的固体发酵技术,以求简化生产工艺,提高产量,降低生产成本。

芽孢杆菌属于细菌的一科,能形成芽孢(内生孢子)的杆菌或球菌,包括芽孢杆菌属、芽孢乳杆菌属、梭菌属、脱硫肠状菌属和芽孢八叠球菌属等。它们对外界有害因子的抵抗力强,分布广,存在于土壤、水、空气和动物肠道等处。芽孢杆菌能提高动物生产性能是其产生多种消化酶的一个重要体现。研究表明,芽孢杆菌能产生多种消化酶,帮助动物消化吸收营养物质。芽孢杆菌具有较强的蛋白酶、淀粉酶和脂肪酶活性,同时可以降解饲料中复杂碳水化合物的酶,如果胶酶、葡聚糖酶、纤维素酶等,这些酶能够破坏植物饲料细胞的细胞壁,促使细胞的营养物质释放出来,并能消除饲料中的抗营养因子，减少抗营养因子对动物消化利用的障碍。枯草芽孢杆菌属于好氧微生物，在实验室条件下利用稀释涂布培养的方法，让菌在有氧条件下生长，每个单菌落代表一个微生物细胞。

三、实验材料

菌种：枯草芽孢杆菌。
试剂：培养基成分。
器材：培养箱、灭菌锅、培养皿等。

四、实验步骤

1. 培养基的配制

（1）液体种子培养基。葡萄糖 0.2%、NaCl 0.5%、酵母膏 0.5%、蛋白胨 1%、pH 7.0。液体种子培养时，每 300 mL 三角瓶装量 50 mL 液体种子培养基，在 115 ℃条件下灭菌 30 min。降温后从斜面接一环菌苔至种子培养基，置 37 ℃控温摇床培养，转速 200 rpm，至芽孢率达 90% 以上时停止，约需 24 h。

（2）固体发酵培养基。麸皮 60%、稻草粉 10%、玉米粉 5%、豆粕 25%、硫酸镁 0.05%、硫酸铵 0.5%，料水比为 1∶1.1。每 250 mL 三角瓶装量 20～30 g（湿重），固体发酵培养基原料试剂混合料，加水，料水比为 1∶1.1，搅拌均匀，培养基经 121 ℃灭菌 30 min，降温后接种量为 2%（V/M：V——液体菌种体积数，M——固体发酵培养基的质量），然后置 37 ℃培养箱中静止培养，间时拍打，使其均匀生长，至脱落芽孢率为 80% 以上时，停止发酵，约需 48 h。

2. 枯草芽孢菌活菌检测

（1）检测培养基。葡萄糖 0.2%、NaCl 0.5%、酵母膏 0.5%、蛋白胨 1%、琼脂粉 2%、pH 7.0。115 ℃灭菌 20 min，灭菌后放置水浴 52 ℃保温备用。

（2）稀释。取 10 g 样品放入添加 90 ml 无菌水的带玻璃珠的 250 mL 三角瓶中，摇床 180 rpm 震荡 30 min，即为 10^{-1} 样品溶液；再从中取 1 mL 至添加 9.0 mL 无菌生理盐水的三角瓶中，稀释至 10^{-2}。以此类推稀释至 10^{-8}，即稀释了 1 亿倍。

（3）倒培养平板。将已经灭了菌的保持在 52 ℃水浴锅中的呈溶解状态的培养基，倒入 15 mL 左右于培养皿中，全部浸到培养皿，待培养基凝固；从上述已稀释了 1 亿倍的菌悬液中取 0.2 mL 于已凝固的培养基表面，用玻璃刮铲涂布均匀，静置 10 min，然后移入培养箱中培养。

（4）培养条件。37 ℃恒温培养箱培养 24～48 h。

（5）培养完毕后，取出进行计数。

3. 芽孢率测定

芽孢革兰氏染色后置于显微镜下观察。

五、实验结果

（1）详细描述枯草芽孢杆菌固态培养物（外观、气味、培养物状态等）。

（2）记录活菌测定中各平行数据，计算最终平均值。

（3）用图片记录实验过程中各种现象与结果，并对图进行注释。

六、思考题

在枯草芽孢杆菌固态生产过程中，为了防止霉菌与酵母的污染，可如何操作？

实验6 淀粉糖化与酒精发酵

一、实验目的

（1）了解酒精发酵的主要类型、工艺原理及其控制条件。

（2）熟悉酒精生产的工艺流程，掌握酒精发酵的操作方法。

（3）掌握用酶法从淀粉原料到水解糖的制备原理及方法。

二、实验原理

在无氧条件下，酵母菌利用可发酵性糖转化为酒精和二氧化碳的过程，称为酒精发酵，是生产酒精及各种酒类的基础。在酒精的发酵过程中，酵母菌进行的是厌气性发酵，进行着无氧呼吸，发生了复杂的生化反应。从发酵工艺来讲，既有发酵醪中的淀粉、糊精被糖化酶作用，水解生成糖类物质的反应，又有发酵醪中的蛋白质在蛋白酶的作用下，水解生成小分子的蛋白胨、肽和各种氨基酸的反应。这些水解产物，一部分被酵母细胞吸收合成菌体，另一部分则发酵生成了酒精和二氧化碳，以及产生副产物杂醇油、甘油等。

玉米粉、大米粉中可供发酵的物质主要是淀粉，而酿酒酵母缺乏相应的酶，所以不能直接利用淀粉进行酒精发酵，因而必须对原料进行预处理，包括蒸煮（液化）、糖化等，蒸煮可使淀粉糊化，并破坏细胞，形成均一的醪液，能更好地接受糖化酶的作用，并转化为可发酵性糖，以便酵母进行酒精发酵。

发酵过程产生的酒精可以通过酵母细胞渗到体外。因为酒精发酵是在水溶液中进行的，酒精是可以任何比例与水混合的，由酵母体内排出的酒精便溶于周围的醪液中。发酵中产生的CO_2，由于其溶解度较小，发酵醪很快就会被其饱和。当CO_2饱和之后，便被吸附在酵母细胞表面，直至其超过细胞吸附能力，这时CO_2变为气态，形成小的气泡上升，又由于CO_2的气泡相互碰撞，便形成较大气泡继而浮出液面。CO_2气泡的上升；也带动了醪液中的酵母细胞上下游动，从而使酵母细胞能更充分地与醪液中糖分接触，使发酵作用更充分和彻底。通常，CO_2易在罐壁或细胞表面溢出。CO_2的上升也带动了发酵醪中的酵母细胞和物料上升，有时也能使底层的物料浮于醪液表面，这种类型的发酵称为被动式发酵。如果发酵醪液较黏稠，则气泡到达液面后并不破裂，且形成的泡沫持久不散，有时泡沫还可能由罐顶溢出，造成糖分损失，这种类型的发酵称为泡沫发酵。

从上述可知，发酵过程中产生的CO_2，应及时予以排出，否则对发酵会产生不利影响。产生泡沫的原因有两种：一是由酵母的性质或介质的性质引起的，如强有力的酵母（如拉斯2号酵母）在营养条件好、介质中又饱和了氧时，会发生泡沫发酵现象，这主要是由于酵母过分强烈繁殖与过分强烈发酵所致。减少酒母用量，可以防止泡沫发酵。二是由于发酵醪用新鲜薯干做原料，可能是曲子质量不好造成的。发酵时，醪液黏稠，产生的气泡到达液面并不破裂，也会造成泡沫上溢，使发酵受损失，采用消泡剂，也可以防止此种现象的发生。

三、实验材料

菌种：活性干酵母。

试剂：培养基各成分、大米粉、活性干酵母、淀粉酶、糖化酶。

试剂：10% H_2SO_4、1% $K_2Cr_2O_7$、10% NaOH。

器材：试管、培养箱、灭菌锅、三角瓶、水浴锅、粉碎机、离心机。

四、实验步骤

1. 原料的粉碎

将玉米、大米用粉碎机粉碎，玉米淀粉含量为70%，大米淀粉含量为75%。

· 139 ·

2. 蒸煮糊化

称取一定量的粉碎后淀粉质原料，按一定的料水比（100 g : 200 mL）调制淀粉乳，90～100 ℃条件下恒温水浴加热，淀粉乳受热后，在一定温度范围淀粉粒开始破坏，晶体结构消失，体积膨大，黏度急剧上升，呈黏稠的糊状，即成为非结晶性的淀粉。

3. 糖化

经蒸煮糊化后的醪液，经过淀粉酶的糖化作用，将原料中的淀粉转化为可发酵性糖，供酵母利用。糖化醪液调整 pH 为 4.5，往其中加入一定量的淀粉酶（120 U/g）、糖化酶（120 U/g），60 ℃恒温下不断搅拌，直至黏度下降到一定程度，淀粉完全糖化，见表 2-3。

表 2-3 糖化时间与糖化酶用量关系表

糖化时间 /h	6	8	10	16	24	32	48	72
糖化酶用量 /（U/g 淀粉）	480	100	320	240	180	150	120	100

酶参考用量：淀粉乳 33%，60 ℃，pH 4.5，酶 240 U/g 绝干淀粉，糖化时间 16 h。

4. 发酵

（1）将干酵母按 1 : 20 的比例投放于 37 ℃的温水中，复水 20 min。目的是恢复酵母细胞的正常功能。

（2）淀粉醪液糖化后，取 400 mL 上清液于洁净的大可乐瓶中，加相同体积的水稀释，加入活化好的酵母种液 5 mL，混匀，于 28 ℃培养箱中静止培养 36 h 左右。

5. 二氧化碳生成的检验

（1）观察三角瓶中的发酵液有无气泡溢出。

（2）滴入 10% 的氢氧化钠 1 mL 于发酵液试管中，观察，如气体逐渐消失，则说明有二氧化碳存在。

6. 二氧化碳生产量的测定

（1）接种完，擦干瓶外壁，于天平上称量，记为 W_1。

（2）实验结束，取出瓶轻轻摇动，使二氧化碳尽量溢出，在同一天平上称量，记为 W_2。

（3）二氧化碳生成量 = $W_1 - W_2$。

7. 酒精生成的检验

（1）打开瓶塞，嗅闻有无酒精气味。

(2) 取发酵液 5 mL, 加 10% 的硫酸 2 mL。

(3) 再加入 1% 的 $K_2Cr_2O_7$ 溶液 10~20 滴, 如颜色由黄色变为黄绿色则说明有酒精产生。

$$K_2Cr_2O_7+H_2SO_4+CH_3CH_2OH \rightarrow CH_3COOH+K_2SO_4+Cr_2(SO_4)_3$$

五、实验结果

(1) 详细记录实验过程中各参数及数据。
(2) 对实验结果进行判断与分析。

六、思考题

现有 3 株不同来源的酒精酵母,请设计与本实验操作不同的实验,判断哪株酵母发酵酒精能力最强?

实验 7 黑曲霉固体发酵生产纤维素酶及酶解底物反应

一、实验目的

(1) 了解黑曲霉固体发酵产酶情况。
(2) 了解纤维素酶提取方法及酶活性定性测定方法。

二、实验原理

纤维素酶(β-1,4-葡聚糖-4-葡聚糖水解酶)是降解纤维素生成葡萄糖的一组酶的总称,它不是单体酶,而是起协同作用的多组分酶系,是一种复合酶,主要由外切 β-葡聚糖酶、内切 β-葡聚糖酶和 β-葡萄糖苷酶等组成,还有很高活力的木聚糖酶,是主要作用于纤维素及从纤维素衍生出来的产物。微生物纤维素酶在将不溶性纤维素转化成葡萄糖,以及在果蔬汁中破坏细胞壁从而提高果汁出汁率率等方面具有非常重要的意义。纤维素酶广泛存在于自然界的生物体中,细菌、真菌、动物体内等都能产生纤维素酶。一般用于生产的纤维素酶来自真菌,比较典型的有木霉属、曲霉属和青霉属,菌种容易退化,导致产酶能力降低。

细菌产纤维素酶的产量较少,主要是葡聚糖内切酶,大多数对结晶纤维素无降解活性，且所产生的酶多是胞内酶或吸附在细胞壁上，不分泌到培养液中，增加了提取纯化的难度，因而对细菌的研究较少。但是，由细菌所产生的纤维素酶一般最适 pH 为中性至偏碱性。近 20 年来，随着中性纤维素酶和碱性纤维素酶在棉织品水洗整理工艺及洗涤剂工业中的成功应用，细菌纤维素酶制剂已显示出良好的应用前景。

纤维素酶反应和一般酶反应不一样，两者最主要的区别在于纤维素酶是多组分酶系，且底物结构极其复杂。由于底物的水不溶性，纤维素酶的吸附作用代替了酶与底物形成的 ES 复合物过程。纤维素酶先特异性地吸附在底物纤维素上，然后在几种组分的协同作用下将纤维素分解成葡萄糖。

黑曲霉是子囊菌亚门，丝孢目，丛梗孢科中的一个常见种。直径为 15～20 pm，长约 1～3 mm，壁厚而光滑。顶部形成球形顶囊，其上全面覆盖一层梗基和一层小梗，小梗上长有成串褐黑色的球状物，直径为 2.5～4.0 μm。分生孢子头为球状，直径 700～800 μm，褐黑色。它蔓延迅速，初为白色，后变成鲜黄色直至黑色厚绒状，背面无色或中央略带黄褐色。分生孢子头为褐黑色放射状，分生孢子梗长短不一，顶囊球形，双层小梗。分生孢子为褐色球形，广泛分布于世界各地的粮食、植物性产品和土壤中，是重要的发酵工业菌种。有的菌株还可将羟基孕甾酮转化为雄烯。它的生长适温为 28 ℃左右，最低相对湿度为 88%，能引致水分较高的粮食霉变和其他工业器材霉变。黑曲霉是制酱、酿酒、制醋的主要菌种，是生产酶制剂（蛋白酶、淀粉酶、果胶酶）和有机酸（柠檬酸、葡萄糖酸等）的菌种，是农业上用来生产糖化饲料的菌种，也可用于测定锰、铜、钼、锌等微量元素和作为霉腐试验菌。干酪成熟中污染该菌会使干酪表面变黑、变质，也会使奶油产生变色。

本实验以米曲霉为发酵菌株，以稻草作为产酶诱导物。

三、实验材料

菌种：黑曲霉。

试剂：土豆、稻草、麸皮、硫酸铵、羧甲基纤维素钠（CMC）。

器材：培养箱、灭菌锅、三角瓶、摇床、离心机、天平、三角瓶。

四、实验步骤

1. 黑曲霉菌种活化

（1）配制 PDA 培养基。称取 200 g 马铃薯，洗净去皮切碎，加水 1 000 mL 煮沸 30 min，纱布过滤，再加 20 g 葡萄糖和 20 g 琼脂，充分溶解后趁热纱布过滤，分装试管，每个试管 5 ～ 10 mL（视试管大小而定），121 ℃灭菌 20 min 左右后取出试管摆斜面，冷却后贮存备用。

（2）接种。在无菌超净台上接种保藏的黑曲霉于 PDA 斜面，28 ℃培养 5 ～ 7 d，斜面上长满孢子。

2．配制发酵培养基

15 g 麸皮、10 g 稻草粉、0.5% KH_2PO_4、0.5% $(NH_4)_2SO_4$、加 15 mL 水（加水量 40% ～ 60%），拌匀，装瓶。

3．灭菌

121 ℃灭菌 30 min，冷却至室温。

4．黑曲霉孢子悬浮液制备

取已培养好的黑曲霉孢子斜面一支，加入约 10 mL 无菌水，洗下孢子，制成孢子悬液。

5．接种

用移液管在无菌条件下吸取一定量的悬液，移入灭好菌的固体培养基中，于 30 ℃条件下培养 96 h，期间每隔 12 h 摇动三角瓶一次。

6．提取粗酶液

向瓶中加入无菌水约 50 mL，浸泡固体曲 0.5 ～ 1 h，过滤得粗酶液。

7．酶活性测定

（1）配制 1% CMC 底物平板。1 g 羧甲基纤维素钠、1.8 g 琼脂完全溶解后，加入 0.03 g 曲利本蓝，倒平板，每皿约 15 mL。

（2）打孔。打孔器经酒精燃烧灭菌后，每平板打 4 孔，并在酒精灯火焰上稍稍加热打孔处，使孔周围的培养基微融，然后平放冷却。

（3）加样。往孔内加入粗酶液适量（约 100 μL），同时需设对照。

（4）培养（反应）。将加样后的平板小心平端放入 30 ℃培养箱中，放置 20 h 左右。

（5）观察结果。可直接观察有无透明圈，测定透明圈直径。

五、实验结果

（1）仔细观察固体培养基发酵前后的状态，并描述。

（2）仔细观察底物平板酶解前后的实验现象，并测量透明圈大小。

六、思考题

纤维素是自然界最丰富的资源，从理论角度分析如何最大限度地通过酶法利用该资源？现实存在什么问题？目前对纤维素降解有哪些研究进展？

实验 8　甘露聚糖酶液体发酵及酶解反应

一、实验目的

（1）了解并掌握液体发酵产酶操作及对酶反应条件的控制。
（2）将液体发酵产酶与固体发酵产酶进行比较分析。

二、实验原理

甘露聚糖是高度分支的多聚体，广泛存在于多种生命形式中。研究表明，在酵母细胞壁中，甘露聚糖多以 α-1,6-甘露糖为骨架链，大部分甚至全部的残基具有 α-1,2 或 α-1,3 连接的含有 2～5 个甘露糖残基的侧链。在高等植物中，多以 α-1,4-甘露糖为骨架链，被认为是一种多糖储存形式。甘露聚糖来源丰富，根据来源可分为植物来源的魔芋葡甘聚糖、半乳甘露聚糖、芦荟甘露聚糖，啤酒酵母来源的甘露聚糖及其硫酸化寡糖衍生物，甲型溶血性链球菌来源的 α-甘露糖肽，以及各种海洋细菌和真菌来源的甘露聚糖等。

甘露聚糖是一种既经济又高效的天然食品防腐剂，其无色、无毒、无异味，能有效地防止食品腐败变质、发霉和遭受虫害，也可用于水果、蔬菜、豆制品、蛋类和鱼类等食品的保鲜贮藏。应用时可配成 0.05%～1% 的甘露聚糖水溶液，以喷雾、浸渍或涂布等方式使其在新鲜食品表面形成一层薄膜，或者掺入某些加工食品中，均可显著地延长食品的贮存期限。另外，草莓、柑橘、桃子、葡萄和苹果等水果均可用甘露聚糖水溶液浸渍进行贮藏保鲜，而黏附于水果表皮的甘露聚糖薄膜完全不影响水果外观，且容易清洗。实验结果显示，将新鲜的草莓放入 0.05% 的甘露聚糖水溶液中浸渍 10 s，捞出自然风干，存放 21 d，其表皮稍失去光泽，未发霉；而未经处理的新鲜草莓仅放 2 d 表皮就失去光泽，存放 3 d 便开始发霉。甘露聚糖还可用于豆腐、鱼类和鸡蛋的保存。在豆腐加压成形之前，按豆制品重量添加 1% 的甘露聚糖，豆制品在梅雨季节室温下放置 4 d 无任何变化；而未添加甘露聚糖的仅放 2 d 就霉变发臭。将新鲜鸡蛋洗净擦干，浸渍于 0.3% 甘露聚糖水溶液中片刻，然后捞出自然风干，置于 27 ℃、相对湿度 70% 的环境中，存放 21 d 新鲜如初，存放 30 d 以上仍能食用；而未经处理的新鲜鸡蛋在相同条件下 12 d 就变黑发臭。把新鲜沙丁鱼放入 0.05% 甘露聚糖水溶液中浸渍数秒钟，取出自然风干，在梅雨季节里放置 9 d，沙丁鱼新鲜如初；而未经处理的沙丁鱼放置 3 d 即发生腐败变质。

甘露聚糖酶是一种半纤维素酶，其产生需要一定的诱导物存在。β–甘露聚糖酶以内切方式降解甘露聚糖主链，产生不同聚合度的甘露寡糖和少量甘露糖，是甘露聚糖降解酶中最关键的酶。甘露聚糖酶可广泛应用于食品、造纸、纺织印染等行业。利用 β–甘露聚糖酶可以制取有特殊保健作用的甘露寡糖。在纸浆制造业中，它可代替碱法进行脱色、漂白。在纺织印染方面，利用 β–甘露聚糖酶与其他酶联合作用，能有效去除产品上黏附的多余染料，降低能耗和对环境的污染等。甘露聚糖酶的工业化生产将在许多行业中产生较大的经济和社会效益。因此，近年来甘露聚糖酶逐渐成为国内外关注和研究的热点之一。

本实验以枯草芽孢杆菌为菌株，以魔芋粉为诱导物。

三、实验材料

菌种：枯草芽孢杆菌。

试剂：蛋白胨、酵母粉、氯化钠、魔芋粉。

器材：培养箱、灭菌锅、三角瓶、摇床、离心机、天平、三角瓶。

四、实验步骤

（1）配制 LB 固体培养基。蛋白胨 10 g/L、酵母提取物 5 g/L、氯化钠 10 g/L、琼脂 20 g/L，待琼脂充分溶解后趁热纱布过滤，分装试管，每试管 5～10 mL（视试管大小而定），121 ℃灭菌 20 min 左右后取出试管摆斜面，冷却后贮存备用。

（2）接种。在无菌超净台上接种保藏的枯草芽孢杆菌于 LB 斜面，28 ℃培养 2 d。

（3）配制产酶培养基。蛋白胨 10 g/L、酵母提取物 5 g/L、氯化钠 10 g/L、魔芋粉 30 g/L，以 10% 的体积量分装于三角瓶中（25 mL 液体培养基/250 mL 三角瓶），121 ℃灭菌 20 min。

（4）菌悬液的制备。取已培养好的枯草杆菌斜面一支，加入约 10 mL 无菌水，洗下菌体，制成菌悬液。

（5）接种。用移液管在无菌条件下吸取一定量的悬液，移入灭菌好的固体培养基中，于 37 ℃ 200 rpm 条件下培养 72 h。

（6）粗酶液提取。3 000 rpm 离心收集得到粗酶液。

（7）酶解底物分析。准备两个三角瓶，分别加入 50 mL 自来水，46 ℃ 水浴保温。向两个三角瓶中各加入 1 g 魔芋粉，然后其中一个加入 1 mL 粗酶液，另一个加入 1 mL 蒸馏水（做空白对照）。以后每隔 5～10 min 向两个三角瓶中各加入 1 g 魔芋粉，前后共加 5 g。酶解反应 30～60 min，在此期间观察反应现象。

五、实验结果

（1）仔细观察液体培养基发酵前后的状态，并描述。

（2）仔细观察底物水解前后的现象。

六、思考题

以液体发酵产酶为例，请详细介绍甘露聚糖酶定量测定的原理与方法。

实验 9　从土壤中分离筛选产抗生素的放线菌及抗菌谱分析

一、实验目的

（1）从土壤中分离产抗生素的放线菌。

（2）抗生素产生菌的抗菌谱测定。

（3）掌握微生物的基本操作。

二、实验原理

放线菌是一群革兰氏阳性、高（G+C）mol% 含量（>55%）的细菌。放线菌因菌落呈放线状而得名。它是一个原核生物类群，在自然界中分布很广，主要以孢子繁殖，之后是断裂生殖。与一般细菌一样，放线菌多为腐生，少数寄生。放线菌在自然界分布广泛，主要以孢子或菌丝状态存在于土壤、空气和水中，尤其以含水量低、有机物丰富、呈中性或微碱性的土壤中数量最多。放线菌只是形态上的分类，属于细菌界放线菌门。土壤特有的泥腥味，主要是放线菌的代谢产物所致。

放线菌的菌落由菌丝体组成，一般呈圆形、光平或有许多皱褶，在光学显微镜下观察，菌落周围具辐射状菌放线菌丝。它的总的特征介于霉菌与细菌之间，因种类不同可分为两类：一类是由产生大量分枝和气生菌丝的菌种所形成的菌落。链霉菌的菌落是这一类型的代表。链霉菌菌丝较细，生长缓慢，分枝多而且相互缠绕，故形成的菌落质地致密、表面呈较紧密的绒状或坚实、干燥、多皱，菌落较小而不蔓延；营养菌丝长在培养基内，所以菌落与培养基结合较紧，不易挑起或挑起后不易破碎。当气生菌丝尚未分化成孢子丝时，幼龄菌落与细菌的菌落很相似，光滑或如发状缠结。有时气生菌丝呈同心环状，当孢子丝产生大量孢子并布满整个菌落表面后，才形成絮状、粉状或颗粒状的典型的放线菌菌落；有些种类的孢子含有色素，使菌落表面或背面呈现不同颜色，带有泥腥味。另一类菌落由不产生大量菌丝体的种类形成，如诺卡氏放线菌的菌落，黏着力差，结构呈粉质状，用针挑起则粉碎。若将放线菌接种于液体培养基内静置培养，能在瓶壁液面处形成斑状或膜状菌落，或沉降于瓶底而不使培养基混浊；如以震荡培养，常形成由短的菌丝体所构成的球状颗粒。

由于土壤中的微生物是各种不同种类微生物的混合体，为了研究某种微生物，我们就必须把它们从这些混杂的微生物群体中分离出来，从而获得某一菌株的纯培养。分离放线菌常用稀释倒平板法。根据放线菌的营养、酸碱度等条件要求，常选用合成培养基或有机氮培养基。如果培养基成分改变，或土壤预先处理（120 ℃热处理 1 h），或加入某种抑制剂（加数滴 10% 酚等），都可以使细菌（本实验加入重铬酸钾 150 mg/L）、霉菌出现的数量大大减少，从而淘汰了其他杂菌。继而再通过稀释法，使放线菌在固体培养基上形成单独菌落，即可得到纯菌株。

放线菌是一类极其重要的微生物资源，与人类的生产和生活关系极为密切，广泛应用的抗生素约 70% 是各种放线菌所产生的。一些种类的放线菌还能产生各种酶制剂（蛋白酶、淀粉酶和纤维素酶等）、维生素（B_{12}）和有机酸等。此外，放线菌还可用于甾体转化、烃类发酵、石油脱蜡和污水处理等方面。少数放线菌也会对人类构成危害，引起人和动植物的病害。因此，放线菌与人类关系密切，在医药工业上有重要意义。自 20 世纪 40 年代从放线菌中发现了链霉素以来，放线菌生物学的研究开发就蓬勃展开。迄今发现的抗生素有上万种，其中有半数以上都是放线菌产生的。酶也是放线菌开发筛选的重要对象，由游动放线菌和链霉菌生产的葡萄糖异构酶广泛应用。酶抑制剂也是放线菌开发的一个重要领域，目前已经开发出了多种酶抑制剂。此外，放线菌还是除草剂、抗寄生虫剂及其他药物的重要来源。

放线菌可以产生抗生素，抑制其他菌种的生长，挑取纯菌落进行抗菌谱分析，指示菌为大肠杆菌（G⁻）和枯草芽孢杆菌（G⁺）。

三、实验材料

菌种：枯草芽孢杆菌、大肠杆菌。

试剂：蛋白胨、酵母提取物、氯化钠、琼脂、可溶性淀粉、硝酸钾、氯化钠、$K_2HPO_4 \cdot 3H_2O$、$MgSO_4 \cdot 7H_2O$、$FeSO_4 \cdot 7H_2O$、酒精。

器材：培养箱、灭菌锅、三角瓶、摇床、天平、三角瓶、试管、棉塞、涂布棒、接种环。

四、实验步骤

1. 高氏一号培养基的制备

可溶性淀粉 20 g、硝酸钾 1 g、氯化钠 0.5 g、$K_2HPO_4 \cdot 3H_2O$ 0.5 g、$MgSO_4 \cdot 7H_2O$ 0.5 g、$FeSO_4 \cdot 7H_2O$ 0.01 g、琼脂 20 g、水 1 000 ml、pH 7.4。配制时，先用冷水将淀粉调成糊状，倒入煮沸的水中，在火上加热，边搅拌边加入其他成分，溶化后，补足水分至 1 000 mL。112 ℃灭菌 20 min（实验中所用无菌器具均在此时灭菌）。

2. 土壤取样

选定取样点（最好是有机质含量高的菜地），按对角交叉（五点法）取样。先除去表层约 2 cm 的土壤，将铲子插入土中数次，然后取 2～10 cm 处的土壤。盛土的容器应是无菌的。将约 1 kg 五点样品充分混匀，除去碎石、植物残根等，土样取回后应尽快投入实验。

3. 悬液梯度稀释

称土样 10 g 于盛有 90 mL 无菌水并装有玻璃珠的三角瓶中，振荡 10～20 min，使土样中的菌体、芽孢或孢子均匀分散，此即为 10^{-1} 浓度的菌悬液，静置 30 s。另取装有 9 mL 无菌水的试管 4 支，编号 10^{-2}、10^{-3}、10^{-4}、10^{-5}。用无菌吸管取 10^{-1} 浓度的土壤悬液 1 mL 加入编号 10^{-2} 的无菌试管中，并吹吸吸管 3～4 次，使其与 9 mL 水混匀，即为 10^{-2} 浓度的土壤稀释液。依此类推，直到稀释至 10^{-5} 的试管中（每个稀释度换 1 支无菌吸管）。稀释过程需在无菌室或无菌操作条件下进行。

4. 稀释倒平板法分离土壤中放线菌

取 3 支 1 mL 移液管分别从 10^{-3}、10^{-4}、10^{-5} 菌悬液中吸取 1 mL 菌悬液，分别注入编号 10^{-3}、10^{-4}、10^{-5} 的培养皿内，每一梯度两个平板。将温度为 45～50 ℃的高氏一号培养基倒入上述各培养皿内，轻轻旋转使菌悬液充分混合均匀，凝固后，将培养皿倒扣放置在温暖处（28 ℃左右）培养一周，每天观察培养基表面有无微生物菌落。

将平皿上的放线菌菌落挑取在淀粉琼脂平皿上，四区划线进行分离纯化，28 ℃恒温培养一周左右，观察放线菌菌落特征。

5. 抗菌谱测定

（1）配制 LB 培养基。蛋白胨 10 g/L、酵母提取物 5 g/L、氯化钠 10 g/L、琼脂 20 g/L。灭菌后倒平板。

（2）将摇床培养 12 h 的大肠杆菌和枯草芽孢杆菌分别涂布于固态 LB 培养基，静置 10 min。

（3）挖取一个放线菌菌落（含培养基），倒置于平板分区的中央，培养 24 h 后，观察并测量抑菌圈大小。

五、实验结果

（1）描述分离到的放线菌培养特征。
（2）观察并测量对指示菌的抑菌圈大小。

六、思考题

以某一抗生素为例，描述其工业生产操作。

实验 10　腐乳制作

一、实验目的

（1）理解和掌握腐乳的加工原理。
（2）掌握腐乳的酿造过程和工艺要点。

二、实验原理

腐乳又称豆腐乳，是中国流传千年的传统民间美食，因其口感好、营养高，虽闻起来有股臭味，但吃起来却特别香的物质，深受中国老百姓及东南亚地区人民的喜爱，是一道经久不衰的美味佳肴。

腐乳和豆豉及其他豆制品一样，都是营养学家大力推崇的健康食品。它的原料——豆腐干本来就是营养价值很高的豆制品，蛋白质含量达15%～20%，与肉类相当，同时含有丰富的钙质。腐乳的制作经过了霉菌的发酵，使蛋白质的消化吸收率更高，维生素含量更丰富。因为微生物分解了豆类中的植酸，使大豆中原本吸收率很低的铁、锌等矿物质更容易被人体吸收。同时，由于微生物合成了一般植物性食品所没有的维生素 B_{12}，所以食素的人经常吃些腐乳，可以预防恶性贫血。腐乳的原料是豆腐干类的白坯。给白坯接种品种合适的霉菌，放在合适的条件下培养，不久上面就长出了白毛——霉菌大量繁殖。这些白毛看起来可能有些可怕，实际上却大可不必担心，因为这些菌种对人没有任何危害，它们的作用只不过是分解白坯中的蛋白质，产生氨基酸和一些B族维生素而已。

目前，我国各地都有腐乳生产，它们虽然大小不一，配料不同，品种名称繁多，但制作原理大都相同。首先，将大豆制成豆腐，然后压坯划成小块，摆在木盒中即可接上蛋白酶活力很强的根霉或毛霉菌的菌种，接着便进入发酵和腌坯期。最后，根据不同品种的要求加以红曲酶、酵母菌、米曲霉等进行密封贮藏。腐乳的独特风味就是在发酵贮藏过程中形成的。在这期间，微生物分泌出各种酶，促使豆腐坯中的蛋白质分解成营养价值高的氨基酸和一些风味物质。有些氨基酸本身就有一定的鲜味，腐乳在发酵过程中也促使豆腐坯中的淀粉转化成酒精和有机酸，同时辅料中的酒及香料也参与作用，共同生成了带有香味的酯类及其他一些风味成分，从而构成了腐乳所特有的风味。腐乳在制作过程中发酵，蛋白酶和附着在菌皮上的细菌慢慢地渗入豆腐坯的内部，逐渐将蛋白质分解，大约经过三个月至半年的时间，松酥细腻的腐乳就做好了，滋味也变得鲜美适口。

三、实验材料

菌种：毛霉斜面菌种。

原料：马铃薯葡萄糖琼脂培养基（PDA）、葡萄糖、纱布、无菌水、豆腐坯、红曲米、面曲、甜酒酿、白酒、黄酒、食盐等。

器具：250 mL三角瓶、接种针、小笼格、喷枪、小刀、带盖广口玻瓶、恒温培养箱。

四、实验步骤

1. 工艺流程

毛霉斜面菌种—扩大培养—孢子悬浮液—豆腐坯—接种—培养—晾花—加盐—腌坯—装瓶—后熟—成品。

2. 毛霉菌种的扩培和孢子悬液制备

（1）毛霉菌种的扩培。将毛霉菌种接入 PDA 斜面培养基，于 25 ℃培养 2～3 d 进行活化；将斜面菌种转接到盛有种子培养基的三角瓶中，于 20～25 ℃培养 6～7 d，要求菌丝饱满、粗壮，孢子生长旺盛，备用。

种子培养基。取大豆粉与大米粉质量比为 1∶1 混合，装入三角瓶中，料层厚度为 1～2 cm，加入 5% 的水。加纱布包口，0.1 MPa 灭菌 30 min。

（2）孢子悬液制备。于上述三角瓶中加入无菌水 100 mL，充分震摇，用无菌双层纱布过滤，滤渣倒回三角瓶，再加 100 mL 无菌水洗涤 1 次，合并滤液于第一次滤液中，装入喷枪贮液瓶中供接种使用。

3. 接种孢子

用刀将豆腐坯划成 4.1 cm×4.1 cm×1.6 cm 的块，将笼格经蒸汽消毒、冷却，用孢子悬液喷洒笼格内壁，然后把划块的豆腐坯均匀竖放在笼格内，块与块之间间隔 2 cm，再用喷枪向豆腐块上喷洒孢子悬液，使每块豆腐周身沾上孢子悬液。

4. 培养与晾花

将放有接种豆腐坯的笼格放入培养箱中，于 20～25 ℃下培养，最高不能超过 28 ℃。培养 20 h 后，每隔 6 h 上下层调换一次，以更换新鲜空气，并观察毛霉生长情况。44～48 h 后，菌丝顶端已长出孢子囊，腐乳坯上毛霉呈棉花絮状，菌丝下垂，白色菌丝已包围住豆腐坯，此时将笼格取出，使热量和水分散失，坯迅速冷却，其目的是增加酶的作用，并使酶味散发，此操作在工艺上称为晾花。

5. 搓毛、腌坯

将冷至 20 ℃以下的坯块上互相依连的菌丝分开，用手指轻轻地在每块表面揩涂一遍，使豆腐坯上形成一层皮衣，装入玻璃瓶内，边揩涂边沿瓶壁呈同心圆方式一层一层向内侧放，摆满一层稍用手压平，撒一层食盐，使平均含盐量约为 18%，如此一层层铺满瓶。下层食盐用量少，向上食盐逐层增多，腌制中盐分渗入毛坯，水分析出，为使上下层含盐均匀，腌坯三四天时需加盐水淹没坯面。腌坯周期冬季为 13 d，夏季为 8 d。

6. 装坛发酵

将腌坯沥干，待坯块稍有收缩后，将按甜酒酿 0.5 kg、黄酒 1 kg、白酒 0.75 kg、盐 0.25 kg 的配方配制的汤料注入瓶中，淹没腐乳，加盖密封，在常温下贮藏 2～4 个月成熟，也可采用其他配方。搓毛后也可直接采用混合料进行腌坯。方法是先取适量精盐、五香粉、米酒、辣椒酱或辣椒粉等一起搅拌后，将发酵的豆腐块放入翻拌，使之周身沾匀，最后装放坛内，并将坛口密封严实。

五、实验结果

从腐乳的表面及断面色泽、组织形态（块形、质地）、滋味及气味、有无杂质等方面综合评价腐乳质量。

六、思考题

（1）试分析腌坯时所用食盐含量对腐乳质量有何影响？
（2）谈谈如何提高腐乳的质量。

实验 11　果酒的酿造

一、实验目的

（1）掌握果酒酿造的基本原理。
（2）掌握果酒酿造过程和工艺要点。
（3）培养学生精益求精的工匠精神。

二、实验原理

果酒是以新鲜水果为原料，在保存水果原有营养成分的基础上，利用自然发酵或人工添加酵母菌来分解糖分而制造出的保健、营养型酒。果酒以其独特的风味及色泽，成为新的消费时尚。按酿造方法和产品特点不同，果酒可分为四类：①发酵果酒。用果汁或果浆经酒精发酵酿造而成，如葡萄酒、苹果酒、猕猴桃酒。根据发酵程度不同，又分为全发酵果酒与半发酵果酒。②蒸馏果酒。果品经酒精发酵后，再通过蒸馏得到，如白兰地、水果白酒等。③配制果酒。将果实或果皮、鲜花等用酒精或白酒浸泡取露，或用果汁加糖、香精、色素等食品添加剂调配而成。④起泡果酒。酒中含有二氧化碳，小香槟、汽酒属于此类。

果酒清亮透明、酸甜适口、醇厚纯净而无异味，具有原果实特有的芳香，夏季常喝的果酒有猕猴桃酒、樱桃酒、荔枝酒、李子酒、水蜜桃酒、葡萄酒、芒果酒、龙眼酒、火龙果酒等。与白酒、啤酒等其他酒类相比，果酒的营养价值更高，果酒里含有大量的多酚，可以起到抑制脂肪在人体中堆积的作用，它含有人体所需多种氨基酸和维生素 B_1、B_2、维生素 C 及铁、钾、镁、锌等矿物元素，果酒中虽然含有酒精，但含量与白酒和葡萄酒比起来非常低，一般为 5°～10°，最高的也只有 14°，适当饮用果酒对健康是有好处的。以苹果酒为例，它是以优质苹果为原料发酵酿造而成的，保存了苹果的营养和保健功效，含有多种维生素、微量元素，以及人体必需的氨基酸和有机酸，常饮苹果酒有促进消化、舒筋活血、美容健体的功效。

饮用果酒时不宜空腹，更不要搭配其他酒同饮。最好的做法是搭配一些苏打饼干或者蔬菜沙拉，一方面，符合果酒的口感；另一方面，此类点心和蔬菜中的纤维可以提前保护胃黏膜免受刺激，减缓酒精的吸收速度。适当饮用果酒还可起到缓解压力、稳定情绪的作用。果酒制作时产生的酒精度、甜度与糖分有关，糖分多就能更多地转化为酒精。酒精发酵后在陈酿澄清过程中经酯化、氧化、沉淀等作用，可提高酒的香气，改善酒的滋味。

三、实验材料

材料：橘子、白糖、果酒酵母、果胶酶、偏重亚硫酸钾。
器具：发酵罐、糖度计、纱布等。

四、实验步骤

（1）橘子去皮，捏碎，放入发酵罐中，不能超过容器容量的 4/5。

（2）根据果汁质量加入 0.01% 果胶酶。

（3）调整成分：在一般情况下，含糖量 1.7 g/100 mL 生成 1° 酒精，一般干酒的酒精在 11° 左右，甜酒在 15° 左右。

（4）亚硫酸处理：加入亚硫酸，使其中含 SO_2 为 150～300 mg/L。

（5）主发酵：取适量温水（35～40 ℃），加入 0.02% 干酵母搅拌至溶解，加入果汁中，20 ℃ 左右进行发酵。主发酵的时间一般为 5～10 d。开始发酵的 2～3 d，每天将果浆上下翻搅 1～2 次。酒体有明显的酒香，瓶内气泡明显减弱，酒帽有所降低，可溶性物质约等于 1% 时，表示主发酵结束，可进行皮渣分离。

（6）过滤和压榨：将清澈的酒液滤出，将酒渣进行压榨，合并酒液。

（7）后酵：将酒液放入发酵罐中进行后发酵，发酵罐需留出一定空隙。半个月后进行换桶，除去酒渣，密封。

（8）陈酿：20 ℃ 左右进行陈酿，时间至少要 5～6 个月。

五、实验结果

发酵期间每天观察、记录发酵现象。

六、思考题

（1）氧在葡萄酒酿造过程中的作用是什么？
（2）发酵过程中应如何管理以提高葡萄酒的品质？

实验 12　泡菜的制作

一、实验目的

（1）通过实验操作，了解泡菜加工的基本原理。
（2）掌握泡菜的制作技术。

二、实验原理

我国最早的诗歌总集《诗经》中有"中田有庐，疆场有瓜。是剥是菹，献之皇祖"的诗句。庐和瓜是蔬菜，"剥"和"菹"是腌渍加工的意思。据东汉许慎《说文解字》解释，"菹菜者，酸菜也"。《尚书·说命》载有"若作和羹，尔惟盐梅"的句子，这说明至迟在 3 200 多年前的商代武丁时期，我国劳动人民就能用盐来渍梅烹饪用。由此可见，我国的盐渍菜应起源于 3 200 多年前的商周时期。泡菜历史悠久，流传广泛，几乎家家会做，甚至在筵席上也要上几碟泡菜。在北魏贾思勰的《齐民要术》一书中，就有制作泡菜的叙述，可见至少在 1 400 多年前，我国就已开始制作泡菜。在清朝，川南、川北民间还将泡菜作为嫁奁之一，足见泡菜在人民生活中所占的地位。

一般来说，只要是纤维丰富的蔬菜或水果，都可以被制成泡菜，如卷心菜、大白菜、红萝卜、白萝卜、大蒜、青葱、小黄瓜、洋葱、高丽菜等。蔬菜在经过腌渍及调味之后，有种特殊的风味，很多人会将其当作一种常见的配菜食用，所以现代人在食材获取无虞的生活环境中，还是会制作泡菜。世界各地都有泡菜的影子，风味也因各地做法不同而有异，其中涪陵榨菜、法国酸黄瓜、德国甜酸甘蓝并称为世界三大泡菜。已制妥的泡菜有丰富的乳酸菌,可帮助消化。制作泡菜有一定的规则,如不能碰到生水或油,否则容易腐败等。若是误食遭到污染的泡菜,容易拉肚子或引发食物中毒。

泡菜主要是靠乳酸菌发酵生成大量乳酸而不是靠盐的渗透压来抑制腐败微生物的。泡菜使用低浓度的盐水,或用少量食盐来腌渍各种鲜嫩的蔬菜,再经乳酸菌发酵,制成一种带酸味的腌制品,只要乳酸含量达到一定的浓度,并使产品隔绝空气,就可以达到久贮的目的。泡菜中的食盐含量为2%~4%,是一种低盐食品。泡菜富含乳酸,可刺激消化腺分泌消化液,帮助食物的消化吸收。常吃泡菜可以增加肠胃中的有益菌,抑制肠道中的致病菌,降低患胃肠道疾病的概率,增加身体抵抗力。

在制作泡菜时,在泡菜坛的厌氧条件下,蔬菜中的糖分等营养物质在蔬菜表面的乳酸菌(或直接加入的乳酸菌)作用下,产生乳酸等风味物质,加上香辛料和食盐的添加,使得泡菜具有独特的香气和滋味,并能提高其保藏性。

三、实验材料

材料:白萝卜等各种蔬菜、白酒、黄酒、花椒、辣椒、大蒜、生姜、盐等。
器具:泡菜坛子、刀、案板、天平。

四、实验步骤

(1)工艺流程如下:

　　　　坛子—洗净—消毒
　　　　　　　　↓
原料选择—预处理—装坛—发酵—成品
　　　　　　　　↑
　　　盐水—煮沸—冷却+调料

(2)原料选择:凡肉质肥厚、组织紧密、质地嫩脆、不易软烂,并含有一定糖分的新鲜蔬菜,均可选为加工泡菜的原料,如萝卜、包菜、大白菜、辣椒等。

(3)原料处理:对蔬菜原料进行整理、洗涤、晾晒和切分等预处理。

(4)盐水的配制:配制6%~8%的食盐水,加热煮沸,冷却使用。为了增进泡菜的品质,可以加入佐料和香料,如2.5%黄酒、0.5%白酒、3%蔗糖、1%干辣椒、5%生姜、0.05%花椒、0.1%八角等,可依个人口味添加不同的佐料和香料。

(5)装坛:将坛子清洗干净,用开水消毒。将蔬菜装入坛中,用竹片将原料卡压住，灌入盐水淹没菜面，使液面距离坛口 3 cm。

（6）管理：暖季将坛子置于阴凉处，冷季将坛子置于温暖处，进行自然发酵，1～2 d 后坛内因食盐的渗透压作用，原料体积缩水。此时，可再加原料和盐水，使液面保持距坛口 3 cm 左右的位置。夏季一般 3～4 d 即可成熟，冬季 10 d 左右才能成熟。

五、实验结果

（1）发酵期间每天观察、记录发酵现象。
（2）对产品进行感官评定，写出品尝体会。

六、思考题

制作泡菜时，坛口不密封可以吗？为什么？

实验 13　食醋酿造

一、实验目的

掌握醋酸发酵的原理及果醋的生产工艺。

二、实验原理

醋，古汉字为"酢"，又作"醯"。《周礼》有"醯人掌共五齐、七菹，凡醯物"的记载，可以确认，中国食醋西周已有。晋阳（今太原）是我食醋的发祥地之一，据历史记载公元前 8 世纪晋阳已有醋坊，春秋时期遍及城乡。至北魏时，《齐民要术》共记述了大酢、秫米神酢等 22 种制醋方法。唐宋时期，微生物和制曲技术进一步发展，至明代已有大曲、小曲和红曲之分，山西醋以红心大曲为优质醋用大曲，该曲集大曲、小曲、红曲等多种有益微生物种群于一体。

醋可消化脂肪和糖，适当地喝醋，不仅可以减肥，还可以促使营养素在体内的燃烧和热能利用率的提高，促进身体健康；醋可减少盐分的摄取，对于爱吃咸的人来说，不妨在菜里加点醋，多一点醋少一点盐；醋能抑制人体衰老过程中过氧化脂质的形成，减少老年斑，延缓衰老；醋有利尿作用，能防止尿潴留、便秘和各种结石疾病的发生；醋能降低血压，软化血管，减少胆固醇的积累和降低尿糖含量，防止心血管疾病和糖尿病的发生；醋含有丰富的 K、Na、Ca、Mg 等元素，入胃后呈碱性，能调节血液的酸碱平衡，维持人体内环境的相对平衡，降低因体液酸化诱发的动脉硬化、高血脂、高血糖及高尿酸等多种疾病的发生概率。

食醋的酿造方法有固态发酵和液态发酵两大类。若以淀粉为原料酿醋，要经过淀粉的糖化、酒精发酵和醋酸发酵三个生化过程；以糖类为原料酿醋，需经过酒精和醋酸发酵；而以酒为原料，只需进行醋酸发酵的生化过程。醋酸发酵是由醋酸杆菌以酒精作为基质，主要按下式进行酒精氧化而产生醋酸：

$$CH_3CH_2OH + O_2 \rightarrow CH_3COOH + H_2O + 118.0 \, kcal$$

我国的制醋工业已经有了很大发展，采用自吸式深层发酵法的制醋工艺标志着我国传统的食醋业进入了工业化生产。我国目前在食醋生产成套设备的自主研发、应用等方面与国外发达国家相比还有很大差距，同时这也说明我们还有相当大的发展空间。国外食品机械、产品技术水平优势主要体现为设备高度自动化、生产高效率化、食品资源高利用化、产品高度节能化和高新技术实用化。国外在食品机械中推广应用的高新技术有微电子技术、光电技术、真空技术、膜分离技术、挤压膨化技术、微波技术、超微粉碎技术、超临界萃取技术、超高压灭菌技术、低温杀菌技术、智能技术等，这些高新技术均有助于促进食醋产业的现代化发展。用高新技术装备的食品机械，提高了生产效率，降低了能源消耗，增加了得率，减少了废弃物，保持了食品营养成分和风味，提高了食品的品质。

本实验采用水果酿制食醋。水果中富含还原糖，直接可以被酵母菌利用，因而用水果酿制食醋可以省去糖化过程，仅经过酒精发酵和醋酸发酵两个生化过程即可。

三、实验材料

菌种：醋酸菌、酵母菌。

原料：苹果、糖、食盐等。

器具：发酵缸、刀、案板、培养箱。

四、实验步骤

（1）工艺流程如下：

苹果—清洗—切分去核—破碎—调整成分—酒精发酵—醋酸发酵—加盐后熟—过滤—灭菌—成品。

（2）原料：要求水果成熟度适当，含糖量高，肉质脆硬。

（3）水果处理：摘果柄、去腐料部分，清洗干净，把苹果用刀切成两块，挖去果心。破碎，破碎粒度为 3～4 mm。装入发酵罐，不能超过容器容量的 4/5。

（4）根据果汁质量加入 0.01% 果胶酶。

（5）调整成分：调整糖度为 15～16° Bx。

（6）亚硫酸处理：加入亚硫酸，使其中含 SO_2 为 150～300 mg/L。

（7）酒精发酵：取少量温水（35～40 ℃），加入活性干酵母（原料的 0.02%～0.03%），溶解后加入果汁中，于培养箱 20 ℃左右进行培养。经过 64～72 h 的培养，待酒精体积分数达到 7%～8% 后酒精发酵结束。

（8）醋酸发酵：每罐中加入培养的醋母液 10%～20%，保温发酵。温度为 30～35 ℃，不超过 40 ℃，醋酸发酵大概 4～6 d，在此期间进行酸度检测，如酸度连续两天不再升高，则醋酸发酵结束。

（9）加盐后熟：按醋醪量的 1.5%～2% 加入食盐，密封放置 2～3 d 使其后熟，增加色泽和香气。

（10）过滤：将后熟的醋醪放在滤布上，徐徐过滤，要求醋的总酸为 5% 左右。

（11）灭菌及装瓶灭菌（煎醋）：温度控制在 60～70 ℃，时间 10 min。煎醋后即可装瓶。

五、实验结果

（1）发酵期间定期观察、记录发酵现象。

（2）对产品进行感官评定，写出品尝体会。

六、思考题

（1）试述食醋酿造的不同工艺方法。

（2）食醋酿造应注意的问题。

实验 14　海洋微藻的培养

海洋微藻的培养、观察与计数

一、实验目的

（1）通过实验了解藻类生长的基本条件和方法，掌握海洋微藻的基本培养方法。
（2）在显微镜下观察并识别几种常见海洋微藻。
（3）了解血球计数板的计数原理，掌握血球计数板的计数方法。

二、实验材料

亚心形扁藻、小球藻、叉鞭金藻。

三、主要实验仪器和器皿

（1）显微镜、血球计数板、计数器。
（2）培养瓶（三角瓶）、量筒。

四、试剂

（1）培养液：f/2 培养液。
（2）碘固定液。

五、培养条件

光照强度（1200 Lux）、温度（20～23 ℃）、盐度（3%）、光照时间（黑暗/光照 =12/12）。

六、方法和步骤

1. 前期准备

各种器皿的消毒、培养液的配制，准备并培养 3 种不同的海洋微藻：亚心形扁藻、小球藻、叉鞭金藻。

2. 接种

将不同的实验藻种分别接种到盛有培养液的不同三角瓶(100 mL)中，接种的藻容量和新培养液之间的比例为 1 : 2 ～ 1 : 3。培养量与总容量的比小于 2/3。

3. 培养

按上述培养条件进行培养，在培养的过程中，每天摇瓶 3 次，使藻类充分接触氧气、接受光照。

4. 换代

5～7 d 换代 1 次，换代浓度同上。

5. 固定

将藻液摇匀，用小三角瓶分别倒取一定量（20～30 mL）的上述 3 种藻液，加入几滴碘液，摇匀杀死细胞。

6. 取样

摇匀后，用吸管吸取上述不同的藻液，分别滴到盖有盖玻片的血球计数板的边缘，使藻液慢慢进入盖有盖玻片的区域，避免盖玻片浮起，用吸水纸轻轻吸走多余的藻液，每种藻液取样 2 次。

7. 观察计数

显微镜下观察不同的藻种并分别计数。

（1）血球计数板计数原理。血球计数板是一块特制的载玻片，板的中部有一个"H"形的凹槽，横槽两边的平台上各有一个由九个大方格组成的方格网。每个大格边长为 1mm，深为 0.1 mm，容积为 0.1 mm^3(10^{-4} mL)。中间大方格为计数室，以计数室为中心，对角线两端各有一个由 16 个中格组成的大格（图 2-1）。

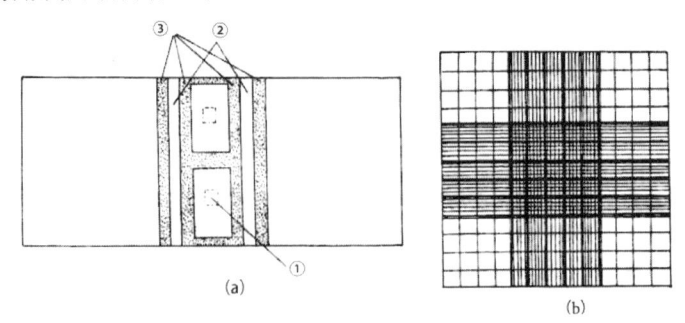

（a）血球计数板（b）划线部分放大

1—划线部分；2—承载盖玻片部分，比划线部分高 0.1mm；3—凹沟

图 2-1 血球计数板

（2）计算藻细胞密度。数出对角线上的 4 个大方格中的总藻数 A，若藻液的稀释倍数为 B，则计算公式如下：

$$细胞密度 = \frac{A}{4} \times B \times 10^4 （个/mL）$$

七、实验结果

按表 2-4 记录实验数据。

表 2-4　实验数据记录表

次　数	各大格中的藻数			
	1	2	3	4
①				
②				

八、思考与讨论

用此法计算的是活藻体数量还是死、活菌体数量的总和？

藻类急性毒性实验

一、实验目的

（1）在实验一的基础上，掌握藻类毒性实验的方法。
（2）观察有机磷农药对扁藻的致死效应。
（3）学会相对增长率（K）的计算方法。
（4）绘制相对增长率（K）——有机磷农药浓度曲线。
（5）学会使用直线内插法求半数有效浓度（EC_{50}）。

二、实验原理

藻类是最简单的光合营养有机体，种类繁多，分布很广，是水生生态系统的初级生产者。藻类生长因子包括光照，二氧化碳，适宜的温度，pH，以及氮、磷、微量元素等其他营养成分，这些因子的变化会刺激或抑制藻类的生长。在一定环境条件

· 161 ·

下，如果某种有毒有害的化学物质及其复合污染物进入水体，藻类的生命活动就会受到影响，生物量就会发生改变。因此，通过测定藻类的数量就可以评价有毒、有害污染物对藻类生长的影响及对整个水生生态系统的综合环境效应。

三、实验材料

亚心形扁藻、农药（对硫磷）、培养液（f/2培养液）。

四、实验方法

1. 藻种预培养

每96 h移种一次，2～3次后使藻达到同步生长。

2. 配制农药

配制100 ppm的农药母液。

3. 预备实验

预备实验的目的在于探明污染物对藻生长影响的半数有效浓度（EC_{50}）的范围，为正式实验打下基础，预备实验处理浓度的间距可以大一些，以便找到值所在的浓度范围。预备实验培养条件均与正式实验相同。

4. 正式实验

（1）培养容器的清洗：三角瓶口覆盖灭菌牛皮纸或2～3层纱布。

（2）实验浓度的选择：根据预备实验的结果，除对照组外，设计等对数间距的5个污染物浓度，其中必须包含一个能引起实验藻的生长率下降约50%的浓度，并在此浓度上下至少各设计2个浓度。其中，每瓶藻液100 mL（盛在25 mL的三角瓶中），每个浓度梯度组有3个平行样，各组的实验条件保持一致。

（3）培养72 h后，分别取样，用碘固定液固定，血球计数板计数并计算。

计算公式：

$$K = (\lg N_t - \lg N_0)/T$$

式中：N_0——培养的起始浓度；

N_t——培养T时间后的浓度；

T——培养时间。

五、实验结果

按表2-5记录实验数据。

表 2-5 实验记录表

实验藻种名称：			藻种编号：		
标准培养液：			被试毒物：		
实验条件	温度：		初始测定	pH：	
	光照：				
	光暗比：			藻细胞数 N_0：	
	通气情况：				
组别	瓶号	农药浓度	细胞数	K 值	平均 K 值
对照	1 2 3				
处理 I	1 2 3				
处理 II	1 2 3				
处理 III	1 2 3				
处理 IV	1 2 3				
处理 V	1 2 3				

（1）根据实验记录，绘制 K—C 曲线。以试验浓度 C 为横坐标，以 K 值为纵坐标，绘制 K—C 曲线。

（2）求半数有效浓度 EC_{50}。采用直线内插法，求得 K_T 的一半所对应的浓度 C 即 EC_{50}。

六、思考与讨论

（1）实验器皿是否可以用重铬酸钾等洗液洗涤？

（2）为什么每个实验组要有3个平行样？为什么污染物浓度设计要采用等对数间距的5个浓度？

石油烃降解菌的富集、分离、纯化及其性能的测定

一、实验目的

学习并掌握分离纯化微生物的基本技能和筛选高效降解菌的基本方法。

二、实验原理

环境中存在各种各样的微生物，其中某些微生物能以有机污染物作为它们生长所需的能源、碳源或氮源，从而使污染物得以降解。本实验以石油烃降解菌为例。石油烃降解菌所含的酶一般是诱导酶，因而在油污染严重或污染时间久的水体中石油烃降解菌含量高，且降解能力强。取这里的表面水样进行石油烃降解菌的富集、分离、纯化，并进行石油烃降解能力实验。

三、设备和材料

1. 器材

恒温振荡培养箱、三角瓶、培养皿、接种环、酒精灯。

2. 培养基

液体培养基：NH_4Cl 2g、K_2HPO_4 0.7g、KH_2PO_4 0.3 g、海水 1 000 mL，石油烃（原油/柴油 = 1/4）1%，pH 7.4。

固体培养基：另加琼胶粉 15g。

注：油是在 8 磅/平方英寸条件下灭菌，固体和液体培养基均在 15 磅/平方英寸条件下灭菌。

四、实验步骤

1. 前期准备

（1）准备好液体培养基和固体培养基（未加油）在 1.05 kg/cm² 条件下灭菌 20 min。

（2）石油烃在 8 磅 / 平方英寸条件下进行灭菌 20 min。

（3）广口取样瓶进行常规灭菌。

2．石油烃降解菌的富集实验（在超静工作台中进行）

（1）用灭菌的广口取样瓶在海边 5 个地方（石老人海水浴场、五四广场、第一海水浴场、鲁迅公园、育才中学旁边）野外取表层水 50 mL，用冰桶保存。

（2）实验室内，取样瓶摇匀后取 1 mL，加入盛 100 mL 液体培养基（事先加入石油烃，含油 1%）的 250 mL 的三角瓶中，封口。

（3）将三角瓶放置于 15 ℃条件下，振荡培养（150 转 /min）7～14 d，每天定期观察。

3．石油烃降解菌的分离与纯化实验（在超静工作台中进行）

（1）固体培养基倒平板，制备固体培养基，同时加入石油烃（含油 1%）。

（2）将上述振荡培养 7～14 d 的富集液用菌环挑取在固体培养基上划线，然后封闭。

（3）将平板置于 15 ℃条件下培养 2 周，观察平板上长出的单菌落，这就是来源于一个细胞的细菌群。

（4）用菌环挑取在固体培养基上的单菌落，再换平板，再长出单菌落，从而达到分离、纯化的目的。

4．石油烃降解菌降解能力的验证

（1）用菌环挑取在固体培养基上的单菌落，加入到前述含油的液体培养基中，放置于 15 ℃条件下，振荡培养（150 转 /min），每天定期观察。

（2）1～2 周后，观察培养液中的石油烃是否发生降解。

五、实验结果

按表 2-6 记录实验结果。

表 2-6　实验记录表

海水来源及取样时间：	
液体培养基石油烃的浓度：	固体培养基石油烃的浓度：

续 表

实验条件	温度：			初始测定	液体培养起始时间： 固体培养起始时间： 二次固体培养起始时间： 单菌落液体培养的时间：				
	振荡培养转速：								
组　　别	富集培养瓶号	观察到的现象	分离纯化平板号	观察到的现象	二次分离纯化平板号	观察到的现象	单菌落液体培养瓶号	观察到的现象
取样点 1	1 2 3							
取样点 2	1 2 3							
取样点 3	1 2 3							
取样点 4	1 2 3							
取样点 5	1 2 3							

六、讨论

对自己实验所得结果作一个总结分析，各组别所得到的菌落数是多少？通过实验所观察到的现象，分析说明取海水样品的 5 个区域中，哪个区域受到石油烃污染的程度较重？

CO_2 加富对两种绿藻种群动态的影响试验

一、实验目的

（1）了解和掌握对藻类生长的测试方法。

(2)通过实验观察 CO_2 加富对小球藻和亚心形扁藻种群动态的影响。

二、实验原理

海洋在缓和全球变暖及大气 CO_2 浓度变化上的作用越来越受重视,大气 CO_2 浓度升高使海水中 CO_2 增加、pH 下降,并引起不同形态无机碳比例的变化,在海洋生态系统中构成食物链基础的藻类不可避免地经受着这些物理、化学因素变化的影响。

在高 CO_2 浓度与大型海藻生长的关系中,存在促进、抑制及没有影响等效应,这可能与不同海藻种类和实验条件有关。大气 CO_2 浓度升高能提高海洋浮游植物的初级生产力。高 CO_2 浓度将促进微藻的生长。

三、实验材料

f/2 培养液、三角瓶、光照培养箱、气体流量计、压缩空气、压缩混合空气。

四、实验步骤

(1)将 1.05 kg/cm² 海水灭菌 20 min,培养液选用 f/2 营养盐配方。将对数生长期的藻细胞接入盛有 200 mL f/2 培养基的 1 000 mL 的三角瓶中,接种浓度控制在 OD_{695}=0.200 左右,实验置于光照培养箱中培养,光照强度为 5 000 lx,光暗比为 12∶12,温度为(20±1)℃,pH 为(8.0±0.1)。

(2)将培养基的一组通含 360 μL/L CO_2 的过滤空气,另一组通含有 5 000 μL/L CO_2 的过滤空气,通气玻璃管距液面一定距离。气体流量用流量计控制在 300 mL/min。整个实验中所用气体用钢瓶中的压缩空气(CO_2 浓度为 360 μL/L)和压缩混合空气(含有 5 000 μL/L CO_2 的过滤空气)来维持。

(3)细胞密度和干重的测定。将细胞共培养 7 d,每天分别从 4 个三角瓶中取出一定量的细胞,用 Lugol 碘液固定样品测定细胞密度,血球计数板计数。藻体被抽滤在 0.45 μm 的微孔滤膜上,然后放在 80 ℃的干燥箱中烘干 72 h,并用电子天平称其重量,总重量减去微孔滤膜的重量即为藻体的干重。

五、实验结果

(1)每天记录细胞的密度和干重。

(2)分别做 CO_2 加富对两种绿藻影响的时间—密度图。

六、思考题

讨论 CO_2 加富对两种绿藻的影响。

实验 15　污水处理运行综合实验

生活污水处理

一、实验目的

掌握污水处理实验方案的编制要点，浊度仪、pH 计、溶解氧仪等的正确使用和操作；掌握取样方法；掌握实验数据记录、整理和分析方法。

二、实验原理

生活污水遍布于有人类活动的任何地方，是分布最广的水污染源，污染量相当大。生活污水中一般都含有较多的杂质和砂粒，有可能会堵塞后面的设施，因而要采用细格栅和沉砂池分别对其进行去除。污水生化处理主要考核的指标为 COD、氨氮、总磷，脱氮除磷 CASS 池和 AAO 池都能实现这几个目标。污水经过预处理后，对其采用模拟的实验生物处理，以观察所运行工艺的有机负荷、曝气量与去除效率等的相互关系，并能调控其运行的模式，使学生不出校门就能直观了解各种废水处理所需注意的事项、系统长期运行的状况及废水处理自动化管理的概念。

三、实验装置

1．实验系统流程

根据现有的实验装置详细绘制。

2．实验设备及仪器仪表

试验设备及仪器表见表 2-7。

表 2-7　实验设备及仪器仪表

名　称	部　件	规　格	数　量
系统给水	贮水箱		2
	提升水泵		1
	流量计		1
格栅除渣	细格栅池	有机玻璃，含栅网	1
沉砂池	沉砂池	40 L 有机玻璃	1
	流量计	气体型	1
AAO 系统	风机		3
	厌氧池		1
	缺氧池		1
	接触氧化池		1
	竖流沉淀池		1
	流量计		2
	风机		1
	微孔曝气		1
	搅拌电机		1
控　制	集中控制机柜		1

四、实验内容

（1）教师提供生活工业废水。

（2）学生查阅相关资料，提出实验方案，方案中须明确：①各组内人员的分配及相关的工作内容；②实验的介绍，如工艺流（高）程、平面布置、构筑物的原理、各构筑物的参数和规格、管径大小等；③处理系统对该废水的主要去除对象（pH、DO、COD、SS 浊度、电导率、MLSS、微生物镜检等）及相关分析方法、效能评价指标；④针对该处理工艺，列出各自需控制的指标及原理；⑤实验中可能碰到的现象及问题；⑥方案提交指导教师，经讨论和论证后，确定时间展开实验。

（3）要求学生通过实验掌握获取该废水采用不同工艺处理所需控制条件的实验方法与步骤，根据实验结果分析影响处理效果的主要因素和控制方法，要求通过该实验分析如何通过在线监测与自动化控制系统的运行。

（4）要求掌握的技能和知识点：水处理实验方案的编制要点，溶解氧、pH 计、监测仪等的正确使用和操作；取样方法；实验数据记录、整理和分析方法；根据指标调控各工序运行参数的方法。

五、实验注意事项

（1）实验时需了解系统已运行的时间及目前的运行参数。

（2）实验时需考虑到系统长期稳定运行的控制，不能随意调节其负荷、曝气量等。

（3）格栅与沉砂池去除的杂质和砂要及时清理。

六、思考题

（1）依据脱氮除磷 AAO 池的基本原理，思考有没有其他脱氮除磷工艺？与之有何区别？

（2）考虑到脱氮除磷工艺，如何控制其运行控制参数？

（3）如何能保证系统长期稳定自动化运行？关键点在哪里？

（4）如何从现场观察及测定指标中判断该系统运行的效果？

农药中间体废水处理实验

一、实验目的

在 2-氯-5-氯甲基吡啶农药中间体生产过程中，会有高 COD 的有机废水排放。其中，每天有大量丙烯腈加成废水排放。废水 pH 值为 4～5，主要含有少量甲苯、丙烯腈、丙烯腈聚合物、氯化钾、叔丁醇、中间体（2-降冰片烯-5-醛）聚合物等，此外还含有较多的氯化钠。COD 一般在 $4 \times 10^4 \sim 6 \times 10^4$ mg/L。每天还有大量二氯合成废水排放，COD 高达 $1 \times 10^5 \sim 2 \times 10^5$ mg/L。废水 pH 值为 1～2，废水中主要含有大量 DMF、少量甲苯、氯化氢、偏磷酸、中间体高聚物、磷酸盐、次氯酸等。如此高 COD 的酸性废水要排放，一定要经过处理，降低 COD 使其达标后，才可以排放。

二、实验原理

目前通用的治理方法有 7 种,即大孔树脂吸附、溶剂萃取、活性物质吸附、生物氧化、催化氧化、蒸发分离和焚烧处置。吸附萃取需反淋反萃回收,这种方法费用高,如果回收物不能回用则不予考虑。生物催化(氧化法)需建较大的处置池和生物培养实验室,处置费用高,无法降解带苯环的有毒性的物质,且进池的 COD 要低于 2 000 mg/L。焚烧处置需有资质的单位验收,费用高昂。蒸发分离会对大气环境造成污染,不宜采用。活性物质吸附可将液体中的废物变为固体废物,处理简单,且能降低水中有机物含量,进而达到降低 COD 的目的,再结合其他方法,使废水能够达标排放。本实验采用此方法,利用硫脲生产中石灰氮渣中碳素的高活性进行吸附,$Ca(OH)_2$ 与废水中的酸性物质反应,生成不溶性固体物质,从而降低 COD,实现废物处置资源的综合利用。

石灰氮渣的主要成分为 $Ca(OH)_2 \cdot CaCO_3 \cdot C$,其中碳素为反应性 C 素,具有高活性,在石灰氮渣中含有 10% 左右,$Ca(OH)_2$ 含量为 60%~70%,一方面中和废水酸性,另一方面通过活性炭吸附有机物及有机多聚物。COD 降低到一定程度后,可结合蒸馏方法将馏出液分段收集,低 COD 的可简单处理后排放进污水处理厂,高 COD 的可进行二次处理,降低 COD 后再排放。

三、实验仪器与药品

烧杯、500 mL 和 1 000 mL 三角瓶、蒸馏装置、自制固定床分层过滤装置、石灰氮渣、石英砂(粗、细)、炉灰焦子。

四、实验步骤

从某工厂采集丙烯腈加成废水和二氯合成废水样,做初始 COD 分析。先在实验室用石灰氮渣进行处理,将废水加热到 35 ℃,有多少毫升的废水加入多少克石灰氮渣,搅拌吸附 0.5 h,然后抽滤,做分析。根据情况可进行多次处理,直到废水无色,做最终 COD 分析。再将处理的废水 300 mL 进行蒸馏,分五段收集,每段 50 mL,再做 COD 分析,根据多组数据进行分析整理,总结出规律。通过实验室数据,将废水加入仿照实际生产工艺自制的过滤装置进行处理,然后进行蒸馏,做 COD 分析,将数据进行统计分析,得出结论。

五、实验结果

按表 2-8 和表 2-9 进行数据统计和结果分析。

表 2-8　丙烯腈加成废水（COD=52 689 mg/L）统计表

序号	实验条件	过滤次数	换渣次数	COD /(mg/L)	蒸馏1段 COD /(mg/L)	蒸馏2段 COD /(mg/L)	蒸馏3段 COD /(mg/L)	蒸馏4段 COD /(mg/L)	蒸馏5段 COD /(mg/L)	备注
1	实验室									
2	实验室									
3	实验室									
4	过滤装置									
5	过滤装置									
6	过滤装置									
7	过滤装置									
8	过滤装置									
9	重蒸8号									
10	重蒸8号									
11	实验室									

表 2-9　二氯合成废水（COD=224 821 mg/L）统计表

序　号	实验条件	过滤次数	换渣次数	COD /(mg/L)	蒸馏1段 COD /(mg/L)	蒸馏2段 COD /(mg/L)	蒸馏3段 COD /(mg/L)	蒸馏4段 COD /(mg/L)	蒸馏5段 COD /(mg/L)	备　注
1	实验室									
2	实验室									
3	过滤装置									
4	实验室									
5	过滤装置									
6	过滤装置									
7	实验室									
8	过滤装置									
9	实验室									
10	过滤装置									
11	实验室									
12	实验室									

实验 16　食品中病原性大肠埃希氏菌的检验

一、实验目的

（1）了解病原性大肠埃希氏菌的种类及与非病原性大肠埃希氏菌的区别。
（2）掌握病原性大肠埃希氏菌检验的原理和方法。

二、实验原理

食品中病原菌的检验主要包括食品原料及食品中各种病原菌的检验，如金黄色葡萄球菌、溶血性链球菌、沙门氏菌、志贺氏菌、副溶血性弧菌、肉毒梭菌及毒素、巴氏杆菌等19种病原菌。在此，我们只介绍大肠埃希氏菌的检验。

在正常情况下，大肠埃希氏菌不但不致病，而且还能合成维生素B和K，生产大肠菌素，对机体有利。但是，当机体抵抗力下降或大肠埃希氏菌侵入肠外组织或器官时，其可作为条件性致病菌引起肠道外感染。有些血清型大肠埃希氏菌可引起肠道感染，已知的有致病性的大肠埃希氏菌有四类，即产肠毒素大肠埃希氏菌、出血性大肠埃希氏菌、肠道侵袭性大肠埃希氏菌和肠道致病性大肠埃希氏菌，后者主要引起新生儿的腹泻。带菌的牛和猪是传播本菌、引起食物中毒的重要原因，带菌的人亦可污染食品，引发食物中毒。

三、实验材料

1. 菌种和食品检样

产不耐热肠毒素（LT）和产耐热肠毒素（ST）大肠埃希氏菌标准菌株、食品检样。

2. 试剂和培养基

多粘菌素B纸片、0.1%硫柳汞溶液、2%伊文思蓝溶液、革兰氏染色液。

培养基包括乳糖胆盐发酵管、营养肉汤、肠道菌增菌肉汤、麦康凯琼脂、伊红美蓝琼脂（EMB）、三糖铁琼脂（TSI）、克氏双糖铁琼脂（KI）、糖发酵管（乳糖、鼠李糖、木糖和甘露醇）、赖氨酸脱羧酶试验培养基、尿素琼脂（pH 7.2）、氰化钾培养基、蛋白胨水、靛基质试剂、半固体琼脂、Honda氏产毒肉汤、Elek氏培养基、氧化酶试剂。

3. 动物和血清

动物为1日龄至4日龄小白鼠，血清为致病性大肠埃希氏菌诊断血清、侵袭性大肠埃希氏菌诊断血清、产肠毒素大肠埃希氏菌诊断血清、出血性大肠埃希氏菌诊断血清，产肠毒素大肠埃希氏菌LT和ST酶标诊断试剂盒，抗LT抗毒素。

4. 设备与材料

所需设备与材料分别为天平，均质器或乳钵，（36±1）℃、42℃温箱，水浴箱；显微镜，离心机，酶标仪，细菌浓度比浊管，灭菌广口瓶，灭菌三角烧瓶，灭菌平皿，灭菌试管，灭菌吸管，橡胶乳头，载玻片，酒精灯，灭菌金属匙或玻璃棒，接种棒，镍铬丝，试管架、试管篓，冰箱，注射器，灭菌的刀子、剪子、镊子、硝酸纤维素滤膜。

四、实验步骤

1. 增菌

样品采集后应尽快检验。以无菌操作称取检样 25 g，加在 225 mL 营养肉汤中，用均质器打碎（1 min）或用乳钵加灭菌砂磨碎。取出适量，接种乳糖胆盐培养基，以测定大肠菌群 MPN，其余的移入 500 mL 广口瓶内，于（36±1）℃的温箱中培养 6 h。挑取 1 环，接种于 1 管 30 mL 肠道菌增菌肉汤内，于 42 ℃的温箱中培养 18 h。

2. 分离

将乳糖发酵为阳性的乳糖胆盐发酵管和增菌液分别划线接种于麦康凯或伊红美蓝琼脂平板；污染严重的检样，可将检样匀液直接划线接种于麦康凯或伊红美蓝平板，于（36±1）℃培养 18～24 h，观察菌落。观察时不仅要注意乳糖发酵的菌落，同时还要注意乳糖不发酵和迟缓发酵的菌落。

3. 生化试验

（1）自鉴别平板上直接挑取数个菌落分别接种三糖铁（TSI）克氏双糖铁琼脂（KI）。同时，将这些培养物分别接种蛋白胨水、半固体、pH 7.2 尿素、琼脂、KCN 肉汤和赖氨酸脱羧酶试验培养基。以上培养物均在 36 ℃的温箱中培养过夜。

（2）TSI 斜面产酸或不产酸，底层产酸，H_2S、KCN 和尿素为阴性的培养物为大肠埃希氏菌。TSI 底层不产酸，或 H_2S、KCN、尿素中有任向一项为阳性的培养物，均非大肠埃希氏菌。必要时做氧化酶试验或革兰氏染色镜检。

4. 血清学试验

（1）假定试验。挑取经生化试验证实为大肠艾埃氏菌的琼脂培养物，用致病性大肠埃希氏菌、侵袭性大肠埃希氏苗、产肠毒素大肠埃希氏菌多价 O 血清和出血性大肠埃希氏苗 O157 血清做玻片凝集试验。当与某一种多价 O 血清凝集时，再与该多价血清所包含的单价 O 血清做试验。如与某一个单价 O 血清呈现强凝集反应，即为假定试验阳性。

（2）证实实验。制备 O 抗原悬液，稀释至与 MacFarland 3 号比浊管相当的浓度。原效价为 1∶160～1∶320 的 O 血清，用 0.5% 盐水稀释至 1∶40。稀释血清与抗原悬液在 10 mm × 75 mm 试管内等量混合，做试管凝集试验。混匀后放于 50℃水浴箱内，经 16 h 后观察结果。如果出现凝集，可证实为该 O 抗原。

5. 肠毒素试验

（1）酶联免疫吸附试验检测 LT 和 ST。

第一，产毒培养：

将试验菌株和阳性、阴性对照菌株分别接种于 0.6 mL CAYE 培养基内，37℃振荡培养过夜。加入 20 000 IU/mL 的多粘菌素 B 0.05 mL，于 37℃培养 1 h，4 000 r/min 离心 15 min，分离上清液，加入 0.1% 硫柳汞 0.05 μL，于 4℃保存待用。

第二，LT 检测方法（双抗体夹心法）：

包被：先在产肠毒素大肠艾希氏菌 CT 和 ST 酶标诊断试剂盒中取出包被用 LT 抗体管，加入包被液 0.5 mL，混匀后全部吸出于 3.6 μL 包被液中混匀，以每孔 100 μL 量加入到 40 孔聚苯乙烯硬反应板中，第一孔留空作对照，于 4℃冰箱湿盒中过夜。

洗板：将板中溶液甩去，用洗涤液 I 洗 3 次，甩尽液体，翻转反应板，在吸水纸上拍打，去尽孔中残留液体。

封闭：每孔加 100 μL 封闭液，于 37℃水浴中 1 h。

洗板：用洗涤液 II 洗 3 次，操作同上。

加样本：每孔分别加多种试验菌株产毒培养液 100 μL，37℃水浴中 1 h。

洗板：用洗涤液 II 洗 3 次，操作同上。

加酶标抗体：先在酶标 LT 抗体管中加 0.5 μL 稀释液，混匀后全部吸出于 3.6 μL 稀释液中混匀，每孔加 100 μL，37℃水浴中 1 h。

洗板：用洗涤液 II 洗 3 次，操作同上。

酶底物反应：每孔（包括第一孔）各加基质液 100 μL，室温下避光作用 5～10 min，加入终液 50 μL。

结果判定：以酶标仪在波长 492 nm 下测定吸光度 OD 值，待测标本 OD 值大于阴性对照 3 倍以上为阳性，目测颜色为桔黄色或明显高于阴性对照为阳性。

第三，ST 检测方法（抗原竞争法）：

包被：先在包被用 ST 抗原管中加 0.5 μL 包被液，混匀后全部吸出于 1.6 μL 包被液中混匀，以每孔 50 μL 的量加入 40 孔聚苯乙烯软反应板中。加液后轻轻敲板，使液体布满孔底。第一孔留空作对照，置 4℃冰箱湿盒中过夜。

洗板：用洗涤液 I 洗 3 次，操作同上。

封闭：每孔加 100 μL 封闭液，37℃水浴 1 h。

洗板：用洗涤液 II 洗 3 次，操作同上。

加样本及 ST 单克隆抗体：每孔分别加各试验菌株产毒培养液 50 μL、稀释的 ST 单克隆抗体 50 μL（先在 ST 单克隆抗体管中加 0.5 mL 稀释液，混匀后全部吸出于 1.6 mL 稀释液中，混合），37℃水浴 1 h。

洗板：用洗涤液 II 洗 3 次，操作同上。

加酶标记兔抗鼠 1g 复合物：先在酶标记兔抗鼠 1 g 复合物管中加 0.5 mL 稀释液，混匀后全部吸出加入 3.6 mL 稀释液中混匀，每孔加 100 μL，37 ℃水浴 1 h。

洗板：用洗涤液 II 洗 3 次，操作同上。

酶底板反应：每孔(包括第一孔)各加基质液 100 μL，室温下避光 5～10 min，再加入终止液 50 μL。

结果判定：以酶标仪在波长 492 nm 下测定吸光度 OD 值；目测无色或明显淡于阴性对照为阳性。

（2）双向琼脂扩散试验检测 LT。将被检菌株按五点环形接种于 Elek 氏培养基上。以同样操作，共做两份，于 36 ℃培养 48 h。在每株菌苔上放多黏菌素 B 纸片，于 36 ℃经 5～6 h，使肠毒素渗入琼脂中，在距五点环形菌苔各 5 mm 处的中央，挖一个直径 4 mm 的圆孔，并用一滴琼脂垫底。在平板的中央孔内滴加 LT 抗毒素 30 μL，用已知产 LT 和不产毒菌作对照，于 36 ℃经 15～20 h 观察结果。在菌斑和抗毒素孔之间出现白色沉淀带者为阳性，无沉淀带者为阴性。

（3）乳鼠灌胃试验检测 ST。将被检菌株接种于 Honda 氏产毒肉汤内，于 36 ℃培养 24 h，以 3 000 r/min 离心 30 min，取上清液经薄膜滤器过滤，60 ℃加热 30 min，每 1 mL 滤液内加 2% 伊文思蓝溶液 0.02 mL。取 0.1 mL 此滤液，用塑料小管注入 1 至 4 日龄的乳鼠胃内，同时接种 3 至 4 只，禁食 3～4 h 后用三氯甲烷麻醉，取出全部肠管，称量肠管(包括积液)重量及剩余体重。肠管重量与剩余体重之比大于 0.09 为阳性，0.07～0.09 为可疑。

五、实验结果

（1）通过实验，是否检出致病性大肠埃希氏菌？
（2）综合以上生化试验、血清学试验、肠毒素试验给出报告。

六、思考题

（1）致病性大肠埃希氏菌有哪几种？主要引起哪几种症状的疾病？
（2）怎样预防致病性大肠埃希氏菌引起的食物中毒？
（3）致病性大肠埃希氏菌的检验程序。

实验17 高效液相使用技能训练（色谱法测定茶叶中提取物）

一、实验目的

（1）掌握高效液相色谱仪的原理。
（2）掌握高效液相色谱仪的操作方法、注意事项及维护保养。

二、实验原理

液相色谱分离系统由两相——固定相和流动相组成。液相色谱的固定相可以是吸附剂、化学键合固定相（或在惰性载体表面涂上一层液膜）、离子交换树脂或多孔性凝胶；流动相是各种溶剂。被分离混合物由流动相液体推动进入色谱柱。根据各组分在固定相及流动相中的吸附能力、分配系数、离子交换作用或分子尺寸大小的差异进行分离。色谱分离的实质是根据样品分子（以下称溶质）、溶剂（即流动相或洗脱液）及固定相分子间的作用和作用力的大小，决定色谱过程的保留行为。

根据分离机制不同，液相色谱可分为液固吸附色谱、液液分配色谱、化合键合色谱、离子交换色谱和分子排阻色谱等类型。

三、实验材料

实验材料有色谱级甲醇、茶叶、高效液相色谱仪。

四、实验步骤

（1）过滤流动相，根据需要选择不同的滤膜。
（2）对抽滤后的流动相进行超声脱气 10～20 min。
（3）打开 HPLC 工作站（包括计算机软件和色谱仪），连接好流动相管道，连接检测系统。
（4）进入 HPLC 控制界面主菜单，点击"manual"，进入手动菜单。
（5）如果搁置了一段时间没用或者换了新的流动相，需要先冲洗泵和进样阀。冲洗泵时，直接在泵的出水口，用针头抽取。冲洗进样阀，需要在"manual"菜单下，先点击"purge"，再点击"start"，冲洗时速度不要超过 10 mL/min。

（6）调节流量，初次使用新的流动相，可以先试一下压力，流速越大，压力越大，一般不要超过 2 000 Pa。点击"injure"，选用合适的流速，点击"on"，走基线，观察基线的情况。

（7）设计走样方法。点击"file"，选取"select users and methods"，可以选取现有的各种走样方法。若需建立一个新的方法，点击"new method"。根据需要选取合适的配件，包括进样阀、泵、检测器等。选完后，点击"protocol"。一个完整的走样方法需要包括进样前的稳流（一般 2～5 min）、基线归零、进样阀的 loading-inject 转换、走样时间（随不同的样品而不同）。

（8）进样和进样后操作。选定走样方法，点击"start"。进样，所有的样品均需过滤。方法走完后，点击"postrun"，可记录数据和做标记等。全部样品走完后，再用上面的方法走一段基线，洗掉剩余物。

（9）关机时，先关计算机，再关液相色谱。

五、实验结果

分析谱图。

六、注意事项

1. 使用试管的问题

（1）试管的洁净问题。不洁净的试管会影响试验结果的准确性。例如，以甲醇为溶剂溶解样品时，所用的小试管采用橡胶塞盖子。每次进样时，都有一个保留时间固定的干扰峰存在。后经证实，此干扰峰是由甲醇浸泡橡胶塞溶下的组分所导致的，换用玻璃试管后，干扰峰消除。

（2）塑料试管的溶解问题。当利用此种试管提取样品时，有些有机溶剂（如氯仿等）对管壁有溶解现象，这些被溶解下来的物质有时会在检测器上产生信号，从而干扰样品的测定。这时，可用相同的实验条件先试验一下，看看不含被抽提物时，提取液在检测器上能否产生干扰信号，如确有干扰信号，就只能换用耐有机溶剂的玻璃试管了。

（3）被测样品在试管壁上的吸附问题。这个问题也应引起注意，否则也会影响测试结果的准确性。在治疗药物监测中，有些被测药物如阿米替林、丙咪嗪等易吸附在玻璃试管的管壁上，因而操作中宜采用聚丙烯管。为防止提取中吸附现象的发生，可采用 0.5% 的已二胺已烷液作为提取剂。

2. 操作进样阀的问题

在高效液相色谱法的试验过程中,有时会产生异常色谱峰及重现性不好的问题。这主要是由操作方法不当所引起的,要想解决此类问题,须从以下几个方面入手。

(1)进样量的控制。用进样阀进样时,阀内的样品环是定量的(一般分析型进样阀的样品环体积为 20 μL)。由于进样时注射到进样阀内的样品溶液在样品环的管路中有径向的速度梯度(即管轴处比管壁处的液流速度快),要想使样品环中充满样品溶液,从而使用进样阀准确定量,则必须使进样量大于样品环体积的 2 倍。如果用注射器控制进样量,则最大只能注射样品环体积 1/2 的量,这样才能防止部分样品从溢流管溢出从而导致定量分析的误差。

(2)进样阀的清洁问题。如果样品环中有上次进样时残留的样品,则必然会污染下次注射进来的样品。为防止这种现象的发生,应按下列步骤操作:进样阀有 2 个位置,INJECT 和 LOAD,首先在 LOAD 位置时,用注射器将流动相注入进样阀内清洗几次,每次用量大约 40 μL;然后将进样阀扳手扳至 INJECT 位置,再用流动相清洗几次,每次用量还是 40 μL;最后,再将样品注射到进样阀里。

按照上述步骤操作,可以避免进样阀引起的污染,从而使干扰峰消除并提高分析结果的准确性。

(3)进样阀溢流管的堵塞。进样阀的溢流管有时会发生堵塞现象,从而导致向进样阀内注射样品时,推不动注射针。堵塞的原因多半是因为溶解样品的流动相用的盐溶液在溢流管的排空端口处形成的结晶。此时,可用小烧杯盛少量蒸馏水对溢流管口稍加浸泡,端口处盐的结晶就能被溶解掉,进而排除故障。如能在每次进样完成之后,用蒸馏水反复冲洗至溢流管中的盐分全部被冲出,则可避免此故障的发生。

3. 流动相的问题

甲醇和乙腈在高效液相色谱分析法中常常被用来配制流动相。高效液相色谱法中常用的试剂最好是高等级的专用试剂,如色谱纯试剂。在要求不太严格时,优级纯甚至分析纯的试剂也能用。高效液相色谱分析法中常用的是紫外检测器,因而从降低基线噪音和提高分析灵敏度上考虑,应该使用紫外吸收小且杂质含量少的色谱纯试剂。

(1)流动相的过滤。配制好的流动相在使用前一定要先用 0.5 μm 孔径的微孔滤膜过滤。这是因为溶液中含有很多肉眼难以发现的微小颗粒,如果不把它们滤除掉,就会堵塞泵口、柱头上的过滤器,进而堵塞流动相的正常通道,使色谱柱的阻力增加,柱压升高,柱效下降。碰到这种情况时,要换用经过滤的流动相,并将堵塞的滤器拆下来浸泡在 20% 的硝酸水溶液中,以超声波清洗机清洗 20 min,以除去滤片上的堵塞物。

（2）流动相的脱气。流动相在使用前必须脱气，以尽可能除去溶解在流动相中的气体，否则这些气体会使柱填料的性能降低，还会对检测器的信号产生很大的干扰。脱气有多种方法，如超声脱气、真空脱气、氮气脱气等。真空脱气法和氮气脱气法是目前最常用的脱气法。水和甲醇混合后会产生大量的气泡，如果不脱气就使用，气泡就会进入色谱柱和检测器，并影响分析工作的正常进行。

4. 色谱柱的使用和保养

色谱柱是高效液相色谱仪最主要的部件，被测物质能否被很好的分离和测定，色谱柱性能起着决定性的作用。因此，在日常工作中，应特别注意色谱柱的正确使用和维修保养，以延长色谱柱的使用寿命。

（1）使用预柱和保护柱。预柱（pre-column）安装于泵和进样器之间，保证了色谱柱中的流动相的平衡，并防止对柱填料有破坏作用的组分或污染物进入色谱柱。保护柱（guard column）可以阻挡能够牢固地吸附于色谱柱上的组分进入色谱柱。保护柱应与色谱柱的填料相同。经常更换预柱和保护柱，延缓更换色谱柱的频率，进而延长了色谱柱的使用寿命。

（2）防止气体进入色谱柱。有些色谱柱（如凝胶柱）是不允许气泡进入的，否则将降低柱效，甚至形成微小的难以驱除的气室。因此，为了防止气泡进入色谱柱，一定要使用经过脱气的流动相，并且要严格按照下列步骤安装色谱柱。拆卸下色谱柱入口处的密封螺丝，观察是否有溶剂渗出。如有溶剂渗出，即可将色谱柱接到管路上，以避免气泡的进入；如无溶剂渗出，则表明色谱柱的此端已经进去空气。此时，可将色谱柱的出口端接到进样阀上，以流动相反方向冲洗色谱柱，以便将柱内的空气排除。最好以 0.2 mL/min 的小流量冲洗色谱柱，如果溶剂的流速太快或压力突然上升都会导致柱性能的降低。如果流出的溶剂里不含有气泡，说明柱内的气体已经被排出了。此时，可以将色谱柱以正确的方向接好，这样气泡就无法进入色谱柱中了。

（3）色谱柱的清洗。为了使被测物质和杂质无法停留在色谱柱中，在每次样品分析工作完成后，都应及时地清洗色谱柱。要用对被测样品洗脱能力强的溶剂洗脱色谱柱。以分析工作中常用的反相色谱分析法为例，因先流出的物质是极性大的物质，此时应用 100% 的甲醇或异丙醇、四氢呋喃等极性稍弱的溶剂将吸附在柱内的极性小的物质洗脱下来，洗脱液的用量一般为柱体积的 20 倍。如果流动相是缓冲溶液，则应先用蒸馏水冲洗色谱柱，以冲掉柱内的盐，然后再用合适的溶剂冲洗。

（4）色谱柱的存放。如果色谱柱暂时不用，存放时要注意以下几点。如果色谱柱只是几天的短期放置，应先用溶剂冲洗好色谱柱（如凝胶柱则用蒸馏水冲洗），再把色谱柱的两头用密封螺丝密封好。如果色谱柱长期不用，仅用上述方法处理就不行了，这时应用色谱柱使用说明书中指明的溶剂充满色谱柱，反相柱一般使用甲醇，正相柱则可用正已烷或庚烷，而凝胶柱则不能用水了，因柱内如果有微生物生长则会使柱效降低，此时应用 0.05% 的 NaN₃ 水溶液（防腐剂）冲洗色谱柱，再将色谱柱封严。当色谱柱长期放置时，一定要将色谱柱的两端封严，以防止溶剂挥发引发柱填料干缩现象，进而导致柱效的严重降低。色谱柱应贮存在室温下，如果放置于 0 ℃以下的环境中，柱内就会结冰，这也将导致柱效的降低。

实验 18　纸层析法测定 β-胡萝卜素

一、实验目的

了解并掌握纸层析法的原理及操作方法。

二、实验原理

β-胡萝卜素可在人体内转变为维生素 A，故又被称为维生素 A 原。胡萝卜素是一种植物色素，常与叶绿素、叶黄素等共存于植物体中，这些色素都能被有机溶剂提取。因此，测定时必须将胡萝卜素与其他色素分离开，常用的分离方法有纸层析、柱层析和薄层层析法。这里介绍纸层析法。

样品中的植物色素多可溶解于石油醚中，将石油醚提取液于纸上层析。β-胡萝卜素由于极性最小，展开速度最快，从而与其他色素分离。将层析斑用石油醚洗脱即可进行比色定量。

三、实验仪器与材料

实验仪器有天平、高速组织捣碎机、纸上层析装置、分光光度计、100 mL 具塞锥形瓶、100 mL 量筒、250 mL 分液漏斗、5 mL 移液管、小漏斗、蒸发皿、5 mL 具塞刻度试管、滤纸、尺子、微量注射器。

实验材料有丙酮、石油醚、丙酮-石油醚（3∶7）混合液（丙酮与石油醚以 3∶7 体积比混合）、50 g/L 硫酸钠溶液（称取 5 g 硫酸钠溶于少量蒸馏水中并定容至 100 mL）、无水硫酸钠（使用前于 500 ℃灼烧 3 h，密闭放冷、备用）、β-胡萝卜素标准贮备液（称取纯 β-胡萝卜素 50 mg，用少量氯仿溶解，并用石油醚定容于 100 mL，此液含 β-胡萝卜素 0.5 mg/mL）、β-胡萝卜素标准使用液（准确吸取贮备液 5 mL，用石油醚定容 50 mL，此液含 β-胡萝卜素 50 μg/mL，冰箱中避光保存）、胡萝卜。

四、实验步骤

1. 样品处理

称取 50 g 切碎、混匀的样品，加入 20 mL 水，于高速组织捣碎机中捣碎，呈稠糊状匀浆。

2. 提取

（1）称取匀浆 2～5 g（视胡萝卜素含量而定）于 100 mL 具塞锥形瓶中，加 20 mL 丙酮、5 mL 石油醚、振摇 1 min，静置 5 min。

（2）将提取液移入事先放有 30 mL 50 g/L 硫酸钠溶液的 250 mL 分液漏斗中，残渣再用 10 mL 丙酮-石油醚混合液反复提取 2～3 次，提取液并入分液漏斗中，直至锥形瓶中提取液无色为止。

（3）振摇分液漏斗，静置分层，弃去水层。反复用 50 g/L 硫酸钠振摇洗涤，每次 15 mL，至下层水层清亮为止，以除尽丙酮。

（4）将石油醚提取液倒入一个盛有约 10 g 无水硫酸钠的小漏斗，滤入瓷蒸发皿内，用少量石油醚分数次洗涤漏斗及无水硫酸钠中的色素，洗涤液并入蒸发皿内。

（5）于通风橱内加热蒸发提取液至 1 mL，取下，自然挥干，立即放于冰浴上，准确加入 2 mL 石油醚，沿蒸发皿壁洗下色素，混匀，并移入 5 mL 具塞刻度试管中，密闭、备用。

3. 纸上层析分离

（1）点样：在 18 cm×30 cm 中速层析滤纸下端距底边 4 cm 处画一基线，在基线上取 A，B，C，D 四个点，立即吸取 0.10～0.40 mL 石油醚提取液（视胡萝卜素含量而定），在 A，B 两点或 C，D 两点间迅速来回进行带状点样，一次点完。每个样品可点两个带，作为平行点样。

（2）展开：待滤纸上样品带自然挥干后，把滤纸卷成圆筒状，将两边连接固定，基纸处于纸筒底端，置于事先用石油醚饱和过的层析缸内，进行上行展开（注：滤纸应放置平稳，纸纹路与展开方向一致。缸内石油醚深度为 1 cm，点样带不能接触石油醚）。

（3）洗脱：待胡萝卜素与其他色素完全分离后，停止展开，取出滤纸，自然挥干石油醚。立即将位于前沿的胡萝卜素层析带剪下，放入盛有 5 mL 石油醚的具塞试管中，用力振摇，使胡萝卜素完全溶于石油醚。

4.测定

（1）标准曲线绘制：准确吸取 2 mL 胡萝卜素标准使用液，按样品提取，用纸上层析分离方法进行操作。点样体积分别为 0.04 mL、0.08 mL、0.12 mL、0.16 mL、0.20 mL，以空白石油醚调零，用分光光度计在 450 nm 波长处测定吸光度，并绘制标准曲线。

（2）样品测定：将样品洗脱液置于 450 nm 波长处测定吸光度，从标准曲线上查出相应的 β-胡萝卜素含量。

五、结果计算

$$X = \frac{A \times V_1 \times 100}{V_2 \times m \times 1\,000}$$

式中：X——β-胡萝卜素的含量，单位为 mg/100g；

A——在标准曲线上查得样品液中 β-胡萝卜素含量，单位为 μg；

V_1——样品石油醚提取液浓缩后的总体积，单位为 mL；

V_2——点样体积，单位为 mL；

m——样品质量，单位为 g。

第三部分 创新型实验

第三部分以创新型实验为主，是反映研究热点的带有探索性的实验，由指导教师提供实验课题，鼓励学生积极参与并提出新想法、新见解和付诸实践，包括200 L发酵罐啤酒酿造工艺大实验、青霉素发酵实验等18个实验。教师在授课过程中有意识地弘扬改革创新的时代精神，引导学生深刻理解中华优秀传统文化中守诚信的时代价值，让学生富有中国心、饱含中国情、充满中国味。在能力培养方面，主要对学生的创新意识、创新心理品质、创新能力、创新知识结构四方面的能力进行训练。在价值引领方面，培养学生探索未知、勇攀科学高峰的责任感和使命感。

思政触点五：果汁乳饮料的制作及其理化质量分析（实验10）——创新与诚信。

假冒伪劣被认为是当前中国的一大社会问题，其危害巨大。质量是企业的生命，一旦质量出现问题，企业命运堪忧，何谈发展（情怀与责任）。学生通过了解上述背景，从而知道质量与诚信的重要性，进而要求自己去查果汁乳饮料质量的国标，自己设计果汁乳饮料质量的感官品评方案，并从消费者和生产者两个角度考虑如何保证产品质量，使学生进一步加深诚信理念，这是做一切事情（包括创新）的基石。

思政触点六：银杏内生分支杆菌发酵液粗提物抗宫颈癌活性研究（实验12）——充满中国味的创新。

银杏是我国特有的药用植物，其外种皮、叶子和果实都可以作为中药材。但是，乱砍滥伐和过度开采使许多药用植物濒临灭绝，导致部分中药材原料价格飞涨，给广大人民的生活带来诸多不便。通过上述背景资料的介绍，学生的思路被打开，创新意识在讨论和思考中逐渐萌发，学生会产生很多带有中国元素的新思路和新想法，鼓励他们把这些想法付诸实践，直接在实验室做成产品，或者写成企业策划。在实践中会遇到新的问题，需要引导学生查阅文献，并向专业人士寻求帮助，在文献的查询和交流探讨中，学生的问题意识、创新意识被激发，学生开发中国优秀传统资源的意识和信心被强化。

实验 1 200 L 发酵罐啤酒酿造工艺大实验

准备工作

一、麦芽汁的制作

粉碎的麦芽与水按 1 : 4 比例混合，55～60 ℃水浴保温糖化，约 4 h 后糖度达到 12 Brix 后过滤（中间除一次蛋白，121 ℃灭菌 7～8 min 过滤），分装，121 ℃高压蒸汽灭菌 20 min 或 115 ℃灭菌 30 min（若做斜面琼脂添加量为 1.5%）。

二、啤酒酵母扩增

将新鲜培养的酵母菌接种到小三角瓶液体培养基（接种量可以自定）中，20 ℃、150 rpm 条件下摇床培养一级种子培养液 24 h。按 10% 接种量接到大三角瓶中，培养条件同上，得二级种子培养液。二级种子培养液接种于发酵罐中，一般在发酵罐中接种时接种量为 5%。

啤酒生产线的清洗

在煮沸罐中加水 150 L，约 3/4 罐。加入 0.5%～1% 的 NaOH，约 1.5 kg。具体做法是先手动加热到 60 ℃以上，直接倒入 NaOH，再手动加热到 78 ℃。清洗步骤如下。

（1）温水冲洗罐体 15 min。

（2）碱性洗涤循环清洗 1 h，保证回流温度不低于 62 ℃（循环时间以回流温度达到工艺规定开始记时）。

（3）清水冲洗罐体至回流水，pH 值呈中性。

（4）酸性洗涤液循环清洗 40 min，常温。

（5）清水洗涤罐体至回流水，pH 值呈中性。

（6）杀菌剂洗涤 30 min，常温。

（7）清水冲洗 3 min 即可。

啤酒的生产

一、原料粉碎

粉碎要求：麦芽可粉碎成谷皮、粗粒、细粒、粗粉、细粉五部分，我们选用的是粗粒与细粒，比例为 1∶2.5，麦芽皮壳破而不碎，为的是好过滤。

二、糖化

在糖化煮沸锅中加水 150 kg，加热到 65 ℃后停止加热，将 35 kg 65 ℃热水打入糖化过滤锅（约 30 cm）。开始投料（大麦芽 35～40 kg），搅拌均匀，糖化开始。（记好时间）保温 1 h，每 20 min 搅拌一次。

在 1 h 内将糖化煮沸锅中的水（150 L 左右），加热到 90 ℃（搅拌均匀），停止加热，1 h 后把 90 ℃热水打入过滤锅中兑醪共 70 kg 左右。温度 68～70 ℃，保温 1 h。

三、过滤

1 h 后开始过滤，先放回流（把浑浊不清的麦汁流入桶中，直到麦汁清凉为止），把浑浊麦汁打入过滤槽中。阀门开 1/4～1/3 大小，麦汁自然流 15 min。之后阀门开 1/2～2/3 大小，45 min 过滤完。

糖化锅中的水在加热管以上，水温保持 78 ℃，为洗槽水。从视镜中观察麦汁，当其变得有点混浊时，将头号麦汁过滤完，把阀门关上，开始洗槽。把糖化煮沸锅中的 78 ℃热水打入过滤锅 30 cm 深，静止 20 min 后再过滤，再把浑浊麦汁流入桶中。

四、煮沸

把糖化煮沸锅中的水放掉。把麦汁从沉淀槽中打入糖化煮沸锅中，麦汁在加热管以上，就可以加热了。再把二号麦汁打入糖化煮沸锅中，麦汁到 150 L 为止（3/4 高），继续加热煮沸开锅，开锅煮沸 1 h。初开时加苦酒花 30 g，30 min 加苦酒花 40 g，20 min 后加入香酒花 30 g，再加热 10 min，煮沸 1 h 完成。测试麦汁的糖度为 10 Brix，太高可以适量加水。在煮沸的时间内，把麦槽扒出来，清洗干净，沉淀槽也清洗干净。1 h 后，把热麦汁打入沉淀槽，静止 20 min 后，打热凝固物，酒花槽排出来。麦汁入板式换热器，先开自来水一段换热，再开冰水两段换热，前段换到 40～50 ℃，后段换到 10 ℃，入发酵罐。入罐前先加酵母，在入罐过程中充氧 15 min，50 min 后入罐完成（温度控制在 10 ℃ 左右）。

啤酒发酵

一、主发酵

温度控制在 10 ℃ 保持 2～3 d，每天测糖一次，糖度为 4.2 Brix 时，封罐（封罐前清洗阀门应是开着的，把阀门关上是错的）。

二、后发酵

温度控制在 12 ℃，压力控制在 0.14 kPa，保持温度 2 d，2 d 后降温到 8 ℃，压力不变，以每小时 0.5 ℃ 速度降温，保持 2 d，2 d 后降温 1～2 ℃，快速降温。保持 1～3 d 即可下酒（下酒前 1 d 排掉酵母）。

啤酒的贮藏

（1）查冷水罐温度为 -5～15 ℃。
（2）查发酵罐温度需要保温为 1～3 ℃。
（3）压力控制在 0.14 kPa。

如需降温可先开制冷控制（手动），再开发酵罐控制（手动），最后开冰水泵（手动），达到所需温度时关闭。每天 2 次，可保存 15～30 d。

分析检测项目

（1）用手持测糖度计测定可溶性固形物。
（2）滴定酸采用指示剂法（国标法）。
（3）用酸度计测定 pH。
（4）测酒精度。
（5）测密度。

啤酒酸度和 pH 的测定

一、实验目的
掌握酸度和 pH 的测定方法，监测啤酒发酵的过程。

二、实验原理
总酸是指样品中能与强碱（NaOH）作用的所有物质的总量，用中和每升样品（滴定至 pH 为 9.0）所消耗的 1 N NaOH 的毫升数表示。在啤酒发酵液的测定过程中，常用中和 100 mL 除气发酵液所需的 1 N NaOH 的毫升数表示。

啤酒中含有的酸类约有 100 多种，生产原料、糖化方法、发酵条件、酵母菌种都会影响啤酒中的酸总量。其中，包括挥发性的（甲酸、乙酸）、低挥发性的（C_3、C_4、异 C_4、异 C_5、C_6、C_8、C_{10} 等脂肪酸）和不挥发性的（乳酸、柠檬酸、琥珀酸、苹果酸、氨基酸、核酸、酚酸等）各种酸类。适宜的 pH 和适量的可滴定总酸，能赋予啤酒以柔和清爽的口感。同时，这些酸及其盐类也是九种重要的缓冲物质，有利于各种酶的作用。

由于样品中有多种弱酸和弱酸盐，有较大的缓冲能力，滴定终点 pH 变化不明显，再加上样品有色泽，用酚酞做指示剂效果不是太好，最好采用电位滴定法。

三、实验材料

1. 仪器

可选用自动电位滴定仪、普通碱式滴定管或 pH 计。

2. 试剂

可选用 0.1 mol/L NaOH 溶液（精确至 0.000 1 mol/L）、0.05% 酚酞指示剂。0.05 g 酚酞溶于 50% 的中性酒精（普通酒精常含有微量的酸，可用 0.1 mol/L NaOH 标准溶液滴定至微红色即为中性酒精）中，定容至 100 mL。

四、实验步骤

1. 酸度测定

取 50 mL 除气发酵液，置于烧杯中，加入磁力搅拌棒，放于自动电位滴定仪上，插入 pH 探头，逐滴滴入 0.01 mol/L NaOH 标准溶液，直至 pH 为 9.0，记下耗去的

NaOH 毫升数。若无自动电位滴定仪，可用下述酸碱滴定方法：取 5 mL 除气发酵液，置于 250 mL 三角瓶中，加 50 mL 蒸馏水，再加 1 滴酚酞指示剂，用 0.1 mol/L NaOH 标准溶液滴定至微红色（不可过量）经摇动后不消失为止，记下消耗的 NaOH 溶液的体积。

总酸（1 mol/L NaOH 毫升数 /100 mL 样品）=20 MV，式中 M 为 NaOH 的实际摩尔浓度，V 为消耗的 NaOH 溶液的体积。

2. pH 测定

现以 PHS-3C 型精密 pH 计为例说明 pH 的测定方法。PHS-3C 型精密 pH 计是一种精密数字显示 pH 计，它采用 3 位半十进制 LED 数字显示；其使用前应在蒸馏水中浸泡 24 h；接通电源后，先预热 30 min，然后进行标定。一般情况下，仪器在连续使用时，每天要标定一次。

（1）选择开关旋至 pH 档。

（2）调节温度补偿至室温。

（3）把斜率调节旋钮顺时针旋到底（即调到 100% 位置）。

（4）将洗净擦干的电极插入 pH 为 6.86 的缓冲液中，调节定位旋钮至 6.86。

（5）用蒸馏水清洗电极，擦干，再插入 pH 为 4.00 的标准缓冲液中，调节斜率至 pH 4.00。

（6）重复（4）、（5）直至不用再调节定位旋钮和斜率旋钮为止。

（7）清洗电极，擦干，将电极插入发酵液中，摇动烧杯，均匀接触，在显示屏中读出被测溶液的 pH。

（8）关闭电源，清洗电极，并将电极保护套套上，套内应放少量补充液以保持电极球泡的湿润，切忌浸泡于蒸馏水中。

注意事项有以下两点：发酵液中的二氧化碳必须彻底去除；0.1 mol/L NaOH 必须经过标定，保留 4 位有效数字。

啤酒酒精度含量的测定

一、实验目的

（1）掌握啤酒中酒精度含量的测定。

（2）掌握比重瓶的使用方法。

二、实验原理

利用在 20 ℃时酒精水溶液与同体积纯水质量之比，求得相对密度（以 d20 表示）。查表得出试样中酒精含量的百分比，即酒精度，以 %（V/V）或 %（m/m）表示。

三、实验材料

1. 仪器

可选用全玻璃蒸馏器（500 mL）、恒温水浴（精度 ±0.1℃）、容量瓶（100 mL）、移液管（100 mL）、分析天平（感量 0.1 g）、天平（感量 0.1 g）、附温度计密度瓶（25 mL 或 50 mL）、数字密度计和注射器。

2. 材料

材料为市售瓶装啤酒、发酵液。

四、实验步骤

1. 蒸馏

用 100 mL 容量瓶准确量取试样 100 mL，置于蒸馏瓶中，用 50 mL 水分三次冲洗容量瓶洗液并倒入蒸馏瓶中，加玻璃珠数粒，装上蛇形冷凝管，用原 10 mL 容量瓶接收馏出液（外加冰浴），缓缓加热蒸馏（冷凝管出口水温不得超过 20 ℃），收集约 96 mL 馏出液（蒸馏应在 30～60 min 内完成），取下容量瓶，调节液温至 20 ℃，补加水定容，混匀，备用。

2. 测量 A

将密度瓶洗净、干燥、称量，反复操作，直至恒重。将煮沸冷却至 15 ℃的水注满恒重的密度瓶，插上带温度计的瓶塞（瓶中应无气泡），立即浸于（20±0.1）℃的恒温水浴中，待内容物温度达 20 ℃，并保持 5 min 不变后取出。用滤纸吸取溢出支管的水，立即盖好小帽，擦干后，称量。

3. 测量 B

将水倒去，用馏出液反复冲洗密度瓶三次，然后装满，再按测量 A 操作。

五、实验结果

将实验结果填入表 3-1。

表 3-1 实验数据结果

项目	市售啤酒	第一天	第二天	第三天	第四天	第五天	第六天
总酸 /(mL/100mL)							
pH							
密度 /(g/mL)							
酒精度 /(%vol)							
糖度							

六、心得体会

撰写出本次实验的心得体会。

实验 2　青霉素的发酵

一、实验目的

（1）学习青霉素生产发酵的工艺流程。
（2）学习微型发酵罐（5 L）的使用。
（3）以具体的青霉素发酵生产工艺流程为例，通过实验学习发酵原理，掌握种子制备、发酵过程控制、与发酵相关参数的检测，掌握效价测定方法。

二、背景介绍

1. 影响发酵产率的因素

（1）基质浓度。在分批发酵中，常常因为前期基质浓度过高，对生物合成酶系产生阻遏（或抑制）或对菌丝生长产生抑制（如对葡萄糖的抑制、苯乙酸的生长抑制），而后期因为基质浓度低又限制了菌丝生长和产物合成。为了避免这一现象，在青霉素发酵中我们通常采用补料分批操作法，即对容易产生阻遏、抑制和限制作用的基质进行缓慢流加以维持一定的最适浓度。这里需特别注意的是葡萄糖的流加，因为即使是超出最适浓度的较小范围的波动，都将引起严重的阻遏或限制，使生物合成速度减慢或停止。目前，糖浓度的检测尚难在线进行，故葡萄糖的流加不是依据糖浓度控制，而是间接根据 pH、溶氧或 CO_2 释放率予以调节的。

（2）温度。青霉素发酵的最适温度随所用菌株的不同而稍有差别，但一般认为应在 25 ℃ 左右。温度过高将明显降低发酵产率，同时增加葡萄糖的维持消耗，降低葡萄糖至青霉素的转化率。对菌丝生长和青霉素合成来说，最适温度是不一样的，一般前者略高于后者，故有的发酵过程在菌丝生长阶段采用较高的温度，以缩短生长时间，到达生产阶段后便适当降低温度，以利于青霉素的合成。

（3）pH。青霉素发酵的最适 pH 一般认为在 6.5 左右，有时也可以略高或略低一些，但应尽量避免 pH 超过 7.0，因为青霉素在碱性条件下不稳定，容易加速水解。在缓冲能力较弱的培养基中，pH 的变化反映着葡萄糖流加速率的高低。过高的流加速率会造成酸性中间产物的积累，从而使 pH 降低；过低的加糖速率不足以中和蛋白质代谢产生的氨或其他生理碱性物质代谢产生的碱性化合物而引起 pH 上升。

（4）溶氧。对于好氧的青霉素发酵来说，溶氧浓度是影响发酵过程的一个重要因素。当溶氧浓度降到 30% 饱和度以下时，青霉素产率急剧下降，低于 10% 饱和度时，则会造成不可逆的损害。溶氧浓度过高，说明菌丝生长不良或加糖率过低，造成呼吸强度下降，同样影响生产能力的发挥。溶氧浓度是氧传递和氧消耗的一个动态平衡点，而氧消耗与碳能源消耗成正比，故溶氧浓度也可作为葡萄糖流加控制的一个参考指标。

（5）菌丝浓度。发酵过程必须将菌丝浓度控制在临界菌体浓度以下，从而使氧传递速率与氧消耗速率在某一溶氧水平上达到平衡。青霉素发酵的临界菌体浓度与菌株的呼吸强度（取决于维持因数的大小，维持因数越大，呼吸强度越高）、发酵通气、搅拌能力及发酵的流变学性质有关。呼吸强度低的菌株降低发酵中氧的消耗速率，而通气与搅拌能力强的发酵罐及黏度低的发酵液使发酵中的传氧速率上升，从而提高临界菌体浓度。

（6）菌丝生长速度。用恒化器进行的发酵试验证明，在葡萄糖限制生长的条件下，青霉素比生产速率与产生菌菌丝的比生长速率之间呈一定关系。当比生长速率低于 0.015 h^{-1} 时，比生产速率与比生长速率成正比；当比生长速率高于 0.015 h^{-1} 时，比生产速率与比生长速率无关。因此，要在发酵过程中达到并维持最大比生产速率，必须使比生长速率不低于 0.015 h^{-1}，这一比生长速率被称为临界比生长速率。对于补料分批发酵的生产阶段来说，维持 0.015 h^{-1} 的临界比生长速率意味着每 46 h 就要使菌丝浓度或发酵液体积加倍，这在实际工业生产中是很难实现的。事实上，青霉素工业发酵生产阶段控制的比生长速率要比这一理论临界值低得多，却仍然能达到很高的比生产速率。这是由于工业上采用的补料分批发酵过程不断有部分菌丝自溶，抵消了一部分生长，故虽然表观比生长速率低，但真实比生长速率却要高一些。

（7）菌丝形态。在长期的菌株改良中，青霉素产生菌在沉没培养中分化为呈丝状生长和结球生长两种形态。前者由于所有菌丝体都能充分和发酵液中的基质及氧接触，故一般比生产速率高；后者则由于发酵液黏度显著降低，使气液两相间氧的传递速率大大提高，从而允许更多的菌丝生长（即临界菌体浓度较高），发酵罐体积产率甚至高于前者。

在丝状菌发酵中，控制菌丝形态使其保持适当的分支和长度，并避免结球，是获得高产的关键要素之一；而在球状菌发酵中，使菌丝球保持适当大小和松紧，并尽量减少游离菌丝的含量，也是充分发挥其生产能力的关键要素之一。这种形态的控制与糖和氮源的流加状况及速率、搅拌的剪切强度及比生长速率密切相关。

2. 工艺控制要点

（1）种子质量的控制。丝状菌的生产种子由保藏在低温处的冷冻安瓿管经甘油、葡萄糖、蛋白胨斜面移植到小米固体上，25 ℃培养 7 d，真空干燥并以这种形式保存备用。生产时，它按一定的接种量移到含有葡萄糖、玉米浆、尿素的种子罐内，26 ℃培养 56 h 左右，菌丝浓度达 6%～8%，菌丝形态正常，按 10%～15% 的接种量移入含有花生饼粉、葡萄糖的二级种子罐内，27 ℃培养 24 h，菌丝体积 10%～12%，形态正常，效价在 700 U/mL 左右便可作为发酵种子。

球状菌的生产种子由冷冻管子孢子经混有 0.5%～1.0% 玉米浆的三角瓶培养原始亲米孢子，然后再移入罗氏瓶培养生产大米孢子，亲米和生产米均为 25 ℃静置培养，需要经常观察生长发育情况。在培养到 3～4 d 后，大米表面长出明显小集落时要振摇均匀，使菌丝在大米表面均匀生长，待 10 d 左右形成绿色孢子即可收获。亲米成熟接入生产米后也要经过激烈振荡才可放置恒温培养，生产米的孢子量要求每粒米 300 万只以上。亲米、生产米子孢子都需保存在 5 ℃冰箱内。

工艺要求将新鲜的生产米（指收获后的孢瓶在 10 天以内使用）接入含有花生饼粉、玉米胚芽粉、葡萄糖、饴糖的种子罐内，28 ℃培养 50～60 h。当 pH 由 6.0～6.5 下降至 5.5～5.0 时，菌丝呈菊花团状，平均直径在 100～130 μm，每毫升的球数为 6 万～8 万只，沉降率在 85% 以上，此时可根据发酵罐球数控制在 8 000～11 000 只/mL 范围的要求，计算移种体积，然后接入发酵罐，多余的种子液弃去。球状菌以新鲜孢子为佳，其生产水平优于真空干燥的孢子，能使青霉素发酵单位的罐批差异减少。

(2)培养基成分的控制。

碳源。产生青霉菌可利用的碳源有乳糖、焦糖、葡萄糖等。目前生产上普遍采用的是淀粉水解糖、糖化液(DE值50%以上)。

氮源。氮源常选用玉米浆、精制棉籽饼粉、麸皮,并补加无机氮源(硫酸氨、氨水或尿素)。

前体。生物合成含有苄基基团的青霉素G,需在发酵液中加入前体。前体可用苯乙酸、苯乙酰胺,一次加入量不大于0.1%,并采用多次加入,以防止前体对青霉素的毒害。

无机盐。加入的无机盐包括硫、磷、钙、镁、钾等,且用量要适度。另外,由于铁离子对青霉菌有毒害作用,必须严格控制铁离子的浓度,一般控制在30 μg/mL。

(3)发酵培养的控制。

加糖控制。加糖量是根据残糖量及发酵过程中的pH确定的,最好根据排气中CO_2量及O_2量控制,一般在残糖降至0.6%左右,pH上升时开始加糖。

补氮及加前体。补氮是指加硫酸铵、氨水或尿素,使发酵液氨氮控制在0.01%~0.05%,补前体以使发酵液中残存苯乙酰胺浓度为0.05%~0.08%。

pH控制。对pH的要求视不同菌种而异,一般pH为6.4~6.8,可以通过补加葡萄糖来控制。目前一般采用加酸或加碱控制pH。

温度控制。前期温度控制在25~26℃,后期23℃,以减少后期发酵液中青霉素的降解破坏。

溶解氧的控制。一般要求发酵中溶解氧量不低于饱和溶解氧的30%。通风比一般为1:0.8 L/(L·min),搅拌转速在发酵各阶段应根据需要调整。

泡沫的控制。发酵过程会产生大量泡沫,可以用天然油脂,如豆油、玉米油等或用化学合成消泡剂"泡敌"消泡,应当控制其用量并要少量多次加入,尤其在发酵前期不宜多用,否则会影响菌体的呼吸代谢。

发酵液质量控制。生产中需要按规定时间从发酵罐中取样,用显微镜观察菌丝形态变化以控制发酵。生产上惯称"镜检",根据"镜检"中菌丝形态变化和代谢变化调节发酵温度,通过追加糖或补加前体等各种措施延长发酵时间,以获得最多的青霉素。菌丝中空泡扩大、增多及延伸并出现个别自溶细胞,表示菌丝趋向衰老,青霉素分泌逐渐停止,菌丝形态上即将进入自溶期,在此时期由于菌丝自溶,游离氨释放,pH上升,导致青霉素产量下降,使色素、溶解和胶状杂质增多,并使发酵液变粘稠,增加下一步提纯时过滤的难点。因此，生产上根据"镜检"判断，在自溶期即将来临之际，迅速停止发酵，立刻放罐，将发酵液迅速送往提炼工段。

三、实验材料

1. 菌种

产黄青霉用于发酵，金黄色葡萄球菌、芽孢杆菌用于效价检测。

2. 药品

药品有玉米浆、蔗糖、硫酸铵、碳酸钙、硫酸亚铁、磷酸二氢钾、无水硫酸钠、硫酸锰、牛肉膏、蛋白胨、NaCl。

3. 器皿

器皿有灭菌锅、培养箱、超净工作台、小型发酵系统（用大三角瓶）、烘箱、水浴锅、5 L 发酵罐。

四、实验步骤

1. 实验流程

实验器材的准备和菌种的活化；种子培养（种子培养基，25 ℃，摇床培养 48～52 h）；上罐发酵（发酵培养基，25 ℃，摇床培养 4 d）；每 16 h 取一次样液、取 20 mL 左右，测 PH、青霉素效价和残糖。

2. 实验步骤

（1）种子制备。

种子培养基配制。培养基的组成，分别为玉米浆 3.8%、蔗糖 2%、硫酸铵 0.2%、碳酸钙 0.1%、硫酸亚铁 0.02%，pH 4.7～4.9。

培养基的分装及其灭菌。将配好的培养基分装到 250 mL 摇瓶中，每瓶 60 mL，最后将培养基置于 121 ℃灭菌 20 min。

接种。将已经活化的斜面种子接种到摇瓶中，在 25 ℃摇床中培养。

培养时间及镜检。一般种子培养需要 2～3 d 左右，然后利用镜检检测培养过程中是否染菌。

（2）发酵过程及控制。

发酵培养基配制。培养基的组成，分别为玉米浆 4%、蔗糖 1%、磷酸二氢钾 0.5%、无水硫酸钠 0.5%、碳酸钙 0.07%、硫酸亚铁 0.018%、硫酸锰 0.002 5%、泡敌 0.03%，pH 4.7～4.9。

培养基装罐及其灭菌。将配好的培养基装到发酵罐中，121 ℃实罐灭菌 20 min。

接种。将已经培养好的种子接种到发酵罐中，25 ℃发酵。

观察和取样。观察发酵过程中是否存在异常情况，如发酵液颜色、气味、溶氧等是否异常。每 16 ～ 24 h 取样一次，每次 20 mL 左右。

发酵时间及镜检。发酵需要 4 d 左右，然后利用镜检检测发酵过程中是否染菌。

（3）发酵过程中生理生化指标的检测。

利用称重法测定生长曲线。将每批次的样品（5 ～ 10 mL）离心后称重，测得不同时间菌体的质量，以时间为横坐标，质量为纵坐标，绘制生长曲线。

测还原糖。利用 DNS 法，测定每批次的样品（5 ～ 10 mL）离心后的发酵液的还原糖的含量，以时间为横坐标，含量为纵坐标，得到曲线。

（4）青霉素效价测定（利用抑菌圈的实验方法测定青霉素效价）。

培养基配制。配置 LB 液体培养基。

指示菌的培养。选取指示菌金黄色葡萄球菌、枯草杆菌接种到灭过菌的液体培养基中，在 37 ℃左右培养 24 ～ 36 h。

抑菌试验步骤：① 取 0.2 mL 培养好的指示菌于平皿中，每种菌做 2 ～ 3 个平行样。② 用涂棒将指示菌在平皿中涂布均匀。③ 用打孔器在涂布均匀的平皿中央打孔。④ 取 0.1 mL 不同时间取样的发酵液于孔中。⑤ 最后将平皿放置于 37 ℃左右的培养箱中培养并观察。

五、实验结果

（1）绘制 pH-t（时间）曲线。

（2）绘制生长曲线（即干重 -t 曲线）。

（3）绘制残糖变化曲线。

（4）绘制青霉素效价（透明圈直径表示）变化曲线。

六、心得体会

撰写本次实验的心得体会。

实验 3　实验室酸乳的发酵

一、实验目的

（1）了解乳酸菌的生长特性和乳酸发酵的基本原理。
（2）学习凝固型乳酸发酵及其制作方法。
（3）锻炼创新能力和分析问题的能力。

二、背景介绍

酸乳是牛奶经过均质、消毒、发酵等加工过程而制成的。酸乳品种很多，根据发酵工艺的不同，可分为凝固型酸乳和搅拌型酸乳两大类。

凝固型酸乳在接种发酵菌株后，应立即进行包装，并在包装容器内发酵、成熟。凝固型酸乳发酵是乳及乳制品在特征菌的作用下分解乳糖产酸，导致乳的 pH 下降，使乳酪蛋白在等电点附近形成沉淀凝聚物，即呈冻胶状态的酸甜适口的即食性乳品。为保持产品的冻胶状态，在发酵、存储、运输过程中必须保持产品静止不动。因此，这类酸乳又被称为静止酸乳，又因为是先灌装后发酵，也被称为后发酵。搅拌型酸乳先在发酵罐中接种，发酵结束后再进行无菌罐装并后熟。

乳酸菌是一群通过发酵糖类产生大量乳酸的细菌总称。乳酸菌从形态上可分为球菌和杆菌，并且均为革兰氏染色阳性，是在缺少氧气的环境中生长良好的兼性厌氧性或厌氧性细菌。目前，对乳酸菌的应用研究着重于食品（如发酵乳制品、发酵肉制品和泡菜）和医药工业等与人类生活密切相关的领域。

在目前市售的各种酸奶制品中，作为发酵剂的乳酸菌通常为保加利亚乳杆菌和嗜热链球菌这两株菌。用嗜热链球菌和保加利亚乳杆菌混合培养发酵的乳酸饮品能补充人体肠道内的有益菌，维持肠道的微生态平衡，且含有易于吸收的营养素，具有抑制腐败菌、提高消化率、防癌、预防一些传染病等功效，并能为食品提供芳香风味，使食品拥有良好的质地。两种菌在 1 : 1 的混合比例下可获得满意的酸度。

保加利亚乳杆菌为长杆形，直径为 1～3 mm 左右，能产生大量的乳酸，为耐酸或嗜酸性，因低 pH 能防止一些微生物的生长，最适生长温度为 40～43 ℃，对低温非常敏感。嗜热链球菌为卵圆形，直径 7～9 mm，呈对或链状排列，无运动性，属微需氧型，最适温度为 40～45 ℃，为健康人肠道正常菌群，可在人体肠道中生长、繁殖，可直接补充人体正常生理细菌，调整肠道菌群平衡，抑制并清除肠道中对人具有潜在危害的细菌。

近几年，由于广谱和强力的抗菌素的广泛应用，人体肠道内以乳酸菌为主的益生菌遭受严重破坏，使人类抵抗力逐步下降，导致疾病越治越多，人类健康受到极大的威胁。因此，有意增加人体肠道内乳酸菌的数量就显得非常重要。随着人们生活水平的提高和消费观念的转变，我国生产销售的酸乳及酸乳饮品数量直线上升，品种花样繁多，很受消费者的青睐。酸奶是以新鲜牛乳经有效杀菌，用不同乳酸菌发酵剂制成的乳制品，酸甜细腻，营养丰富，深受人们喜爱，专家称它是"21世纪的绿色食品"，是一种"功能独特的营养品"。

三、实验材料

1. 菌种

市售酸奶。

2. 器材

准备的器材有超净工作台、酸度计、均质机、高压蒸汽灭菌锅、培养箱、培养皿、玻璃棒、试管、三角瓶等。

3. 培养基

（1）BGG 牛乳培养基。A 溶液：脱脂乳粉 100 g 溶于 500 mL 水中，加 1.6% 溴甲酚绿（BGG）乙醇溶液 1 mL，80 ℃消毒 20 min。B 溶液：酵母膏 10 g，琼脂 20 g，水 500 mL，pH 为 6.8，121 ℃灭菌 20 min。将 A 溶、B 溶液 60 ℃保温后以无菌操作等量混合，倒入平板。

（2）乳酸菌分离培养基：牛肉膏 5 g，酵母膏 10 g，葡萄糖 10 g，乳糖 5 g，NaCl 5 g，琼脂 20 g，水 1 000 mL，pH 6 为 .8，121 ℃灭菌 20 min，倒入平板。

四、实验步骤

1. 乳酸菌的分离纯化与鉴别

（1）分离。取市售新鲜酸乳，用生理盐水逐级稀释，取其中的 10^{-4}、10^{-5} 稀释液各 0.1 mL，涂布在 BGG 牛乳培养基平板上，涂布均匀，置 40 ℃温箱中培养 48 h，出现的圆形稍扁平的黄色菌落同时使其周围培养基变为黄色者被初步认定为乳酸菌。

（2）乳酸菌的鉴别。选取乳酸菌典型菌落转至脱脂乳试管中，40 ℃培养 8 h，若牛乳出现凝固，无气泡，呈酸性，涂片镜检细胞杆状或链球状，革兰染色呈阳性，则可将其连续传代。选择能使牛乳管在 3～6 h 内凝固的菌株，保存待用。

2. 凝固型酸乳及其种类

乳酸菌在乳中生长繁殖，分解乳糖产酸，导致 pH 下降，使乳酪蛋白在等电点附近形成沉淀凝聚物，使乳液变成冻胶状态，因而又被称为凝固型酸乳。根据脂肪量的不同其可以分为以下四种：高脂酸奶，含脂率大于 6%；全脂酸奶，含脂率大于 3%；中脂或半脱脂酸奶，含脂率大于 1.5%；脱脂酸奶，含脂率小于 0.3%。

3. 凝固型酸牛乳的制作方法

（1）牛乳的净化。原料乳应选取健康牛的新鲜优质牛乳作为原料乳，取 300 mL，要求杂菌数不高于 50 个/mL，总干物质含量不低于 11%。不得含有抗菌素、防腐剂、消毒剂及其他有害微生物。首先用离心机处理牛乳，目的是除去牛乳中肉眼可见的异物。

（2）配料。牛乳中的干物质含量低会使牛乳凝固不坚实，乳清析出多，影响凝固性。以脂肪含量 3.5% 左右，非脂乳固体含量 8.7% 左右，蛋白质含量 3.3%～3.8% 的牛乳为佳，所以为了加强非脂乳固体含量需要添加脱脂奶粉，这样有利于酸牛乳的形体、黏度、乳清分离状态的改善及增加其强度，添加量一般为 1%～3%，低热处理的脱脂奶粉效果较佳，同时在基料中添加 0.1%～0.5% 的果胶作为稳定剂，从而提高酸乳的黏度和稠度，并且可以防止酸乳中乳清的析出。

（3）菌种的扩大。将分离到的嗜热链球菌和保加利亚乳杆菌在前边做的乳酸菌分离培养基上进行扩大培养。

（4）均质。均质是以机械方法使乳脂肪球充分分散的操作过程。原料乳经过均质后有以下的优点：在发酵过程中，乳脂肪不会上浮，防止形成稀奶油，最终形成均匀分散的状态；可以提高酸奶的硬度和黏度，使凝固物稳定；产品较白，风味温和；提高了乳的消化性。均质需与乳的加热同时进行，否则会引起脂肪分解。一般均质处理的温度为 55～70 ℃，均质压力为 15～20 MPa，这对防止乳清分离、提高酸牛乳硬度和黏度都有较好的作用。

（5）牛乳的杀菌。采用巴氏杀菌，通常在 60～65 ℃下保持 30 min，较低的温度可以防止乳清蛋白变性，还可以增加酸乳的稳定性。

（6）牛乳冷却。将经巴氏灭菌后的牛乳冷却到 40～45 ℃时接种。

（7）接种。这一工序与酸乳的质量有直接关系，在工具设备都经过严格灭菌的条件下在超净工作台上进行，严防杂菌污染。在牛乳冷却到 40～45 ℃时以 1∶1 添加经过扩大培养的嗜热链球菌和保加利亚乳杆菌的混合液，接种量为2%，如果接种量低于0.5%～1.0%，乳酸菌生长缓慢；若接种量高于5%，产酸过程会给产品的组织状态、香味带来缺陷。

（8）灌装。接种后经充分搅拌的牛乳要立即灌装，本实验用酸奶瓶进行灌装。灌装前先将酸奶瓶洗净，然后采用次氯酸盐溶液消毒，消毒后的酸奶瓶再用蒸馏水冲洗干净。

（9）发酵。将接种后的酸乳置于40 ℃恒温箱中培养3 h，嗜热链球菌的最适温度低于保加利亚乳杆菌的最适温度，若低于此温度，酸牛乳中的嗜热链球菌比保加利亚乳杆菌发育旺盛，酸味不足，风味较差；如果高于这个温度，保加利亚乳杆菌比嗜热链球菌发育旺盛，乳酸的比例增大，出现刺激性的酸味，达到规定的酸度时间短，香味成分不足。凝乳块出现后，酸乳即可转入4 ℃冰箱中后熟，经过24 h以后，酸度达到适中，pH在4～4.5。

（10）冷却。冷却的目的是迅速而有效地抑制乳酸菌的生长，降低酶活性，防止产酸过度，使酸乳逐渐凝固呈白玉状组织，降低和稳定酸奶脂肪上乳和乳清析出的速度，延长酸奶保存期限。

（11）冷藏与后熟。终止发酵后，将酸乳在0 ℃下冷藏，时间约12 h，在这段时间里，当酸度不再增加时，香味物质便可形成，酸牛乳的硬度也有很大改善。

4. 实验时间设定

第1天：上午8:00，将乳酸菌置于乳酸菌在40 ℃温箱中培养48 h，观察，当出现圆形稍扁平的黄色菌落及其周围培养基变为黄色，初步认定乳酸菌产生。

第3天：上午8:00选取乳酸菌典型菌落转至脱脂乳试管中，40 ℃培养8 h，持续观察，若牛乳出现凝固，无气泡，呈酸性，涂片镜检细胞杆状或链球状，革兰染色呈阳性，则可将其连续传代。

第4天：上午8:00—10:00进行牛乳的净化、配料、均质。上午10:00—10:30进行牛乳的杀菌。10:30—12:00进行牛乳的冷却和接种灌装。12:00—15:00将接种后的酸乳置于40 ℃恒温箱中培养3 h。

第5天：实验结果观察与实验结果的分析。

五、实验结果

产生纯乳酸发酵特有的滋味和香味，凝块均匀细腻、无气泡、色泽均匀一致，呈乳白色或稍带微黄色。

六、实验分析

1. 酸乳应符合的感官指标

（1）滋味和气味：具有纯乳酸发酵特有的滋味和香味，无酒精发酵味、霉味和其他外来的不良气味。

（2）组织状态：凝块均匀细腻、无气泡，允许有少量乳清析出。

（3）色泽：色泽均匀一致，呈乳白色或稍带微黄色。

2. 酸乳应符合的理化指标

酸乳固体物不低于 11.5%，脂肪不低于 3.0%，酸度不高于 120°T。

3. 酸乳应符合的微生物指标

100 mL 乳中大肠杆菌个数小于等于 90 个，不得检出致病菌。

七、注意事项

1. 凝固性差的原因

（1）原料乳质量。乳中含有的抗生素、防腐剂会抑制乳酸菌的生长，从而导致发酵不力、凝固性差。试验证明原料乳中含有微量青霉素时，便对乳酸菌有明显抑制作用。此外，原料乳掺假，特别是掺碱，使发酵所产的酸消耗于中和，而不能积累达到凝乳要求的 pH，从而使乳不凝或凝固不好。牛乳中掺水会使乳的总干物质降低，也会影响酸乳的凝固性。因此，必须把好原料验收关，杜绝使用含有抗生素、农药、防腐剂、掺碱或掺水的牛乳生产酸乳，对于掺水的牛乳，可适当添加脱脂乳粉，使干物质达 11% 以上，以保证质量。

（2）发酵温度和时间。发酵温度依所采用乳酸菌种类的不同而不同。若发酵温度低于最适温度，则乳酸菌活力下降，凝乳能力降低，使酸乳凝固性降低。发酵时间短，也会造成酸乳凝固性能降低。此外，发酵室温度不均匀也是造成酸乳凝固性降低的原因之一。因此，应尽可能保持发酵室的温度恒定，并控制发酵温度和时间。

（3）噬菌体污染。这是造成发酵缓慢、凝固不完全的原因之一。由于噬菌体对菌的选择作用，可采用经常更换发酵剂的方法加以控制，此外两种以上菌种混合使用也可减少噬菌体的危害。

（4）发酵剂活力。发酵剂活力弱或接种量太少会造成酸乳的凝固性下降。一些灌装容器上残留的洗涤剂（如氢氧化钠）和消毒剂（如氯化物）须清洗干净，以免影响菌种活力，确保酸乳的正常发酵和凝固。

2．乳清析出

（1）原料乳热处理不当。热处理温度偏低或时间不够会使大量乳清蛋白变性。变性乳清蛋白可与酪蛋白形成复合物，该复合物能容纳更多的水分，并且具有最小的脱水收缩作用。

（2）发酵时间。若发酵时间过长，乳酸菌会继续生长繁殖，产酸量会不断增加。酸性的过度增强破坏了原来已形成的胶体结构，使其容纳的水分游离出来形成乳清并上浮。发酵时间过短，乳蛋白质的胶体结构未充分形成，不能包裹乳中原有的水分，也会形成乳清并析出。因此，应在发酵时抽样检查，如发现牛乳已完全凝固，就应立即停止发酵。

（3）其他因素。原料乳中总干物质含量低、酸乳凝胶机械振动、乳中钙盐不足、发酵剂添加量过大等也会造成乳清析出。

3．风味不良

（1）无芳香味。这主要是由菌种选择不当引起的。正常的酸乳生产应保证2种以上的菌混合使用并选择适宜的比例，任何一方占优势均会导致产香不足，风味变劣。高温时间短、发酵和固体含量不足也是造成芳香味不足的因素。芳香味主要来自发酵剂分解柠檬酸产生的丁二酮等物质，所以原料乳中应保证足够的柠檬酸含量。

（2）酸乳的不洁味。这主要是由发酵剂或发酵过程中污染杂菌引起。被丁酸菌污染的产品带刺鼻怪味，酵母菌污染不仅会使产品产生不良风味，还会影响酸乳的组织状态，使酸乳产生气泡。因此，要严格保证卫生条件。

实验4　发酵罐发酵法酿造芦柑果酒、果醋

芦柑，别名柑果，颜色鲜艳，酸甜可口，是日常生活中最常见的水果之一。芦柑果实一般较大，但比柚小，圆形且稍扁，皮较厚，凸凹粗糙，果皮较易剥离，其种子大部分为白色。

芦柑味道芳香甜美，食后有香甜浓蜜之感，风味独特。芦柑果实可食部可达68%～75%，可溶性固形物含量为12%～15%，每100 mL果汁含糖11～13 g、酸0.5～1.0 g，维生素C 25～35 mg，品质特别优良。100 g芦柑果实可食部分中含热量171.66 kJ、水分88.6 g、蛋白质0.7 g、脂肪0.3 g、糖9.6 g、纤维0.4 g、灰分0.4 g、钙25 mg、磷19 mg、铁0.2 mg、维生素A 140 IU、维生素B 10.1 mg、维生素

B20.03 mg、维生素 C40 mg、尼克酸 0.6 mg，其含有的大量维生素和矿物质可以增进人体健康，是人体组织不可缺少的物质，果胶可以减少血液中的胆固醇。此外，常食柑果还可分解人体脂肪，排泄体内积累的有害重金属和放射性元素。

芦柑汁的防褐变和澄清处理

一、实验目的

了解并掌握芦柑汁防褐变和澄清处理的原理及方法。

二、背景介绍

果汁褐变是指果汁在加工和贮藏过程中颜色发生改变的一种现象。这种颜色的改变不仅影响果汁的外观、风味，而且还会造成营养物质的丢失，甚至食品的变质。果汁褐变过程是多种褐变类型共同作用的结果，在发生酶促褐变的同时伴随着非酶褐变的发生。

果汁褐变是长期困扰果汁加工企业的一个难题。在果汁加工过程中，最易发生褐变的时间是在果实破碎压榨时。此时，由于热烫及真空脱气等各种因素影响，很容易发生酶促褐变。另外，浊汁到清汁的处理过程由于常用的果胶酶和淀粉酶的最佳反应温度为 45～50 ℃，温度的提高也会加速褐变的发生。在实际生产中，人们经常采用一些积极措施，如真空脱气技术的改进、抑制剂的开发利用等以达到减轻褐变的目的。果汁杀菌后的褐变为非酶褐变。例如，刚生产出来的苹果浓缩汁色值在国内是完全达标的，但经过长途运输，到国外的时候色值却超标，从而造成一定的经济损失和信誉影响。因此，找出使果汁发生褐变的褐变类型并加以控制十分重要。

焦亚硫酸钠可防止果汁发生褐变，果胶酶可降低果浆的黏度，提高芦柑出汁率。此外，果胶含量的降低有利于果酒的澄清和酒体的稳定，同时有利于苦味物质柠碱的沉淀。

三、实验材料

1. 材料

选取新鲜芦柑作为实验材料。

2. 试剂

试剂有焦亚硫酸钠、果胶酶、柠檬酸、碳酸氢钠。

3. 仪器

可选用 JYZ-A560 榨汁机、PL-203 电子天平、HH-4 数显恒温水浴锅、PHS-3C 型实验室 PH 计、WYT-4 糖量计、752N 紫外可见分光光度计。

四、实验步骤

1. 芦柑汁的制取

选取个头饱满、色泽均一的芦柑，剥开，分离果皮、肉、瓤，尽量去籽、白皮层和囊衣。榨汁，向果汁中添加适量焦亚硫酸钠静置 1 h，然后再分别用 8 层、16 层、32 层纱布过滤。未经处理的果汁若长时间在空气中暴露，易发生氧化褐变，应尽快使用。

2. 焦亚硫酸钠添加量的确定

研究不同焦亚硫酸钠添加量对芦柑汁褐变程度的影响，得出最适宜的焦亚硫酸钠添加量。

3. 芦柑汁澄清效果影响因素

分别研究果胶酶添加量、pH、温度、时间对芦柑汁澄清效果的影响，优化果胶酶的作用条件。

4. 测定方法

（1）果汁澄清度的测定采用分光光度法：以蒸馏水为参比，比色杯 1 cm，以在 λ =650 nm 下果汁的透光率 T（%）表示果汁的澄清度。

（2）果汁可溶性固形含量（%）的测定采用折光法：使用糖量计检测。

（3）果汁中果胶物质的定性检测采用酒精法：用95%的乙醇与芦柑澄清汁按1∶1比例混合，装入 30 mL 的试管，用手四指紧握试管，翻转轻摇，静置 15 min 后观察有无凝胶物质出现，并用"+"号的多少表示凝胶物质的多少。

（4）pH 的调定：用 10% 的柠檬酸和 10% 的 $NaHCO_3$ 调节芦柑汁的酸碱度。

五、实验结果

确定最优的防褐变和澄清处理工艺。

芦柑果酒发酵条件探讨

一、实验目的

了解并掌握芦柑果酒的酿造方法。

二、背景介绍

芦柑果实主要用于鲜食，也可加工成糖水橘瓣罐头、果汁、果酱、果酒、果冻等；果皮和果渣可提取果胶、酒精和柠檬酸；加工后的残渣物，通过发酵、干制可作饲料；橘络富营养又可药用，其果实的综合利用价值高。

福建省永春县盛产芦柑，由于优越的气候条件和土壤条件，芦柑品质居全国前列。为了充分发挥永春芦柑品质优越的特点，扩大芦柑销售，提高当地农民生产的积极性，当地企业利用芦柑批量生产芦柑果酒。

三、实验材料

1. 材料

材料为新鲜芦柑。

2. 试剂

试剂为酿酒高活性干酵母、白砂糖、焦亚硫酸钠、碳酸氢钠、柠檬酸、果胶酶。

3. 仪器

仪器主要有 JYZ-A560 榨汁机、烧杯、玻璃棒、纱布、PL-203 电子天平、HH-4 数显恒温水浴锅、温度计、量筒、广口瓶、液封管、PHS-3C 型实验室 pH 计、WYT-4 手持糖量计。

四、实验步骤

1. 工艺流程（图 3-1）

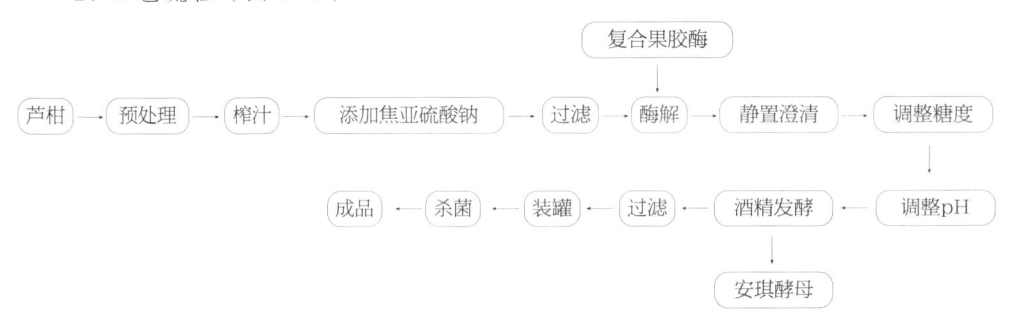

图 3-1 工艺流程

2. 原料处理

（1）选用成熟度高、无腐烂、个头饱满、色泽均一的新鲜芦柑为原料，剥开，分离果皮、肉、瓤，尽量去除籽、白皮层和囊衣。

榨汁：采用榨汁机对处理后的芦柑榨汁。

（2）防褐变处理：按照 0.05 g/L 的焦亚硫酸钠添加量，将其加入榨得的芦柑果汁中，用玻璃棒搅拌均匀，防止芦柑汁发生褐变。

（3）过滤：将芦柑汁分别经 4 层、8 层、16 层、32 层纱布过滤。

3. 酶解和澄清

向过滤后的芦柑果汁中添加 0.09 g/L 的果胶酶，pH 调到 3.5，于 25 ℃下澄清 2 h。

4. 糖度调整

为了使酿成的酒质量好，并促使发酵顺利进行，澄清后的原汁需要根据果汁成分及成品要求调整糖度和 pH。白砂糖添加量的计算方法如下：根据 17 g/L 的糖产生 1%vol 的酒，果酒需酒精度为 8%vol～10%vol，设果汁质量为 W（kg），则果汁的潜在酒精度 $A=$ 果汁糖度（g/L）/17，加糖量（kg）=（9−A）×1.7%×W。

5. pH 调整

本实验采用的高活性酿酒酵母的最适生长 pH 为 4.0～4.5，而芦柑果汁的 pH 为 3.0～3.5，用 10% 的 $NaHCO_3$ 进行调整，调整到需要的 pH，必要时可加 10% 柠檬酸进行回调。

6. 酵母的活化

称取适量高活性酿酒酵母放入小烧杯，加入适量蒸馏水，置于 35 ℃水浴锅中活化 0.5 h。

7. 发酵与测定

将经过活化的酵母液与芦柑汁充分混合进行发酵，酵母添加量按实验设计进行，且每隔 12 h 测定发酵液的可溶性固形物含量，发酵时间约 15 d；之后，分别探讨最初酵母添加量、pH、果汁糖度、发酵温度、发酵时间对酒精发酵的影响。

五、实验结果

确定最优的芦柑果酒发酵条件。

芦柑果醋发酵条件探讨

一、实验目的

了解并掌握芦柑果醋的酿造方法。

二、背景介绍

从 20 世纪 80 年代起，欧美、日本等地掀起了喝醋风，各种醋及醋酸饮料风靡各地。果醋不仅增加了食醋的花色品种，还可以节约大量粮食。我国相继开发了苹果醋、葡萄醋、梨醋、黑加仑醋、西瓜醋等。

永春县是全国最大柑桔生产区，年产量 5 万吨以上，被誉为"柑桔之乡"。芦柑占柑桔产量 90% 以上，具有果形端正硕大、色泽橙黄、果皮薄、酸甜适度、脆嫩香甜、富含维生素及具其他营养成分等优点。经检测，一般硕果的重量为 125～200 g，可溶固形物占 14.5%，含糖量 12%（按葡萄糖计），含有机酸量 0.68%（按乳酸计），含汁量达 70% 以上，果汁中 VC 的含量 390 mg/kg，其还含少量的 VB，非常适合于深加工。据研究，芦柑废渣中仍有大量有机酸、较高糖分、维生素 C 和蛋白质等营养成分，对大量未加利用的废渣进行开发，可降低酿醋生产成本。随着生活水平的提高，人们对果醋饮料及调味品的需求呈上升趋势，因而相关企业可充分利用资源优势，将其制成芦柑果醋，该产品含有丰富的有机酸和维生素，具有消暑解渴、消除疲劳、美容养颜、增进食欲的保健功效。如此既可使芦柑得到增值，又可满足市场的需求。

三、实验材料

1. 材料

选用新鲜芦柑。

2. 试剂

试剂有焦亚硫酸钠、果胶酶、白砂糖、碳酸氢钠、柠檬酸、酿酒高活性干酵母、酿醋醋酸菌、氢氧化钠。

3. 仪器

仪器主要有榨汁机、PL-203 电子天平、HH-4 数显恒温水浴锅、pH 计、手持糖量计、烧杯、玻璃棒、纱布、温度计、量筒、广口瓶、液封管。

四、实验步骤

1. 工艺流程（图3-2）

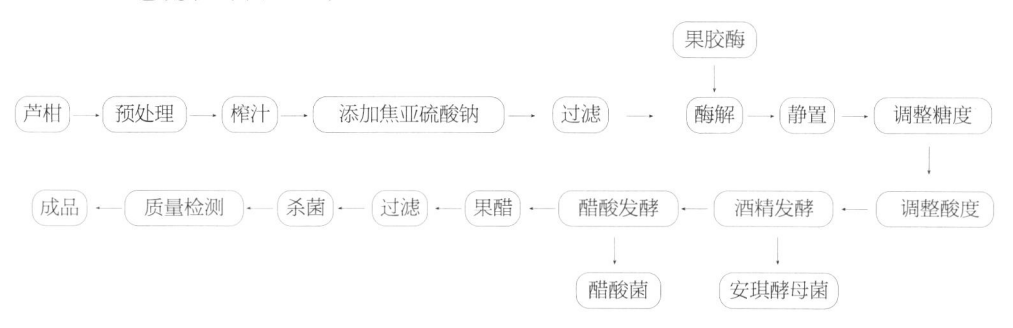

芦柑 → 预处理 → 榨汁 → 添加焦亚硫酸钠 → 过滤 → 酶解（果胶酶）→ 静置 → 调整糖度 → 调整酸度 → 酒精发酵（安琪酵母菌）→ 醋酸发酵（醋酸菌）→ 果醋 → 过滤 → 杀菌 → 质量检测 → 成品

图3-2 工艺流程

2. 原料处理

（1）原料分选：选择成熟度高、果实丰满、汁液较多的芦柑，剔除病虫害和腐烂的果实等，以免影响果醋最终的色、香、味，减少微生物污染的可能。剥开，分离果皮、肉、瓤，尽量去除籽、囊衣。

（2）榨汁：采用榨汁机对处理后的芦柑榨汁。

（3）防褐变处理：按照0.05 g/L的焦亚硫酸钠添加量，将其加入榨得的芦柑果汁中，用玻璃棒搅拌均匀，防止芦柑汁发生褐变。

（4）过滤：将芦柑汁分别经4层、8层、16层、32层纱布过滤。

3. 酶解

按照0.09 g/L的果胶酶用量，将果胶酶加入芦柑果汁中并混合均匀，pH调到3.5，于25 ℃下保持2 h。

4. 糖度调整

为使酿成的酒液成分接近且品质好，并促使发酵安全进行，根据芦柑的成分及成品所要求达到的酒精度进行调整。根据检测的结果，调整原汁液的糖度。芦柑果汁含有10%～12%的糖，以1.7 g/L糖可发酵生成1%vol酒精计算，要酿制酒精度8%vol～10%vol的芦柑果酒需补加一定量的糖分，需加糖量可由下列公式计算 W 为果汁质量，单位为kg。

$$果汁的潜在酒精度 A = 果汁糖度（g/L）/17$$

$$加糖量（kg）=（9-A）\times 1.7\% \times W$$

5. 酸度调整

本实验使用的酿酒高活性酵母菌最适生长于 pH 为 4.0～4.5 的环境，而果汁的 pH 为 3.0～3.5，可用 10% 的 $NaHCO_3$ 进行调整，调整到需要的酸度，必要时可用 10% 的柠檬酸进行回调。

6. 酒精发酵

称取一定量的酵母菌于小烧杯中，加少量蒸馏水，搅拌均匀后，在 35 ℃下活化 0.5 h，将活化好的酵母菌接种于芦柑汁中。发酵过程中需经常检查发酵液的温度、糖度、pH 及酒精度等。

7. 醋酸发酵

称取一定量的醋酸菌于小烧杯中，加少量蒸馏水，搅拌均匀后，在 35 ℃下活化 30 min 接种于芦柑果酒中，发酵工艺采用 500 mL 广口瓶发酵，发酵时间约为 6 d，发酵期间每天检查发酵液的温度、酒精度及酸度。每次测定发酵液的酸度时，取 10 mL（约 10 g）发酵液用 NaOH 进行滴定。酸度计算法方如下：

$$果醋的酸度（\%）=(V1-V2)\ C/M \times 0.06 \times 100$$

其中，$V1$ 为样液滴定消耗标准 NaOH 的体积，单位为 mL；$V2$ 为空白滴定消耗标准 NaOH 的体积，单位为 mL；C 为滴定用 NaOH 溶液的浓度，单位为 mol/L；M 为样品质量或体积，单位为 g 或 mL；0.06 为换算为醋酸的系数，即 1 mmolNaOH 相当于醋酸的克数。

8. 过滤

将制得的果醋进行过滤除去杂质，提高果醋的稳定性和透明度。

9. 杀菌

采用 85 ℃、15 min 的水浴灭菌法杀灭细菌。

10. 发酵与测定

将经过活化的醋酸菌液与芦柑果酒充分混合进行发酵，醋酸菌添加量按实验设计进行，且每隔 12 h 测定发酵液的酸度，发酵时间约 10 d，然后分别探讨醋酸菌添加量、果酒酒精度、发酵温度、发酵时间对醋酸发酵的影响。

五、实验结果

确定最优的芦柑果醋发酵条件。

用发酵罐酿造芦柑果酒实验

一、实验目的

了解并掌握用发酵罐酿造芦柑果酒的方法。

二、背景介绍

发酵罐指工业上用来进行微生物发酵的装置。它的主体一般为用不锈钢板制成的柱式圆筒，其容积为 1 平方米至数百平方米，能耐受蒸汽灭菌，有一定操作弹性，内部附件较少（避免死角），物料与能量传递性能强，并可进行一定调节，方便清洗，污染少，适合于多种产品的生产并能减少能量消耗。

发酵罐广泛应用于饮料、化工、食品、乳品、佐料、酿酒、制药等行业。发酵罐的部件包括：主要用来培养发酵各种菌体的罐体，密封性要好（防止菌体被污染），罐体当中有搅拌桨，用于发酵过程中不停搅拌；底部有通气的分布器，用来通入菌体生长所需要的空气或氧气，罐体的顶盘上有控制传感器，最常用的有 pH 电极和 DO 电极，用来监测发酵过程中发酵液 pH 和 DO 的变化；还有用来显示和控制发酵条件的控制器。根据发酵罐的设备，发酵罐可分为机械搅拌通风发酵罐和非机械搅拌通风发酵罐；根据微生物的生长代谢需要，发酵罐可分为好气型发酵罐和厌气型发酵灌。

三、实验材料

1. 材料

材料有芦柑、酿酒高活性干酵母。

2. 试剂

试剂主要有焦亚硫酸钠、果胶酶、白砂糖、碳酸氢钠、柠檬酸。

3. 仪器

仪器主要有发酵罐、榨汁机、电子天平、pH 计、手持糖量计、烧杯、玻璃棒、纱布、量筒。

四、实验步骤

1. 工艺流程（图3-3）

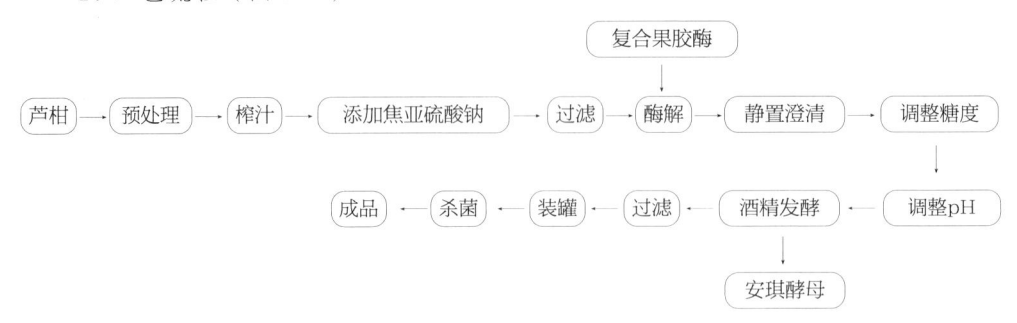

芦柑 → 预处理 → 榨汁 → 添加焦亚硫酸钠 → 过滤 → 酶解（复合果胶酶）→ 静置澄清 → 调整糖度 → 调整pH → 酒精发酵（安琪酵母）→ 过滤 → 装罐 → 杀菌 → 成品

图3-3 工艺流程

2. 原料处理

选用成熟度高、无腐烂、个头饱满、色泽均一的新鲜芦柑为原料，剥开，分离果皮、肉、瓤，尽量去除籽、白皮层和囊衣。

（1）榨汁：用榨汁机对处理后的芦柑榨汁。

（2）防褐变处理：按照0.05 g/L的焦亚硫酸钠添加量，将其加入榨得的芦柑果汁中，用玻璃棒搅拌均匀，防止芦柑汁发生褐变。

（3）过滤：将芦柑汁分别经4层、8层、16层、32层纱布过滤。

3. 酶解和澄清

向过滤后的芦柑果汁中添加0.09 g/L的果胶酶，将pH调到3.5，于25 ℃下澄清2 h。

4. 糖度调整

为了使酿成的酒质量好，并促使发酵顺利进行，澄清后的原汁需要根据果汁成分及成品要求调整糖度和pH。白砂糖添加量的计算方法如下：根据17 g/L的糖产生1%vol的酒，果酒需酒精度为8%vol～10%vol，果汁质量为W（kg），则果汁的潜在酒精度A=果汁糖度（g/L）/17，加糖量（kg）=（9-A）×1.7%×W。

5. pH调整

高活性酿酒酵母最适生长的pH为4.0～4.5，而芦柑果汁的pH为3.0～3.5，可用10%的$NaHCO_3$进行调整，调整到pH为4，必要时可加10%柠檬酸进行回调。

6. 酵母的活化

称取适量高活性酿酒酵母放入小烧杯，加入适量蒸馏水，置于 35 ℃水浴锅中活化 0.5 h。

7. 发酵与测定

将经过活化的酵母液与芦柑汁充分混合进行发酵，酵母按每 100 g 果汁 0.1 g 的量添加，且每隔 12 h 测定发酵液的可溶性固形物含量，发酵时间约 15 d。

五、实验结果

对酿造的芦柑果酒进行品质分析。

实验 5　厨余垃圾发酵实验

一、实验目的

（1）了解有机垃圾发酵处理的特点及其影响因素。
（2）知道如何准备发酵原料，如何控制发酵各参数条件等。

二、背景介绍

厨余垃圾的发酵处理是实现厨房垃圾无害化、资源化利用的重要途径之一。厨余垃圾发酵属于厌氧发酵，厌氧处理大多用于水处理，在生活垃圾的处理上用得较少，尤其在我国。厌氧发酵也叫厌氧消化、沼气发酵、甲烷发酵，为一种在无氧条件下利用厌氧微生物，如发酵性细菌、产氢产乙酸菌、耗氢耗乙酸菌、食氢产甲烷菌、食乙酸产甲烷菌等将复杂的有机物降解生成 N、P 等无机化合物和甲烷、二氧化碳等气体的过程。

无论是在水处理还是在有机垃圾处理中，厌氧处理原理都是一样的，都存在三阶段理论。第一阶段为水解发酵阶段，在该阶段复杂的有机物在微生物胞外酶的作用下进行水解和发酵，将大分子物质转化成小分子物质，如单糖、氨基酸等，为后一阶段做准备。第二阶段为产氢、产乙酸阶段，在该阶段上一阶段产生的小分子物质在产酸菌，如胶醋酸菌、部分梭状芽孢杆菌等的作用下分解生成乙酸和氢。在这一阶段产酸速率很快，致使料液 pH 迅速下降，使料液具有腐烂气味。第三阶段为产甲烷阶段，有机酸和溶解性含氮化合物被分解成氨、胺、碳酸盐、二氧化碳、甲烷、氮气、氢气等。甲烷菌将乙酸分解成甲烷和二氧化碳，利用氢将二氧化碳还原为甲烷，在此阶段 pH 上升。

在这三个阶段中有机物的水解和发酵为总反应的限速阶段。在一般情况下，碳水化合物的降解最快，其次是蛋白质、脂肪，最慢的是纤维素和木质素。

三、实验材料

1. 原料

本实验的原料来自学校学生食堂厨余垃圾，成分为菜叶（葱叶、芹菜叶、白菜叶等）、海鲜（虾皮、蟹壳、鱼刺等）、泔脚（蛋壳、面条、剩菜等）。此外，还有不含塑料、玻璃、石块等的大块无机固体。接种污泥为污水处理厂的污泥。

2. 仪器

仪器选用 KL-LJFJ-1 型发酵处理反应器，发酵反应器容积为 30 L，带有机械搅拌、加温恒温系统，可测量发酵温度，并恒定控制发酵温度。此外，还有烘箱、马弗炉、天平、TOC 和 TN 测定仪、数据检测记录仪、计算机。

四、实验步骤

1. 原料准备

对于植物性垃圾，首先将其捣碎混匀，取样测定 TS、VS，加入水调其 TS 为 20% 左右，然后采用 $NaHCO_3$ 调节其 pH，使其维持在 7.5 左右。按照菌料比 1∶3 配装污泥。

2. 投入原料

开启 KL-LJFJ-1 型发酵处理反应器，设置加热桶温度（45～60 ℃）。将准备好的原料投入发酵反应器中，开启搅拌，开始发酵实验，并记录实验数据。

3. 实验原料的 TS、VS 测定

TS 即总固体，又称干物质，指发酵原料除去水分后所剩余的物质；VS 即挥发性固体，指原料总固体中除去灰分以后所剩余的物质。

（1）TS 测定方法。固体含量是厌氧消化的一个重要指标，反映了反应器处理效率的高低。总固体含量的测试方法采用烘干法，即将原料在 105 ℃下烘干至恒重，此时物质的质量就是该样品的总固体含量。

$$TS = \frac{样品中TS质量W_干}{样品质量W_s} \times 100\%$$

(2) VS 测定方法。将在 105 ℃下烘干的原料放在 500～550 ℃温度下灼烧 1 h，其减轻的质量就是该样品挥发性固体量。

$$VS = \frac{样品中TS质量W_干 - 样品灰分质量W_灰}{样品中TS质量W_干} \times 100\%$$

五、实验结果

观察发酵过程中收集气体的量及气体释放速度。

实验 6　柠檬茶味牛肉干配方的优化

一、实验目的

了解配方优化的原理与方法。

二、背景介绍

牛肉有补中益气、滋养脾胃、强健筋骨、化痰息风、止渴止涎之功效，适宜中气下隐、气短体虚、筋骨酸软、贫血久病及面黄目眩之人食用。它含有丰富的肌氨酸、维生素 B_6、维生素 B_{12}、丙氨酸、肉毒碱、蛋白质、亚油酸、锌、镁、钾、铁、钙等营养成分，具有增强免疫力和促进新陈代谢的功能，特别是对体力恢复和增强体质有明显疗效。

柠檬含有烟酸和丰富的有机酸，其味极酸。柠檬富有香气，能去除肉类、水产类的腥膻之气，并能使肉质更加细嫩。柠檬还能促进胃中蛋白分解酶的分泌，增加胃肠蠕动。因此，柠檬在西方人日常生活中，经常被用来制作冷盘凉菜及脆食。

红茶属发酵茶类，有较强的防止心肌梗死的效用，红茶抗衰老效果较强，含有丰富的蛋白质，能强身补体。冬天宜喝红茶，可补益身体，生热暖腹，从而增强人体对寒冷的适应能力。红茶提神利尿效果较为明显，因为含多酚较少，对脾胃虚弱者较为适宜，其平缓温和，有和胃之效。

蜂蜜是一种天然食品，甜味香浓，是一种高级营养滋补品。蜂蜜中含有大约 35% 的葡萄糖、40% 的果糖，这两种糖都可以不经过消化作用而直接被人体吸收利用。蜂蜜中含有淀粉酶、脂肪酶、转化酶等，还含有少量的蛋白质，约 16 种氨基酸，其中含有6种人体必需的氨基酸,这些氨基酸是合成蛋白质的重要成分,对人体健康有益。

本实验将在传统牛肉干的基础之上研制一款营养成分更加丰富、风味独特,并且具有一定保健功能的牛肉干。本实验以柠檬的添加量、蜂蜜的添加量、腌制时间、红茶的添加量为实验因素,先做单因素试验,利用感官评价的方法确定各个因素的三个水平,再在单因素试验的基础上,通过正交试验、感官评定的方法以四因素三水平作正交试验制作柠蜜茶味牛肉干的成品,并通过感官评定,得出柠蜜茶味牛肉干的最佳配方。

三、实验材料

1. 原料

原料有牛肉2.5 kg、鲜柠檬240 g、红茶18 g、蜂蜜200 g、盐100 g、味素15 g、肉桂10 g、花椒15 g、肉豆蔻2粒、生姜100 g、大茴香5 g、小茴香5 g、大葱200 g、白酒适量、白砂糖适量。

2. 仪器

仪器有电子秤、铁锅、电炉、烧杯、量筒、勺子、电磁炉、刀、不锈钢盆、冷冻箱、案板、烤箱。

四、实验步骤

1. 工艺流程

工艺流程如下:原料肉预处理—预煮—切坯—复煮—腌制—烘烤干制—冷却包装。

2. 原料肉的选择与处理

多采用新鲜的牛肉,以前后腿的瘦肉为最佳。将原料肉除去脂肪、筋膜、肌腱后顺着肌纤维切成0.5 kg左右的肉块,用清水浸泡除去血水、污物,然后沥干备用。

3. 预煮

预煮的目的是进一步挤出血水,并使肉块变硬以便切坯。将沥干的肉块放入沸水中煮制,加1%~2%的鲜姜,煮制时以水盖过肉面为原则,水温保持在90 ℃,撇去肉汤上的浮沫,煮制5 min左右,使肉发硬、切面呈粉红色为宜。肉块捞出后,汤汁过滤待用。

4. 切坯

肉块冷却,根据要求切成大小适宜的片状,总体要求是大小均匀,形状一致。

5. 复煮

将切好的肉坯放在调味汤中，大火煮开，其目的是让肉坯进一步熟化和入味。复煮汤料配制时，取肉坯重30%的过滤初煮汤，将配方中不溶解的辅料装袋入锅煮沸，用锅铲不断轻轻翻动其他辅料及肉胚，大火煮制30 min左右。随着剩余汤料的减少，应减小火力以防焦锅，用小火煨1～2 h，直到汤汁将干时，即可将肉胚取出。

6. 腌制

根据单因素所设置的实验方案，配制好需要腌制的料，将煮好的肉胚放入料中腌制，一定时间后取出。

7. 烘烤干制

将腌制结束、收汁后的肉丁或肉片铺在竹筛或铁丝网上，放置于远红外烘箱烘烤。烘烤温度前期可控制在80～90 ℃，后期可控制在50 ℃左右，一般在5～6 h后含水量可下降到20%以下。在烘烤过程中要注意定时翻动。

8. 冷却和包装

冷却指在清洁室内摊晾、自然冷却。包装以复合膜为好，选用阻气、阻湿性能好的材料。

9. 单因素试验

配方：每组腌制牛肉100 g。

实验中，柠檬水中柠檬占4%，红茶水中红茶量占2%，蜂蜜水中蜂蜜占20%。

柠檬水添加量实验数据，见表3-2。

表3-2 柠檬水添加量

因素及其评价分数	第一组	第二组	第三组	第四组
柠檬添加量 / (g/100 mL)	10	20	30	40
蜂蜜添加量 / (g/100 mL)	30	30	30	30
红茶添加量 / (g/100 mL)	30	30	30	30
腌制时间 /h	10	10	10	10
评价分数	55	85	85	80

根据实验结果及其评价分数，第一组腌制后，柠檬味道偏淡，舍去；第二组味道适中；第三组较第二组没有明显变化。

蜂蜜水添加量实验数据，见表3-3。

表 3-3 蜂蜜水添加量实验数据

因素及其评价分数	第一组	第二组	第三组	第四组
柠檬添加量/（g/100mL）	30	30	30	30
蜂蜜添加量/（g/100mL）	10	20	30	40
红茶添加量/（g/100mL）	30	30	30	30
腌制时间/h	10	10	10	10
评价分数	45	60	75	85

根据实验结果及其评价分数，第一组腌制后，甜味味道偏淡，舍去；第四组甜味最佳。

红茶水添加实验数据，见表3-4。

表 3-4 红茶水添加量实验数据

因素及其评价分数	第一组	第二组	第三组	第四组
柠檬添加量/（g/100mL）	30	30	30	30
蜂蜜添加量/（g/100mL）	30	30	30	30
红茶添加量/（g/100mL）	10	20	30	40
腌制时间/h	10	10	10	10
评价分数	65	85	85	70

根据实验结果及其评价分数，第一组腌制后，红茶味道偏淡，舍去；第二组与第三组没有明显差异；第四组味道稍显苦涩。

腌制时间实验数据，见表3-5。

表 3-5 腌制时间实验数据

因素及其评价分数	第一组	第二组	第三组	第四组
腌制时间/h	6	8	10	12
柠檬添加量/（g/100 mL）	30	30	30	30
蜂蜜添加量/（g/100 mL）	30	30	30	30
红茶添加量/（g/100 mL）	30	30	30	30
评价分数	55	70	85	85

根据实验结果及其评价分数，第一组腌制后，由于时间偏短，腌制味道偏淡，舍去；第三组与第四组没有明显差异。

10. 各因素与其水平

通过以上单因素试验，得出各个因素的水平范围见表3-6，每个因素取3个水平作正交实验。

表3-6　各因素及其水平

因素	第一水平	第二水平	第三水平
柠檬添加量/（g/100 mL）	20	30	40
蜂蜜添加量/（g/100 mL）	20	30	40
红茶添加量/（g/100 mL）	20	30	40
腌制时间/h	8	10	12

11. 正交实验

实验因素水平，见表3-7。

表3-7　因素水平表

因素	柠檬添加量（A）	蜂蜜添加量（B）	红茶添加量（C）	腌制时间（D）
1	A_1	B_1	C_1	D_1
2	A_2	B_2	C_2	D_2
3	A_3	B_3	C_3	D_3

因素水平数 $r=3$，因素数 $m=4$，故选择 $L_9(3)^4$ 的正交表。

正交实验数据，见表3-8。

表 3-8　正交实验

组　数	柠檬添加量（A）	蜂蜜添加量（B）	红茶添加量（C）	腌制时间（D）
1	A_1	B_1	C_1	D_1
2	A_1	B_2	C_2	D_2
3	A_1	B_3	C_3	D_3
4	A_2	B_1	C_2	D_3
5	A_2	B_2	C_3	D_1
6	A_2	B_3	C_1	D_2
7	A_3	B_1	C_3	D_2
8	A_3	B_2	C_1	D_3
9	A_3	B_3	C_2	D_1

根据所设计的表头进行测试，对所得的每一组测试产品进行感官评价、打分、综合分析，最终确定一组最佳配比方案。

12. 感官评价指标

感官评价指示，见表 3-9。

表 3-9　感官评价指标表

指　标	评定标准 / 分		
	100～81	80～61	60 以下
柠檬风味（100 分）	柠檬味清香浓郁	柠檬味道适中	基本不体现柠檬味或味道不明显
蜂蜜风味（100 分）	蜂蜜的甜味极佳且衬托出肉本身的香气	蜂蜜的甜味良好	蜂蜜的甜味不明显
茶香（100 分）	有浓郁且平衡的茶香	茶香适中	茶香不明显或味道偏苦涩
腌制时间及其口感（100 分）	肉的表面呈棕红色且里面的肉呈现诱人的红白色，口感佳，易咀嚼，有嚼劲，硬度适中	肉的外层有些暗淡，里面的肉呈现白色，口感较好，硬度较适中，较易咀嚼	肉色表面颜色较浅，口感较差，硬度较差，咀嚼感较差

13. 感官评分

感官评分，见表 3-10。

表 3-10　感官评分表

组　数	柠檬添加量（A）	蜂蜜添加量（B）	红茶添加量（C）	腌制时间（D）
1	1	1	1	1
2	1	2	2	2
3	1	3	3	3
4	2	1	2	3
5	2	2	3	1
6	2	3	1	2
7	3	1	3	2
8	3	2	1	3
9	3	3	2	1
K_1	213	217	245	235
K_2	258	243	249	233
K_3	235	246	230	238
R	45	29	19	5
主次因素	\multicolumn{4}{c}{$A>B>C>D$}

根据感官评定、评价评分及其相应计算，得出主次因素的顺序为 A，B，C，D。得出最佳有组为 $A_2B_3C_1D_2$。

五、实验结果

通过实验及感官评价，选择最佳实验结果。

实验 7　桔皮酱的加工

一、实验目的

了解桔皮酱加工的方法。

二、背景介绍

柑橘是一种人们爱吃的水果，中医认为桔皮具有利气消痰、缓解咳嗽、胸闷等症的功效。除少量药用之外，大量的柑橘皮都被扔掉，这不仅会造成浪费，还会污染环境。现有的柑橘加工产品只利用了柑橘的果肉部分，果皮大部分被丢弃。事实上，柑橘果皮的营养价值并不比果肉差，在有些方面甚至比果肉还高，如维生素 C 和微量元素的含量等都比果肉高，并且果皮中糖分含量低，纤维质及果胶含量高，具有较高的利用价值，如可以从桔皮中提取果胶、柑桔油、丙酮酸及类胡萝卜素等化学物质。

本实验以桔皮为原料，通过适当的加工工艺，先制成基础原料桔皮粉。桔皮粉是桔皮综合利用的产品之一，是一种良好的增量填料，可作为层压板用的粘合剂，还可以广泛地用于营养果酱、冰淇淋、雪糕、酸奶、馅饼等食品中，以改善食品的组织结构，提高食品的风味及口感；添加于冷冻饮品中，可提高此类食品的胶凝能力和保型性，使之不易融化，延长其保藏期。除此以外，还可在桔皮粉的基础上将其加工成香味浓郁、酸甜适口、外观和口感良好的终产物桔皮果酱，为柑橘皮的综合利用提供一条有效路径。

三、实验材料

1. 原料

桔皮：食用鲜桔后的废弃桔皮或未霉烂、经晒干的桔皮。

白砂糖：食用级，符合 GB 317—2018《白砂糖》标准，市售。

此外，还需要准备多聚磷酸钠、氯化钠、Na_2CO_3、石油醚、无水乙醇、β-环糊精、柠檬酸、β-CD、低甲氧基果胶（0.5%）、$CaCl_2$（0.15%）、色拉油。

2. 仪器

仪器主要有不锈钢刀、磨油机、真空抽滤机、粉碎机、喷雾干燥机、打浆机、搅拌罐、手持糖度仪、不锈钢浓缩锅、杀菌锅。

四、实验步骤

1. 工艺流程

工艺流程如下：桔皮的挑选—清洗（—干桔皮复水）—去筋络—切丝—软化—盐浸、漂洗—脱色、脱油处理—配料—干燥—桔皮粉—打浆—加糖—浓缩—装瓶—密封—杀菌冷却—桔皮酱。

2. 桔皮的挑选和清洗及干桔皮复水

应挑选外观良好且无霉烂的桔皮，用清水洗涤干净，去掉泥沙、杂质及残留农药等。鲜桔皮不必复水，可直接切丝备用；干桔皮浸泡复水 1 h，待其胀软，含水量为 50%～70% 时即复水完毕。

3. 去筋络、切丝

先用 0.1% 多聚磷酸钠溶液泡 1 h，用清水冲洗 10～20 min（或将桔皮浸泡于 7% 的食盐水中 1.5 h 或沸煮两次，然后用流动水漂洗 25 min）；然后，用不锈钢刀将桔皮切成 1.5 mm 细条。

4. 软化、盐浸和漂洗

配制 1% Na_2CO_3 溶液，并以 1∶1 比例浸泡桔皮，温度控制在 90～100 ℃，时间为 5 min，再用 7% 的食盐水浸泡已软化处理的桔皮 1.5 h，然后用清水冲洗 25 min，可基本去除桔皮苦味。

5. 脱色、脱油处理

在磨油机中磨擦表皮油层，使油囊破裂，用水冲洗掉溢出的桔油，以减少果粉的辛辣味；或将石油醚与乙醇配比为 1∶1 的混合剂在 40 ℃ 温度下处理 30 min。

6. 配料

为了更好地保留柑橘鲜果的风味物质，可加入 5% 左右的 β-环糊精。同时，为改善果粉的速溶性，可在料液中加入一些能使果粉比表面积增大的物质，如多聚磷酸钠等。此外，还必须加入适量的柠檬酸作为抗氧化剂，防止果粉中的天然成分维生素 C 及其他天然成分的氧化和褐变。

7. 干燥

（1）抽滤干燥。桔皮粉与混合溶剂的配比为 1∶15。真空装置进行抽滤回收溶剂，滤渣在 (65±5) ℃ 条件下干燥 8～10 h，粉碎机粉碎后，100 目网筛过筛即得成品。

（2）热风喷雾干燥。在喷雾料液中添加适量的果胶酶和纤维素酶。热风喷雾干燥条件为：进风温度 170～190 ℃，喷头压力 0.18 MPa，如此可得到品质良好的纯天然桔皮粉。

8. 打浆

在桔皮粉中加入适量的水，添加 0.5% 的 β-CD，以掩盖成品中残余的苦味物质，从而保证果酱的纯正风味，然后在打浆机中搅拌打浆使之成为细腻均匀的桔皮酱。

9. 加糖浓缩

在桔皮酱中加入适量的白砂糖，煮沸后糖分 3 次加入，边搅拌边均匀加入，加热搅拌进行浓缩操作。酱料与糖重量比为 1∶1。在临近终点时，加入微量的 0.7%～1% 的柠檬酸（护色）、低甲氧基果胶（0.5%）及 $CaCl_2$（0.15%），使 pH 为 2.7～3.1。在浓缩过程中，应不断搅拌，以防止酱体焦糊，影响产品的风味和色泽，在出现大量气泡时可加入 0.3% 色拉油消泡，一般温度以 60 ℃ 左右为宜。用手持糖度仪测得可溶性固形物达到 70% 左右时，即可停止加热，然后迅速出锅装瓶。

10. 装瓶密封

将制得的酱品加热至 120 ℃杀菌 20 min，将浓缩好的桔皮酱趁热装瓶。装瓶时，酱体中心温度不低于 85 ℃，要求每锅酱体分装完毕不能超过 30 min，并应尽量避免桔皮酱沾染瓶口，以防止日后发霉变质，影响产品的贮存；装瓶后，应立即旋紧回旋瓶盖，密封。

11. 杀菌冷却

将果酱置于杀菌锅内，100 ℃下杀菌 10 min，然后冷却至 35～40 ℃。

注意事项：

（1）苦味的脱除。柑橘中含有很多苦味物质，如橙皮苷、柠檬苦素、诺嘧啉、异柠碱、黄柏酮等。脱苦、除涩的基本方法有以下几种：①将桔皮浸泡于 7% 的食盐水中 1～2 h，然后用流动水漂洗 20～30 min；②将桔皮浸泡于 7% 的食盐水中 1.5 h 或沸煮两次，然后用流动水漂洗 25 min。由于桔皮苷主要分布在筋络和桔皮中，因此去络的程度直接影响苦味物质的含量，故本实验用 0.1% 多聚磷酸钠溶液浸泡桔皮 1～2 h，以提高去络效果；并添加 0.5% 的 β–CD，以掩盖成品中残余的苦味物质，保证果酱的纯正口味。

（2）防止产生砂粒感。与柔软多汁的果肉相比，桔皮的表面粗糙组织坚硬，因而用桔皮制作桔皮酱，成品往往会有砂粒感，严重影响成品的口感与质量。因此，在桔皮原料的前期处理阶段，一方面应尽量使桔皮组织软化，另一方面在打浆、粉碎处理时应尽量使处理后的桔皮浆的颗粒细度足够小，均匀一致，这样就可以防止成品产生砂粒感。

（3）防止柑橘皮发霉。柑橘皮很容易发霉。因此，为了保证桔皮粉和桔皮酱产品的质量，除了在桔皮挑选时，应剔除发霉变质的外，在原料的前期处理阶段，特别是桔皮浸泡时，还应注意使桔皮全部浸没在清水中，以防止桔皮霉变，避免造成原料的浪费，从而影响产品质量。另外，如果工厂鲜果皮原料量较多，一时处理不完，也应注意先晒干备用或浸泡在盐水中备用，以防发霉变质。

（4）果皮酶解。果皮中的主要成分是纤维素、半纤维素和果胶质，它们可降低热风喷雾干燥料液中糖的含量，得到干燥的果粉。但是，纤维素含量太高将影响果粉的复水性和细腻的口感；果胶含量过高将使热风喷雾干燥料液黏度过大，造成雾化不好、堵塞喷头、粘壁等不良现象，使喷雾干燥无法进行。因此，必须添加适量的果胶酶和纤维素酶将喷雾料液适度降解，以保证热风喷雾干燥的顺利进行。

五、实验结果

通过实验及感官测试,对制作的桔皮酱进行评价。

实验 8　面包烘烤

一、实验目的

（1）掌握一次发酵法和二次发酵法制作面包的工艺过程及其操作。
（2）观察面包坯在烘烤过程中的一系列变化。
（3）掌握面包质量的影响因素及标准的评分内容、方法。

二、背景介绍

面包是一种把面粉加水和其他辅助原料等调匀,经过发酵后烤制而成的食品。早在 1 万多年前,西亚一带的古代民族就已种植小麦和大麦,那时是利用石板将谷物碾压成粉,与水调和后在烧热的石板上进行烘烤的,但它还是未发酵的"死面",也许叫做"烤饼"更为合适。大约与此同时,北美的古代印地安人也用橡实和某些植物的籽实磨粉制作"烤饼"。

在公元前 3 000 年前后,古埃及人最先掌握了制作发酵面包的技术。最初的发酵方法可能是偶然发现的：和好的面团在温暖处放久了,受到空气中酵母菌的侵入而发酵、膨胀、变酸,再经烤制便得到了远比"烤饼"松软的一种新面食,这便是世界上最早的面包。古埃及的面包师最初用酸面团发酵,后来改进为使用经过培养的酵母。

面包是俄罗斯重要的主食,俄罗斯人吃汤习惯配面包,因而点汤后服务生常问要不要面包。俄语中面包和盐既是指食品,又是指好客。俄罗斯民间有这样的流传,"善待客人,客人便不会愧对主人"。也许正是基于此,俄罗斯人自古以来都保持着热情好客的传统美德。古往今来,他们将俄罗斯面包和盐作为迎接客人的最高礼仪,以表示自己的善良慷慨。作为迎客的象征,他们通常会将面包和盐放在餐桌上最显著的位置上,以此表示对来客的欢迎。

三、实验材料

1. 原料

原料有面包专用面粉、即发酵母、食盐、糖、鸡蛋、奶粉、人造奶油、添加剂。

2. 仪器

仪器有量筒、烧杯、天平、台称、温度计、网筛、托盘、烤模、发酵钵、发酵箱、和面机、醒发室、远红外烤箱等。

四、实验步骤

1. 配方

面包配方，见表3-11。

表3-11 面包配方表

原　料	主食面包		甜面包	
	比例/g	实验用量/g	比例/g	实验用量/g
面包专用面粉	100	5 000	100	5 000
水	约55	2 750	约50	2 500
即发酵母	1.2	60	1.2	60
食盐	1.5	75	1	50
糖	5	250	15	750
蛋			5	250（约4个）
奶粉			4	200
人造奶油			4	200
添加剂（改良剂）	0.4	20	0.4	20

注：①每一实验组选择一种配方进行一次发酵法实验或二次发酵法实验；②在二次发酵法中，即发酵母用1%（50 g），面粉分配为7∶3（中面团∶主面团），水量分配为40%（如主食面包，中种2 000 mL）+20%（主1 000 mL）。

2. 一次发酵法

（1）和面。将以上处理好的原材料加入和面机，搅拌水温 $T_w = 3 \times T_x - (T_r + T_f + T_m)$，

其中 T_r 为室温；T_f 为粉温；T_m 为摩擦升温，一般为 4～8℃；T_x 为搅拌面团终温，一般要求 30 ℃左右，搅至面团形成适度。

投料顺序如下：面粉过筛与即发酵母、奶粉、添加剂混匀；加水、砂糖粉、蛋、食盐搅拌混合至面团不粘壁，再加人造奶油。

（2）发酵。将调好的面团放入发酵箱，温度控制在 30 ℃，相对湿度 75%～85%，时间约为 120 min，发酵成熟的面团体积增大一倍以上，且内部有海棉组织，手指插入顶端拨出，四周面团不向凹处塌陷，也不立即复原即可。

（3）切块搓圆。将发酵成熟的面团进行揿粉及后序发酵，驱除 CO_2。补充新鲜空气，切块称取面坯 65 g 或 110 g，放入涂好油的烤模中。

（4）醒发。将装有面坯的烤模放入醒发室。温度 40 ℃，湿度 80%，时间约 40 min，至面坯体积达到成品要求体积的 80%～90%，手插醒发成熟即可，内部形成松软的海棉状组织。

（5）烘烤。将醒发成型后的面包坯轻轻地从发酵室取出放入烤炉内，烘烤温度 180～200 ℃，时间约 15 min，出炉后刷上油或蛋液。

3. 二次发酵

（1）和面及第一次发酵。将 3 500 g 面粉、50 g 酵母、2 000 mL 水投入和面机内，搅拌均匀成中种面团，将面团放入发酵钵中在 30 ℃的发酵室进行发酵，时间约 2～4 h，判断面团发酵是否成熟可参考一次发酵法。

（2）第二次发酵。将第一次发酵成熟的面团从发酵室中取出，再把剩下的原材料放入和面机中搅拌均匀成面团，再放入发酵室进行第二次发酵，发酵时间约为 2～3 h，温度为 30 ℃。判断面团是否成熟方法同一次发酵法。

五、实验结果

（1）面包从烤炉内取出，10 min 内称量并测定体积，分别以"g"和"mL"为单位记录，并计算比容（mL/g）。

（2）当面包内部温度冷却到室温时，用塑料袋将面包包好，第二天（烘烤 18 h 后）评定面包内部和外部的特性。评分内容及标准如下：体积 15 分、结构 20 分、气味 15 分、外观 10 分、皮色 10 分、心色 10 分、口感 20 分。

（3）分别详细记录一次发酵法和两次发酵法的发酵、醒发、烘烤的温度及时间，比较两者产品的差异，并对本实验提出自己的看法及改进意见。

（4）分析生产过程工艺条件及其各因素对产品质量的影响。

（5）对实验中出现的问题进行分析讨论，提出解决方法或建议。

实验 9 蛋糕的制作

一、实验目的

（1）加深理解烘烤制品生产的一般过程、基本原理和操作方法。
（2）了解物理膨松面团的物理膨松原理。
（3）掌握物理膨松面团的调制方法和烤制、成熟方法。

二、背景介绍

蛋糕是一种古老的西点，一般由烤箱制作而成，蛋糕以鸡蛋、白糖、小麦粉为主要原料，以牛奶、果汁、奶粉、香粉、色拉油、水、起酥油、泡打粉为辅料，其经过搅拌、调制、烘烤后制成。蛋糕是一种面食，通常是甜的，典型的蛋糕是以烤的方式制作出来的。蛋糕的制作材料主要包括面粉、甜味剂（通常是蔗糖）、黏合剂（一般是鸡蛋，素食主义者可用面筋和淀粉代替）、起酥油（一般是牛油或人造牛油，低脂肪含量的蛋糕会以浓缩果汁代替）、液体（牛奶、水或果汁）、香精和发酵剂（如酵母或者发酵粉）。蛋糕的主要成分是面粉、鸡蛋、奶油等，含有碳水化合物、蛋白质、脂肪、维生素及钙、钾、磷、钠、镁、硒等矿物质。

根据使用的原料、调混方法和面糊性质，蛋糕一般可分为以下三大类。

1. 面糊类蛋糕

面糊类蛋糕配方中油脂用量高达面粉的 60% 左右，用以润滑面糊，使其产生柔软的组织，并帮助面糊在搅混过程中融合大量空气以更加膨松。一般奶油蛋糕、布丁蛋糕属于此类。

2. 乳沫类蛋糕

乳沫类蛋糕的主要原料为鸡蛋且不含任何固体油脂，其利用蛋液中强韧和变性的蛋白质，在面糊搅混和焙烤过程中使蛋糕膨松。根据所用蛋料它又可分为单用蛋白的蛋白类（如天使蛋糕）和使用全蛋的海绵类（如海绵蛋糕）。

3. 戚风类蛋糕

戚风类蛋糕使用混合面糊类和乳沫类两种面糊，通过改变乳沫类蛋糕的组织而成。

三、实验材料

1. 原料

原料有特制粉、标准粉、酵母、盐、油、鲜鸡蛋、糖、改良剂、奶粉、植物油。

2. 仪器

仪器有打蛋机、和面机（调粉机）、烤炉、电子秤、烤模、烤盘、电炉等。

四、实验步骤

（1）蛋糕配方如下：

鲜鸡蛋：1.0 kg。

面粉：0.8 kg。

白砂糖：0.7 kg。

奶油：0.2 kg。

水：适当加一些。

（2）在盆中将蛋黄加糖打到浓稠。

（3）加入奶、色拉油和香草精，搅拌均匀。

（4）在另一个干净的盆中，先把蛋清打到起泡，再将糖分 2～3 次加到蛋清里，继续打发至湿性接近干性发泡。

（5）取 1/3 蛋清加入蛋黄中，拌匀。

（6）将 1/3 的低筋面粉过筛加入蛋黄中拌匀。

（7）再将 1/3 蛋清加入拌匀，然后将 1/3 面粉过筛加入，拌匀。

（8）将剩余的蛋清和低筋面粉全部加入，搅拌均匀即可入模。

（9）因为面糊较稀，戚风类蛋糕在烘烤中能沿着烤模往上膨胀，所以模具不涂油，蛋糕和模具间若隔了一层油，蛋糕无法向上膨胀，不仅体积会小，其内部也会变得密实而不膨松。

五、注意事项

（1）鸡蛋要求新鲜，打沫要充分。

（2）面粉宜用中低筋粉。

实验10　果汁乳饮料的制作及其理化质量分析

一、实验目的

（1）学习并掌握果汁乳饮料加工的基本方法。
（2）了解果汁乳饮料保持稳定性的基本原理。
（3）学习并掌握乳饮料常见指标的检测方法。

二、背景介绍

果汁乳饮料是指在牛乳或脱脂乳中添加稳定剂、果汁、有机酸和砂糖等，经混合调制而成的酸味强烈且爽口的乳饮料。近年来，果汁乳饮料以其鲜艳的色泽、芬芳的香气、酸甜清爽的口感及丰富的营养深受国内外消费者的喜爱。

使饮料的酸味和风味获得良好口感的pH范围为4.5～4.8，而奶中酪蛋白的等电点pH在4.6左右，因而加果汁和酸时，酪蛋白即会失去同性电荷斥力而凝集成大分子沉淀，从而导致产品分层。此外，乳中的乳脂肪含量较高，易出现脂肪上浮。本实验主要从三方面解决以上两个问题：一是采用指定的复合型稳定剂，二是严格控制加酸条件和方法，三是对产品进行均质处理。

由于乳蛋白的等电点pH为4.6～5.2，在这个范围内乳蛋白会凝固沉淀，而使水果乳饮料的酸味和风味获得良好口感的pH也是4.5～4.8，为了解决此矛盾，在加工中我们需添加稳定剂，通过均质处理获得稳定均一的产品。

三、实验材料

1. 原料

原料有牛乳、脱脂乳、砂糖、苹果汁、柠檬酸、着色剂、耐酸型CMC、香精、果胶、色素。

2. 仪器

仪器有均质机、温度计、天平、恒温水浴、冰柜等。

四、实验步骤

（1）配方。有多种配方可供选择，下面举几例。以下配方均为制作 100 L 果汁乳饮料所需各原料的量。配方一：牛乳 20 kg、脱脂乳 40 kg、砂糖 11 kg、苹果汁 20 kg、柠檬酸 0.2 kg、耐酸性 CMC 0.3 kg、着色剂 0.001 kg、香精 0.1 kg、水补至 100 L；配方二：牛奶 50～80 kg、果胶 0.4～0.6 kg、糖 8 kg、浓缩果汁 8～16 kg、水补到 100 L；配方三：奶粉 3～15 kg、浓缩果汁 2～10 kg、果胶 0.25～9 kg、柠檬酸钠 0.5 kg、果味香精适量、色素适量、加水补到 100 L，以柠檬酸调 pH 为 3.8～4.0。

（2）将脱脂奶粉用 45 ℃ 热水溶解还原，过滤备用。

（3）按配方要求称取稳定剂，再称取白砂糖若干混合均匀，然后加入适量的水中，搅拌加热至 70 ℃ 左右，溶解成均匀的液体。

（4）奶和稳定剂混合在一起，冷却至 35 ℃ 左右，缓缓加入柠檬酸（加酸及果汁时应边搅拌边缓慢加入），将整个溶液的 pH 调整为 3.8～4.2，加热升温至 70 ℃ 左右，在 20 MPa 左右进行均质。

（5）将均质后的溶液灌装，进行巴氏杀菌（85 ℃，15 min），冷却，成品。

（6）理化质量检测。①产品蛋白质含量检测：按考马斯亮兰 G-250 法测定。②产品脂肪含量检测：按碱性乙醚法测定。③酸度测定：按滴定法测定。④可溶性非脂乳固形物测定：除去脂肪和水分外为非脂乳固形物含量，水分含量测定按常压干燥重量法测定。

五、思考题

（1）从加工工艺上分析影响果汁乳饮料稳定性的因素有哪些？

（2）乳蛋白的等电点 pH 为 4.6～5.2，而使果汁乳饮料的酸味和风味获得良好口感的 pH 为 4.5～4.8，如何解决这个矛盾？

实验11 米粉的制作

一、实验目的

学习并掌握米粉制作的基本方法。

二、背景介绍

中国特色小吃米粉是中国南方地区非常流行的美食。米粉以大米为原料，经浸泡、蒸煮和压条等工序制成条状、丝状米制品，而不是词义上理解的以大米为原料经研磨制成的粉状物料。米粉质地柔韧，富有弹性，水煮不糊汤，干炒不易断，配以各种菜码或汤料进行汤煮或干炒，爽滑入味，深受广大消费者（尤其南方消费者）的喜爱。米粉品种众多，可分为排米粉、方块米粉、波纹米粉、银丝米粉、湿米粉和干米粉等。它们的生产工艺大同小异，一般为大米—淘洗—浸泡—磨浆—蒸粉—压片（挤丝）—复蒸—冷却—干燥—包装—成品。

每100 g米粉中所含营养价值如下：能量348 kcal、蛋白质7.3 g、脂肪1 g、碳水化合物77.5 g、叶酸18.7 mg、膳食纤维0.8 g、硫胺素0.11 mg、核黄素0.04 mg、烟酸2.3 mg、维生素E1.29 mg、钙26 mg、磷113 mg、钾137 mg、钠1.5 mg、镁49 mg、铁1.4 mg、锌1.54 mg、硒2.71 mg、铜0.25 mg、锰1.54 mg。

米粉的生产工艺各地不同，这里以湖南常德地区米粉生产为例，将其生产工艺及工艺要点介绍如下。

三、实验材料

1. 原料

原料有籼米、变性淀粉、魔芋精粉、丙二醇、大豆油、食盐、甘氨酸、蒸馏单硬脂酰甘油酯、复合磷酸盐。

2. 仪器

仪器有蒸煮设备、包装袋（耐高压灭菌）、手摇压面机、案板、铝锅（45 cm）。

四、实验步骤

1. 原料

采用长粒的籼米作原料。大米与小麦的不同之处是大米颗粒中没有能形成网状结构的面筋蛋白,所以发酵米粉成型稳定主要依赖淀粉,尤其是直链淀粉,它比支链淀粉具有较高的凝胶性。籼米一般含直链淀粉23%～26%,而粳米中直链淀粉含量低于16%～20%,所以籼米是发酵米粉生产的理想原料。

2. 浸泡

采用30～40℃的温水,将大米浸泡3～4 h。

3. 磨浆

浸泡好的大米用水流洗后,送入磨浆机中,加水磨浆,使米浆中的米粉粒度达120～150 μm。

4. 原辅料混合

由于缺乏面筋蛋白,如果不使用添加剂,就很难形成米粉条的稳定结构。另外,由于成品米粉含水量超过65%,所以也需要用添加剂来辅助延长产品的货架期。米粉中常用的添加剂及其功能,见表3-12。

表3-12 米粉中的食品添加剂

成　分	含量/%	功　能
变性淀粉	10.0～15.0	凝胶作用
魔芋精粉	3.0～5.0	抗老化剂
丙二醇	2.0～3.0	抗菌剂
大豆油	0.5～2.0	上光和润滑剂
食盐	0.5～1.0	增加持水性
甘氨酸	0.2～0.5	抑制芽胞杆菌
蒸馏单硬脂酸甘油脂	0.3～0.5	乳化剂
复合磷酸盐	0.1～0.4	螯合剂

5. 蒸片和挤丝

将与辅料充分混合后的米浆在蒸盘中摊成1～3 mm的薄层,以0.2～0.3 MPa

的蒸汽蒸 50～120 s。在此步加工中，米浆水分含量、蒸片温度和时间是最关键的因素，如果蒸片温度太高就会在粉皮表面产生气泡和皱缩，而温度太低粉皮色白就无光泽。米浆蒸煮前水分含量一般控制在 50%～55%。

蒸好的粉皮经挤压通过筛板上 1.5～2 mm 的小孔，成股的米粉条就会在挤压过程中熟化和成型。

6. 漂洗和浸酸

用冷水立即漂洗的目的是固定粉条的凝胶结构，并且冲掉粉条表面的淀粉颗粒。高酸性食品再辅以高温杀菌能有效延长其货架期，所以一般选用乳酸或柠檬酸溶液（pH 为 3.8～4.0）作浸酸剂，浸酸过程持续 20～60 s 即可。

7. 切割和包装

长米粉条一般切割成 25～40 cm 长度，定量包装到由聚乙烯或其他耐热材料制成的透明包装袋中。

8. 杀菌

杀菌温度为 90～95 ℃，时间 30～40 min，具体还要根据粉条的粗细及每袋中的重量（150～300 g/袋）调整。

9. 料包的包装

将汤料包和粉包共同放入一个袋或碗中，加热封口。

五、思考题

从制作工艺上分析影响米粉质量的因素有哪些？

实验 12　银杏内生分支杆菌发酵液粗提物抗宫颈癌活性研究

一、实验目的

（1）了解发酵液粗提物的制备方法。

（2）掌握 MTT 法检测抗宫颈癌活性的原理和方法。

（3）开发学生挖掘和利用中国优秀传统资源的意识。

二、背景介绍

癌症是当今危害人类健康的主要疾病之一，严重威胁着人类的生命。临床上常用的抗肿瘤药物有 50 多种，但大多数药物只能使病情缓解，无法达到完全治愈的目的，所以抗肿瘤新药的研发一直是药物研究领域的主要方面。近年来，动植物共附生微生物被认为是天然活性产物的重要来源，医学领域关于植物内生真菌产抗癌、抗肿瘤等活性物质的研究报道越来越多。在过去的 10 年里，超过 100 种来自内生真菌具有细胞毒活性的化合物被报道。

银杏树是我国特产药用树种，至今已发现银杏叶含有 100 多种化学成分，主要有黄酮类化合物、萜内酯类化合物。它的提取物中白果黄素、聚戊烯醇等都具有抗肿瘤作用。然而，银杏生长缓慢，自然条件下从栽种到结果要 20 年以上，制约了其药用功效的开发，所以银杏内生真菌成为研究的热点，人们期待其能成为银杏类药物的新来源或其生物活性物质的新途径。然而，关于银杏内生真菌的研究比较少，特别是对于银杏内生真菌抗肿瘤活性的研究更是少之又少。因此，开展银杏植物内生真菌活性物质的研究，对了解我国银杏植物内生真菌资源的分布、开发我国银杏植物药用内生真菌资源及新的微生物药物均具有重要的理论意义和潜在的应用价值。

三、实验材料

1. 材料

材料有银杏内生分枝杆菌、PDA 培养基、乙酸乙酯、甲醇、96 孔细胞培养板、胎牛血清。

2. 仪器

仪器有旋转蒸发仪、超净工作台、CO_2 培养箱、酶标仪。

四、实验步骤

1. 银杏内生分枝杆菌的活化与培养

将 1 株冻存的银杏内生分枝杆菌接种于 PDA 平板培养基上，28 ℃培养 5 d，进行活化，活化好的菌株取直径 9 mm 的菌饼，接种于装有 50 mL PDB 培养基的 250 mL 三角瓶中，在 28 ℃下以 160 r/min 速度摇瓶培养 5 d，制作种子液。取种子液 2 mL，接种于装有 200 mL PDB 培养基的罐头瓶中，每株菌接种 3 瓶，28 ℃静置发酵 30 d。

2. 内生菌发酵液粗提物的制备

对已发酵好的菌株分离发酵液与菌丝体，浓缩发酵液，用乙酸乙酯等体积萃取两次。菌丝体进行烘干、粉碎，用 100 mL 乙酸乙酯提取。合并发酵液与菌丝体的乙酸乙酯提取液，进行挥干，获得乙酸乙酯粗提物样品。

3. MTT 法

取对数生长期的宫颈癌细胞，将细胞密度调至 2×10^5 个 /mL，按每孔 200 μL 接种于 96 孔细胞培养板中，于 37 ℃下在通入 5% CO_2 的培养箱中培养 4 h。样品分别设定 5 个浓度梯度，每个浓度设 3 个平行样，同时设阳性、阴性对照，每孔加样品液或空白液各 2 μL，培养 24 h，然后每孔加 MTT 液 10 μL，继续培养 4 h，在 37 ℃下以 2 000 r/min 速度离心 8 min，吸去上清。每孔各加入 100 μL DMSO，在微量振荡器上振荡 15 min，至结晶完全溶解后，利用酶标仪测定每孔 570 nm 处的吸光值（OD 值）。取三孔平均 OD 值，根据以下公式计算样品对细胞增殖的抑制率（IR%），IR% =（OD 空白对照 – OD 样品）/ OD 空白对照 × 100%，并采用 Bliss 法计算半数抑制率 IC_{50} 和标准方差。

五、实验结果

计算发酵液粗提物对宫颈癌细胞的抑制率。

实验 13　葡萄糖酸钠发酵及其母液的再利用

一、实验目的

利用生物净化法增加葡萄糖母液的价值。

二、背景介绍

葡萄糖酸钠分子式为 $C_6H_{11}NaO_7$，是一种白色结晶颗粒或粉末，无刺激性，无苦涩味，盐味品质接近食盐，呈味阈值高于有机酸盐，在食品加工中可以改善食品呈味性，调节食品 pH，可作为食盐替代品用于低钠、无钠食品的加工，在食品添加剂中加入葡萄糖酸钠能够预防低钠综合症。随着生活水平和保健意识的不断提高，人们对食品营养和风味的要求也越来越高，食品工业正朝着饮食多样化、食品绿色化、低盐化的健康之路发展。葡萄糖酸钠作为一种新型的功能呈味调料,能够赋予食品酸味,改善食品呈味性,防止蛋白质变性,掩盖不良苦味、涩味,代替食盐制取低钠、无钠食品,其具有无毒、无潮解性、稳定性和螯合性较好的特点,并且原料来源广泛,因而备受人们关注,一些新的制备技术与应用层出不穷。此外,葡萄糖酸钠还在建筑、纺织印染和金属表面处理及水处理等行业用于高效螯合剂、钢铁表面清洗剂、玻璃清洗剂的制作及电镀工业铝氧化着色等,所以葡萄糖酸钠的市场需求量极大。据统计,葡萄糖酸钠的全球需求量在 100 万吨以上,并且还在以 5%～8% 的速率增长,中国已成为世界第一大葡萄糖酸钠生产国,2017 年总产能达 50 万吨。其中,生物发酵法生产葡萄糖酸钠凭借其技术成熟、工艺条件温和、技术路线简洁、产品成本低的优势,在葡萄糖酸钠行业中已占据主导地位。

企业生产葡萄糖酸钠的方法包括:①生物发酵法。葡萄糖酸钠的生物发酵法以黑曲霉菌发酵制备为主。该法是将体积分数为 10% 的黑曲霉种子液接种到含营养物质的葡萄糖溶液中,通气搅拌,在 pH 6.0～6.5、温度 32～34 ℃的条件下发酵培养 20 h,并向发酵液中滴加消泡剂。当残糖降至 1 g/L 时可以认为发酵结束。分离发酵液和菌体,发酵液经真空浓缩、结晶或经喷雾干燥后可制得葡萄糖酸钠。该方法的发酵速度快、发酵过程易于控制、产品易提取,但也存在产品色泽不易控制、无菌化要求程度高等缺点。②均相化学氧化法。向葡萄糖溶液中加入催化剂,在一定温度下滴加次氯酸钠和离子膜液碱来控制反应体系的 pH,使反应平衡向产生葡萄糖酸钠的方向移动。达到反应终点后过滤,浓缩。由于氯化钠溶解度低于葡萄糖酸钠,所以用浓缩后先析出氯化钠再析出葡萄糖酸钠的方法进行提纯,最终得到质量分数为 95% 以上的葡萄糖酸钠产品。均相化学氧化法生产葡萄糖酸钠有转化率高、工艺过程简单、成本低的优点,但也存在中间步骤多、副产物多、产物难于分离等缺点。③电解氧化法。将葡萄糖酸钠加入电解槽中,再向电解槽中加入对应的电解质,在一定温度、一定电流密度的稳定电流下电解,电解结束后电解液经浓缩、结晶,可得葡萄糖酸钠晶体。④多相催化氧化法。向四口烧瓶中加入定量葡萄糖溶液和适量催化剂,维持温度恒定。向溶液中通入空气,并滴加 NaOH 溶液来维持 pH。反应后的溶液经冷却、抽滤(催化剂回收)、滤液减压蒸馏浓缩、结晶,风干后便可得到葡萄糖酸钠晶体。

随着对葡萄糖酸钠生产方法研究的不断深入,越来越多的高效生产工艺被发现,为葡萄糖酸钠的生产及应用提供了极大的便利,也为更加深入地研究和利用葡萄糖酸钠奠定了一定的基础。但也存在一些问题,如中国的葡萄糖酸钠在产品质量、生产规模和成本上都与世界先进水平存在一定差距,生产工艺还有很大的改进空间;葡萄糖酸钠母液作为葡萄糖酸钠的副产物，利用价值一直偏低，其中影响最大的是难以被消耗的有机碳源麦芽糖和异构糖。如何通过培养微生物消除母液中的有机碳源，提高葡萄糖酸钠的含量成为企业关心的问题。

三、实验材料

1. 主要培养基配方

（1）一、二代的保藏斜面：葡萄糖6%，尿素0.02%，KH_2PO_4 0.013%，$MgSO_4 \cdot 7H_2O$ 0.002%，玉米浆0.1%，pH调至6.5～7.0；再加入$CaCO_3$ 0.5%，琼脂2.0%，在0.1 MPa的压力下，121 ℃灭菌20 min。培养温度35 ℃，湿度40%，培养时间60 h，保藏方式为棉塞密封。

（2）平板初筛培养基：葡萄糖25%，KH_2PO_4 0.013%，尿素0.02%，$MgSO_4 \cdot 7H_2O$ 0.002%，玉米浆0.1%，琼脂1.8%，pH控制在6.5～7.0。其中，1%的$CaCO_3$单独灭菌。在0.1 MPa的压力下，115 ℃灭菌20 min。倒平板之前加入$CaCO_3$，充分摇匀。经无菌检查后可使用。将孢子悬浮液梯度稀释至合适的孢子浓度，涂布，35 ℃培养48 h。

（3）摇瓶种子培养基：葡萄糖24%，KH_2PO_4 0.064%，尿素0.02%，$MgSO_4 \cdot 7H_2O$ 0.002%，玉米浆0.72%，pH控制在6.5～7.0，分装于各摇瓶、各孔板，最后加入1.5%的$CaCO_3$。在0.1 MPa的压力下，115 ℃灭菌20 min。接种后摇匀。

（4）摇瓶发酵培养基：葡萄糖20%，KH_2PO_4 0.002%，尿素0.01%，$MgSO_4 \cdot 7H_2O$ 0.002%，控制pH在6.5～7.0，分装于各摇瓶、各孔板，最后添加4%的$CaCO_3$。在0.1 MPa的压力下，115 ℃灭菌20 min。

（5）摇瓶筛选培养基：葡萄糖20%，KH_2PO_4 0.013%，尿素0.02%，$MgSO_4 \cdot 7H_2O$ 0.002%，玉米浆0.1%，pH控制在6.5～7.0，分装于各摇瓶、各孔板，最后添加4%的$CaCO_3$。在0.1 MPa的压力下，115 ℃灭菌20 min。

（6）5 L发酵罐种子培养基：葡萄糖30%，KH_2PO_4 0.058%，$(NH_4)_2HPO_4$ 0.23%，$MgSO_4 \cdot 7H_2O$ 0.025%，玉米浆0.25%。在0.1 MPa的压力下，115 ℃灭菌20 min。

（7）5 L发酵罐发酵培养基：葡萄糖27.5%，KH_2PO_4 0.017%，$(NH_4)_2HPO_4$ 0.029%，$MgSO_4 \cdot 7H_2O$ 0.021%。在0.1 MPa的压力下，115 ℃灭菌20 min。

2. 主要试剂

斐林试剂：配制甲液时准确称取35 g $CuSO_4 \cdot 5H_2O$于无二氧化碳的蒸馏水中进行溶解，再准确称取0.05 g亚甲基蓝，溶解后一起定容至1 000 mL。乙液配制时准确称取117 g酒石酸钾钠和126.4 g氢氧化钠于无二氧化碳的蒸馏水中进行溶解，再准确称取 9.4 g 亚铁氰化钾溶解后一起定容至 1 000 mL。

3. 仪器

超净工作台等。

四、实验步骤

1. 斜面培养

25×200 规格的试管培养基装液量为 15 mL，茄子瓶的培养基装液量为 50 mL。用无菌竹签挑取保藏斜面菌落涂布于新鲜斜面，于 37 ℃培养 60 h。

2. 摇瓶培养

（1）用 15 mL 无菌水洗脱试管斜面的孢子，利用玻璃珠打散摇匀，制成孢子悬浮液。以 2% 的接种量接种入种子摇瓶，其中摇瓶的体积为 500 mL，装液量为 50 mL。培养温度设置为 37 ℃，摇床的转速为 220 r/min，培养 20 h 后以 10% 的接种量接入 500 mL 发酵摇瓶中，摇瓶装液量为 50 mL。在 37 ℃的恒定温度下，转速为 220 r/min，培养共计 48 h。

（2）改良后的培养基为一步式发酵。用 15 mL 无菌水洗脱试管斜面的孢子，利用玻璃珠打散摇匀，制成孢子悬浮液。以 2% 的接种量接种入装有改良后培养基的 500 mL 摇瓶，摇瓶的装液量为 50 mL。在恒温 37 ℃、转速为 220 r/min 的条件下培养 48 h。

3. 5 L 发酵罐培养

以 50 mL 无菌水洗脱茄子瓶斜面的孢子，倒入瓶底铺满玻璃珠的三角瓶震荡打散摇匀，全部接入种子罐培养，种子罐培养的工作体积为 3.5 L，通气量为 4.8 L/min，搅拌速度为 600 r/min，待培养至指数生长期末期后放掉种子罐发酵液至仅剩 500 mL，加入 3 L 灭菌后的发酵培养基，保持工作体积仍为 3.5 L，通气量保持在 4.8 L/min，搅拌速度仍设定为 600 r/min，以 NaOH 为碱性溶液调节罐中的 pH，继续培养至发酵结束。

4. 活化三种酵母菌种

首先将酵母菌接种到 50 mL 2% 葡萄糖溶液中，在恒温 30 ℃、转速 110 r/min 条件下培养 30 min，然后将糖化好的菌种全部倒入 100 mL YEPD 培养基中，在恒温 30 ℃、转速 110 r/min 条件下培养 120 h。

YEPD 培养基配方：1% 酵母膏，2% 蛋白胨，2% 葡萄糖。若配制固体培养基，需再加入 2% 琼脂粉。

配制方法：①溶解 10 g 酵母膏、20 g 蛋白胨于 900 mL 水中。②高压 121℃、20 min，灭菌。③在 100 mL 水中加入 20 g 葡萄糖，葡萄糖溶液经 151℃、15 min 灭菌后加入培养基，将酵母菌种接种入液体培养基中，在 25 ℃下培养。

5. 稀释母液（单一菌种培养）

（1）确定葡萄糖酸钠母液的优化条件。每升葡萄糖酸钠溶液中加入 9.6 g 尿素和 0.54% 微量元素（微量元素配方：五水硫酸铜 6 g，硫酸铜 3.84 g，碘化钾 0.09 g，水合硫酸锰 3 g，二水钼酸钠 0.2 g，硼酸 0.02 g，氯化钴 0.5 g，氯化锌 20 g，七水硫酸亚铁 65 g，玉米浆 0.2 g，硫酸 5 mL）。

（2）稀释待优化发酵液。①发酵液原液：水 =7：1；②发酵液原液：水 =6：2；③发酵液原液：水 =5：3；④发酵液原液：水 =4：4；⑤发酵液原液。以上 5 种方案每种重复做 3 瓶，每瓶共 160 mL 培养基（加入尿素 9.6 g/L，微量元素 0.54%/L，高压 121 ℃、20 min，灭菌），分别接等量（100 mL）活化好的耐高温、耐高糖、白酒曲酵母菌。

（3）将所有培养瓶放入恒定 30 ℃、转速 110 r/min 条件下的恒温摇床中培养。

（4）从接种第二天起，每 24 h 检测稀释发酵液中酵母菌含量。

直接计数法：分别取两瓶同一浓度的稀释发酵液培养基 1 mL，振荡均匀后做 10 倍梯度稀释，稀释度记为 10^{-1}、10^{-2}、10^{-3}、10^{-4}、10^{-5}、10^{-6}。分别吸取各稀释度菌液，用血球计数板记录酵母菌数量。以酵母细胞数量 30 ～ 300 为有效计数梯度，并确定测量稀释度，对每个样品重复计数 3 次，取其平均值。对两瓶同一稀释浓度的稀释发酵液的测量结果取平均值。连续测定 7 d，绘制酵母生长曲线。

测吸光值法：同一稀释浓度下，取对照组稀释发酵液培养基摇匀后，在波长 600 nm（已知酵母的最大吸收波长为 600 nm）测定其 OD 值作为空白对照，取两瓶实验组稀释发酵液培养基，摇匀，在波长 600 nm 测定其 OD 值并取其平均值（若溶液太浓，应适当稀释，使 OD 值为 0.1 ～ 0.65），连续测量 7 d，绘制酵母生长曲线。

6. 酵母菌混合培养（发酵液原液）

（1）确定葡萄糖酸钠母液优化条件。每升葡萄糖酸钠溶液加入 9.6 g 尿素和 0.54% 微量元素（微量元素配方：五水硫酸铜 6 g，硫酸铜 3.84 g，碘化钾 0.09 g，水合硫酸锰 3 g，二水钼酸钠 0.2 g，H_3BO_3 0.02 g，氯化钴 0.5 g，氯化锌 20 g，七水硫酸亚铁 65 g，玉米浆 0.2 g，硫酸 5 mL）。

（2）酵母菌接种方案。①耐高温 + 耐高糖；②耐高温 + 白酒曲；③耐高糖 + 白酒曲；④耐高温 + 耐高糖 + 白酒曲；⑤耐高温、耐高糖、白酒曲酵母菌分别接种。根据以上 5 种接种方案，控制起始菌种总量为 120 μL，接种到 160 mL 的发酵液原液（加入尿素 9.6 g/L，微量元素 0.54 g/L，高压 121 ℃、20 min，灭菌）中。

（3）将所有培养瓶放入恒定 30 ℃、转速 110 r/min 条件下的恒温摇床中培养。

（4）从接种第二天起，利用直接计数法和测吸光值法每 24 h 检测稀释发酵液中酵母菌含量，绘制酵母生长曲线。

7. 葡萄糖酸钠培养液成分的分离与鉴定

（1）摇瓶测定：分别吸取菲林甲乙液各 5 mL，加入至 150 mL 的锥形瓶中，加入 3 粒玻璃珠，加入 0.5 mL 去离子水，用滴定管滴加一定量的 0.1% 的标准葡萄糖液，摇匀，在电炉上加热使其在 2 min 内沸腾。在沸腾状态下以 2 s/ 滴的速度滴入标准葡萄糖溶液，滴定至蓝色刚好消失，记录前后总共消耗的标准葡萄糖溶液的总体积。同种方法做 3 次，取平均值记录为 V_0。

分别吸取菲林甲乙液各 5 mL，加入至 150 mL 的锥形瓶中，加入 3 粒玻璃珠，加入 0.5 mL 稀释后的样品，用滴定管滴加一定量的 0.1% 的标准葡萄糖液，摇匀，在电炉上加热使其在 2 min 内沸腾。在沸腾状态下以每 2 s/ 滴的速度滴入标准葡萄糖溶液，滴定至蓝色刚好消失，记录前后总共消耗的标准葡萄糖溶液的总体积 V_1。

最终葡萄糖的测定 (g/100 mL)=($V_0 - V_1$)×0.2

（2）产物检测：采用高效液相色谱仪进行 HPLC 检测。色谱柱为 C18 柱（4.6 mm × 250 mm，5 μm）。流动相 V(甲醇)：V(磷酸)=1：1，5% 甲醇溶液：0.5% 磷酸溶液；流速为 1 mL/min；紫外线吸收检测器检测波长 210 nm。

五、实验结果

检测葡萄糖酸钠含量，绘制酵母生长曲线并检测葡萄糖酸钠含量的变化。

实验 14 可用于玉米浸泡的复合菌剂的筛选

一、实验目的

筛选用于玉米浸泡的复合菌剂，以减少玉米浸泡过程中 SO_2 的使用量。

二、背景介绍

玉米淀粉的制备分干法和湿法两类。干法工艺是指靠磨碎、筛分、风选的方法,分离出胚芽和纤维,得到低脂的玉米粉;湿法工艺是玉米经浸泡、粗细研磨,使胚芽、纤维和蛋白质分离出来,得到高纯度的玉米淀粉。为获得高纯度玉米淀粉,我们一般采用封闭式湿法工艺。玉米浸泡是湿法生产玉米淀粉工艺中的第一步,也是提取淀粉的首要过程,这一步骤直接影响了淀粉工业各类产品的收率和质量。浸泡的主要目的是使玉米籽粒软化,含水45%左右,浸出的可溶性物质主要为矿物质、蛋白质和糖等。浸泡过程主要是破坏蛋白质网络结构,使淀粉和蛋白质分离,应防止杂菌污染,抑制氧化酶反应,避免淀粉变色。常规工艺需向浸泡液中添加2 000～5 000 ppm的高浓度SO_2,在48～55 ℃高温下浸泡48～72 h,以充分瓦解包裹在淀粉外侧的蛋白质网,达到较好的玉米浸泡分离效果。

含二氧化硫的浸泡水对蛋白质网的分散作用随二氧化硫含量的增加而增强。当SO_2浓度为2 000～3 000 ppm时,蛋白质网分散作用适当,淀粉较易分离;而浓度低于1 000 ppm时,不能产生足够的分散作用,淀粉分离困难。但是,SO_2的大量使用会造成环境污染、设备腐蚀和淀粉产品中亚硫酸残留过高等问题。此外,浸泡在整个生产工艺流程中所占时间最长,消耗能源较多,因而浸泡周期过长也是影响玉米淀粉生产效率的瓶颈。

随着我国玉米淀粉工业的飞速发展,小规模的玉米淀粉厂由于能耗高、污染大,已逐渐被淘汰。新建厂的规模从日处理1 000吨玉米向日处理3 000吨玉米方向发展,浸泡罐的体积和数目也越来越大,占地面积也相应增大,带来了高昂的设备投资和土建处理费用。为了减少投资、缩短浸泡时间和降低能耗,研究人员开发了一些新技术应用于玉米浸泡工序,如在玉米浸泡过程中添加复合菌剂等。

复合菌剂有别于原来的单一成分菌剂,是利用多种对宿主有用的菌种复合得到的。用于玉米浸泡的复合菌剂含有能够产蛋白酶、纤维素酶和半纤维素酶的菌种。为了进一步缩短浸泡时间,降低SO_2浓度,防止淀粉质溶出而损失,我们还应进一步筛选可产乳酸但不产淀粉酶的,同时所述复合菌剂的菌种优选条件为耐高温,如选择耐受45～60 ℃高温的微生物,以便使其在浸泡过程中能够最大限度发挥微生物间的协同作用。

三、实验材料

(1)材料:车间玉米浆、碳酸钙筛选平板、脱脂乳筛选平板、纤维素筛选平板、淀粉筛选平板和半纤维素筛选平板。

纤维素筛选平板配方：纤维素 2%，蛋白胨 1%，酵母浸粉 0.5%，氯化钠 0.5%，琼脂 2%，pH 5。

半纤维素筛选平板配方：半纤维素 2%，蛋白胨 1%，酵母浸粉 0.5%，氯化钠 0.5%，琼脂 2%，pH 5。

脱脂乳筛选平板配方：脱脂奶粉 2%，琼脂 2%，pH 5。

碳酸钙筛选平板配方：蛋白胨 1%，酵母浸粉 0.5%，氯化钠 0.5%，葡萄糖 2%，玉米浆滤液 2%(V/V)，碳酸钙 1%，琼脂 2%，pH 5。

淀粉筛选平板配方：玉米淀粉 2%，蛋白胨 1%，酵母浸粉 0.5%，氯化钠 0.5%，琼脂 2%，pH 5。

（2）仪器：干燥器、恒重瓶、超净工作台等。

四、实验步骤

（1）取车间不同工段的玉米浆，各稀释 10、100、1 000 倍，涂于不同的筛选平板，在恒定 50 ℃的条件下培养。

（2）各菌株分别接入活化培养基，在恒定 37 ℃、转速为 150 r/min 的条件下活化培养 16 h，再按 1%（V/V）比例接入新的活化培养基，在恒定 50 ℃、转速为 150 r/min 的条件下培养 16 h，将可生长菌株的菌液依次点到碳酸钙筛选平板、脱脂乳筛选平板、半纤维素筛选平板和淀粉筛选平板上，在恒定 48 ℃的条件下静置培养 24 h。观察记录各平板上菌落的直径大小。

（3）碳酸钙筛选平板、脱脂乳筛选平板、淀粉筛选平板直接观察记录透明圈直径。半纤维素筛选平板和 CMC 筛选平板加入 5 mL 1% 刚果红溶液，室温静置 30 min 后倒掉刚果红溶液，再加入 1 mol/L 氯化钠溶液，室温静置 30 min 后倒掉氯化钠溶液，然后再观察菌落周围的透明圈直径。其中，透明圈直径/菌落直径的结果在 3 以上的记为 "+++"，1.5～3 的记为 "++"，1.5 倍以内的记为 "+"，无明显透明圈的记为 "-"，透明圈直径越大说明酶活性越强。

（4）碳酸钙平板透明圈较大的菌株使用产酸培养基在恒定 50 ℃、转速 150 r/min 的条件下活化过夜，再按 5%（V/V）比例接入产酸培养基，在恒定 50 ℃、转速为 150 r/min 的条件下培养 24 h，使用液相色谱检测其产酸是否为乳酸。以 "+" 的多少表示产乳酸量的多少，"-" 表示不产乳酸。

（5）模拟逆流法浸泡工艺：8 组浸泡罐组成一组，维持浸泡温度为 50 ℃，将一

定 SO_2 浓度 (配制时将亚硫酸换算为 SO_2 浓度) 的浸泡液加入浸泡组最后一份玉米中 (液体与干玉米比例为 3∶1), 每隔 6 h, 将浸泡液转移至上一份玉米, 如此反复, 使 SO_2 浓度最高的新浸泡液与浸泡时间最长的玉米接触, 新玉米与最后的浸泡液接触。浸泡完成后浸泡液为稀玉米浆, 取不同浸泡时间的浸泡液和玉米检测浸泡效果。

（6）浸泡后玉米水分含量的测定：沥干浸泡后玉米表面上的水分, 称取样品 20 g 左右, 精确记录湿重, 置于烘至恒重的称量瓶中, 再将称量瓶置于（105±2）℃的烘箱中, 干燥至恒重, 放入干燥器内, 冷却至室温, 称重并计算。

（7）玉米淀粉得率的测定：取 100 g 浸泡后的玉米, 记录实际湿重, 经过粉碎机粗磨将玉米破碎, 加少量水并搅拌使胚芽悬浮分离。将去除胚芽后的部分细磨, 浆液通过 200 目过滤筛过滤, 将过滤后的浆液与滤渣洗涤液混合, 在恒定 4 ℃的条件下静置 24 h, 然后将去掉上层清液置入离心机中脱水。转速为 4 000 r/min 离心 3 min 去除蛋白质, 收集下层淀粉, 干燥至恒重, 称重计算。

五、实验结果

测量加菌剂后玉米水分含量和淀粉得率的变化, 判断复合菌剂是否有效。

实验 15　利用质构仪检测玉米浸泡效果的研究

一、实验目的

寻找判断玉米浸泡效果的新指标。

二、背景介绍

玉米浸泡（亦称为玉米浸渍）是玉米湿磨生产基本过程中的第一步, 也是湿磨提取淀粉的首要过程。浸泡质量直接影响了各类产品的收率和质量。

1. 浸渍的目的

（1）破坏或者削弱玉米粒各组成部分的联系, 分散胚乳细胞中蛋白质网, 使淀粉和非淀粉部分分开。

（2）浸渍出玉米粒中的可溶性物质。

（3）抑制玉米中微生物的有害活动, 防止生产过程物料腐败。

(4)使玉米软化降低玉米粒的机械强度,便于后工序的操作。

2. 玉米浸泡机理

(1)亚硫酸的作用:玉米皮是由半渗透膜组成的,要使玉米粒内部的可溶物渗透出来,必须将半渗透膜变成渗透膜,亚硫酸具有这种功能,这是亚硫酸的第一个作用。亚硫酸的第二个作用是能破坏玉米粒的蛋白质网,使被蛋白质网包裹的淀粉颗粒游离出来,从而有利于淀粉与蛋白质分开,同时还可把部分不溶性蛋白转变成可溶性蛋白。

(2)亚硫酸破坏蛋白质的原理分析:玉米中的蛋白质分为白蛋白和球蛋白、醇溶蛋白和谷蛋白四部分。白蛋白和球蛋白易溶解,醇蛋白埋在谷蛋白的基质中,是玉米蛋白粉的主要来源。淀粉也被谷蛋白基质包埋。谷蛋白是由大约20种相对分子质量范围为11 000～127 000的不同蛋白质单元通过二硫键(二硫化物桥)结合组成的巨大而复杂的蛋白质分子。破坏二硫键可使蛋白质分子结构松动,使有规则的紧密结构变为不规则的开链和松散排列。二硫键是一个半胱氨酸的 –SH 与同链或另一半胱氨酸的 –SH 脱氢氧化而成的,是蛋白质分子中的重要化学链。据估计,浸泡中使用的二氧化硫只有5.7%为玉米吸收(其中45%在胚乳蛋白质内,2%在淀粉内,40%在胚芽内),吸收的二氧化硫中只有12%与蛋白质反应。

此外,亚硫酸还可使玉米粒内部的无机盐得到溶解,并释放在浸泡水中,同时还能抑制霉菌、腐败菌及其他微生物的生长,具有防腐作用;而亚硫酸能促进乳酸杆菌的繁殖和生长进而产生乳酸,这也是它的特殊作用。

3. 乳酸的产生及其对浸泡的影响

(1)乳酸的产生:乳酸是乳酸杆菌以玉米经浸渍溶出的糖为基质,将其发酵转化而生成的。乳酸菌主要来自玉米本身及玉米携带的空气,同时在乳酸生成的过程中,原菌也不断进行大量繁殖。

(2)乳酸菌发育条件:由于乳酸菌所能承受的最高温度为54 ℃,限制酵母菌生产的最高温度是48 ℃,低于48 ℃时酵母菌会大量产生,将糖分解成 CO_2 和乙醇,对浸泡产生不利的效果,所以菌种发育的适宜温度是48 ℃,介质pH为弱碱性或中性。

4. 浸泡过程的三个阶段

第一阶段是乳酸作用阶段。在这一阶段,新玉米与含高浓度乳酸的浸泡水(老浆)接触,此时 SO_2 含量与pH都较低,可抑制玉米带来的微生物的有害活动,同时高浓度乳酸作用在玉米胚乳上形成坑洞,使浸泡水易于渗入玉米粒内部。

第二阶段是 SO_2 扩散阶段。在这一阶段,玉米与浓度较高的 SO_2 和浓度较低的乳酸接触，SO_2 将通过上一阶段形成的坑洞扩散至籽粒内部，发挥其作用。

第三阶段是 SO_2 作用阶段。在这一阶段，SO_2 扩散进入玉米粒内部，降解蛋白质。高浓度的 SO_2 可保证在其扩散时，有足够的 SO_2 存在于浸泡水中。此阶段浸泡水中的乳酸和固形物含量都比较低。

5. 影响玉米浸泡效果的三要素

（1）温度：乳酸菌在高于 54 ℃或低于 48 ℃的温度下会产生对浸泡不利的因素，因而浸泡温度应控制在 48~52 ℃，实验证明这一点是正确的。

（2）时间：水分多由根冠借毛细管作用通过凹陷区很快进入有孔的胚乳。实验表明，温度控制在 49 ℃时，4 小时胚芽变湿，8 h 胚乳变湿，但使籽粒完全软化及纤维性组分水化却是较慢的，一般为 12~18 h。由于蛋白质的变性，烘干玉米减少了水分的结合点，所以软化时间还要适当加长，温度也要适当提高。渗入玉米的稀浸泡水是一种复杂溶液，主要成分有多肽、各种氨基酸、乳酸及各种阳离子。在 12 h 内乳酸随水进入籽粒很快杀死胚芽内活细胞，使细胞膜成为多孔物质。可溶糖、氨基酸、蛋白质、矿物质及活细胞生长产生的多种有机分子都沥滤进入浸泡水，在 12~18 h 内抽提速度较快，但籽粒内部蛋白质与 SO_2 反应生成的可溶物渗出速度较慢。

（3）浸渍剂：不少科研单位和生产厂在选择玉米浸渍剂时都做过用醋酸、盐酸、乳酸作为浸渍剂浸泡玉米的实验，实验结果表明，用亚硫酸浸泡玉米效果最好。亚硫酸浓度一般控制在 0.25%~0.35%。

6. 玉米浸泡质量标准

（1）感官指标：手握松散有弹性、手捏能挤出胚芽、种皮能剥离且透亮有光泽。

（2）理化指标：①湿玉米水分 42%~46%，可溶物≤2.5%，酸度为 100 g 干物质耗 NaOH 量不超 70~90 mL（0.1 mol NaOH）；②浸泡水干物质含量 6%~8%，酸度不低于 11%（以 HCl% 计），浸泡水排出量 0.5~0.7 m³/T 玉米。

7. 质构仪

质构仪具有功能强大、检测精度高、性能稳定等特点，是高校、科研院所、食品企业、质检机构实验室等部门研究食品物性学有力的分析工具。可应用于肉制品、粮油食品、面食、谷物、糖果、果蔬、凝胶、果酱等食品的物性学分析。质构仪主要包括主机、专用软件、备用探头及附件等，其基本结构一般是由一个能对样品产生变形作用的机械装置，一个用于盛装样品的容器和一个对力、时间和变形率进行记录的记录系统组成的。围绕距离、时间和作用力三者进行测试和结果分析，物性分析仪所反映的主要是与力学特性有关的质地特性，其结果具有较高的灵敏性与客观性，并可通过配备的专用软件对结果进行准确的量化处理，以量化的指标来客观全面地评价物品。因此，利用质构仪快速、准确地检测玉米浸泡效果是本实验的研究目的。

三、实验材料

（1）材料：玉米、SO_2。
（2）仪器：三角瓶、水浴锅、质构仪等。

四、实验步骤

1. 玉米浸泡

玉米浸泡采用逆流浸泡的工艺。逆流浸泡一般指新玉米先用浸泡时间最长的浸泡水浸泡，新酸先浸泡最早投入（浸泡时间最长）的玉米。新玉米与新酸投入罐组的顺序方向是相反的（故称逆流浸泡）。逆流浸泡始终保持浸泡水与玉米间可溶物的最大浓度差。

依次逆流浸泡工艺流程，如图 3-4 所示。

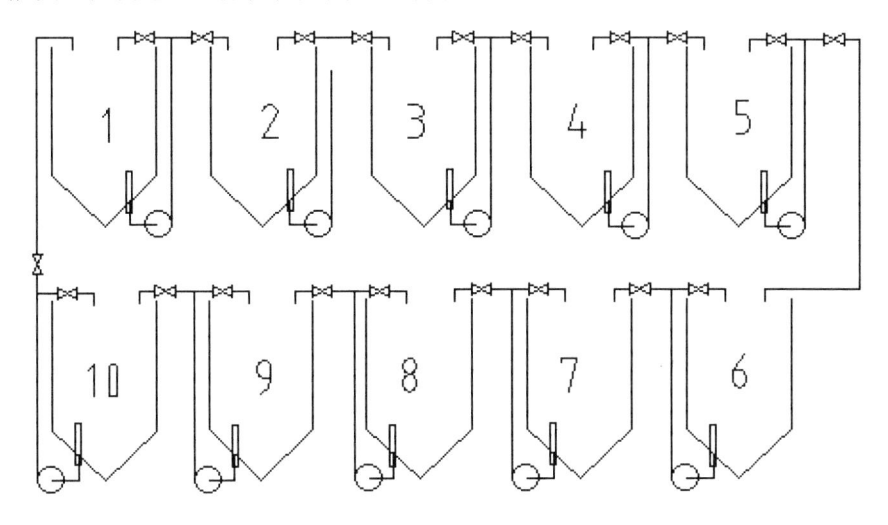

图 3-4　依次逆流浸泡工艺流程

倒罐顺序：1#-2#-3#-4#-5#-6#-7#-8#-9#-10#-1#。

2. 样品制备

将浸泡效果好的和差的玉米数粒扒开取出胚芽，3 个或 1 个一组放在质构仪中测量胚芽弹性和硬度值。

3. 质构仪检测

（1）打开质构仪开关，打开操作软件。

（2）单击错号或单击以后注册。

（3）弹出的页面单击错号。

（4）单击方案列表，双击选择 TPA 程序，弹出的页面选择确定。

（5）单击程序设定，设置各参数。

（6）单击参数设定，存档信息可以根据自己的需要选择保存路径，探头选择 P/36R。参数为系统默认，如果测除了玉米以外的物品可以根据自己的样品进行设置，采集率根据样品由软到硬设置 0.1～400，测玉米选择 200，典型测试时间为 150 s。测试前与测试后不做选择。

（7）校正：点击上方 T.A. 选择校正，然后选择校正力，弹出页面选择下一步，继而后将 1 kg 砝码放在质构仪力量校正平台上，点击下一步，最后点击完成；进行高度校正，点击上方 T.A. 选择校正，然后选择高度校正，出来页面后返回距离设置为 10、返回速度也为 10、接触力为 5。校正前保证质构仪测试平面无任何物品，清除力量校正平台上的附属物。

（8）将待测样品放在探头下方，点击 T.A. 选择运行。

（9）选择 TAP.rsl 查看硬度 (K) 和弹性 (N) 数据。

（10）测试结束后，软件、质构仪关闭，然后将质构仪平面样品擦拭干净。另外，红色按钮为紧急按钮，当套头不受程序控制时，可将此按钮旋转按下，制止探头接触质构仪平面。

五、实验结果

利用统计学方法分析浸泡效果好的和差的玉米胚芽弹性和硬度值之间的差别。

实验 16 辅酶 Q10 发酵过程工艺控制

一、实验目的

通过辅酶 Q10 的产生菌——类球红细菌的培养，了解菌种在小型发酵罐中培养的过程，包括培养基和设备的灭菌、种子的培养、接种、发酵工艺控制等，进一步巩固所学的有关发酵过程的控制、中间补料、溶氧控制、变温发酵及代谢调节等知识，学会分析代谢曲线，掌握有关参数及辅酶 Q10 的定量分析方法。

二、实验原理

辅酶 Q10 是一种位于线粒体上的脂溶性化合物，化学分子式为 $C_{59}H_{90}O_4$。辅酶 Q10 的制备方法有组织提取法、微生物发酵法和化学合成法。我国国内多家公司均实现了辅酶 Q10 的工业化生产，多采用微生物发酵法，且最高产量已达到 3 000 mg/L。葡萄糖是碳源中最易利用的糖，几乎所有的微生物都能利用葡萄糖，所以葡萄糖常作为培养基的一种主要成分，并且作为加速微生物生长的一种有效糖。适量地增加葡萄糖浓度可以有效提高产物的合成量。因此，选择合适的葡萄糖补加方式并合理控制培养基中葡萄糖的浓度有利于产物的合成。

本实验用类球红细菌进行深层液体发酵生产辅酶 Q10，发酵方式为流加分批发酵。通过流加补料将发酵过程中葡萄糖浓度分别控制在 10～15 g/L、5～10 g/L，探究发酵过程中维持葡萄糖不同浓度对类球红细菌发酵生产辅酶 Q10 的影响。

三、实验仪器和试剂

1. 仪器

BIOTECH-7BG 型发酵罐、高效液相色谱、显微镜、台式离心机、旋转蒸发仪等。

2. 菌种

类球红细菌。

3. 培养基

（1）种子培养基 (g/L)：葡萄糖 3，酵母提取物 8，NaCl 2，KH_2PO_4 1.3，$MgSO_4 \cdot 7H_2O$ 0.25，1 mL 辅液。

（2）发酵培养基 (g/L)：葡萄糖 30，甘露醇 7.5，玉米浆干粉 3，鱼粉蛋白胨 3，谷氨酸钠 5，NaCl 3.5，硫酸铵 3，KH_2PO_4 3，$MgSO_4 \cdot 7H_2O$ 15，$FeSO_4$ 1.25，$MnSO_4$ 0.12，1 mL 辅液。用 NaOH 调 pH 至 7.0（发酵罐培养基加 3 mL 泡敌）。辅液（g/L）：盐酸硫胺 1，生物素 0.015，烟酸 1，$CuSO_4$ 0.1。

（3）补料培养基 (g/L)：葡萄糖 300。

（4）发酵消泡剂配比（v）：泡敌∶水 =1∶10。

（5）培养基灭菌方法：培养基等配好后在蒸汽灭菌罐内于 115 ℃下灭菌 30 min。

四、实验步骤

1. 发酵工艺条件路线

平板活化 → 菌种子斜面 → 摇瓶种子 → 罐发酵。

2. 斜面种子培养

从平板培养基上取单菌落接种于斜面培养基上，在 32 ℃恒温条件下培养 72 h。

3. 摇瓶种子培养

250 mL 摇瓶加入 50 mL 种子培养基，灭菌后冷却，挖一块约 0.5 cm² 小块斜面放入培养基中，在恒温 30 ℃、转速为 200 r/min 的条件下培养 24 h。

4. 发酵

（1）罐发酵培养。以 8%（V/V）接种量接种于 5 L（装液 3 L）发酵培养基中，温度控制在 32 ℃，pH 保持在 6.8 ± 0.2，压强为 0.03 Mpa，流量为 3 L/min（初始），转速为 200 r/min（初始），补料分批培养，用氨水自动调节 pH，到 120 h（4 ～ 5 d）左右放罐。

培养 2 ～ 3 h 后，通过调节空气流量和转速，控制溶氧（DO）在 50% 的水平。发酵液 pH 会先上升再下降，待其降至 6.8，通过补加氨水，控制 pH 在 6.8。每 4 h 测一次葡萄糖含量，计算补料体积，分别维持葡萄糖浓度在如下水平：① 1211 班的葡萄糖浓度维持在 10 ～ 15 g/L；② 1212 班的葡萄糖浓度维持在 5 ～ 10 g/L。

补料速率：根据还原糖分析结果及溶氧水平情况进行补料（30 ～ 60 min 补料一次）。每班取 3 个摇瓶测定有关参数。

（2）参数测定及记录。在线参数每 1 h 记录一次，离线参数每 8 h 取样分析一次，包括总糖、还原糖、氨基氮、菌体浓度、pH、辅酶 Q10 含量等。

（3）放罐条件。待发酵后期，辅酶 Q10 产量下降，溶氧上升，pH 上升，开始放罐。

5. 离线参数测定

在发酵过程中每 4 h 取一次样分析以下项目：

（1）美蓝染色，镜检观察，并记录类球红细菌细胞菌体形态。

（2）菌体浓度测定：干重法。

（3）还原糖测定：生物传感分析仪。

（4）取发酵液离心后的上清液用甲醛滴定法测氨基氮。

（5）辅酶 Q10 的提取及定量测定：用酸热法提取辅酶 Q10（在 90 ℃水浴锅中

加热，注意不要用电炉加热），用 HPLC 测定辅酶 Q10 的含量。

6. 在线参数测定

在发酵罐上连续测定 pH、溶氧(DO)、转速、流量、温度等。

7. 记录结果

记录所测参数，记入辅酶 Q10 发酵批报表。

五、辅酶 Q10 发酵过程有关离线参数的分析方法

1. 菌体浓度的测定

（1）菌体浓度测定的干重法。取 5 mL 菌液于已称好管重（W_0）的 10 mL 离心管中（每次 3 个平行对照），4℃下离心 15 min，离心转速为 5 000 r/min。离心所得菌体用稀盐酸溶液（浓度为 0.05m/L，配方为用 5 mL HCl 加水至 1 L）洗涤两次，称湿重记为 W_1。注意：洗涤时，要充分震匀。打开离心管盖，置 80℃ 烘箱中烘至恒重，称干菌体与离心管重量 W_2。

（2）计算公式。

$$湿重 X_1 = (W_1 - W_0) \times 20 \text{ g/L}$$
$$干重 X_2 = (W_2 - W_0) \times 20 \text{ g/L}$$

式中：W_1 为湿菌体与离心管重量，单位为 g；

W_2 为干菌体与离心管重量，单位为 g；

W_0 为离心管重量，单位为 g。

2. 生物传感分析仪测定发酵液中还原糖

在"准备就绪"状态下，按"运行"键，仪器自动清洗 2 次，以更新反应池和管道内的缓冲液，清洗结束后进入自动定标状态。这时，注入 25 mL 标样，仪器自动开始测定标样并定标，测定完成后，自动清洗一次，进入下一测定循环。仪器根据上次定标时的测定误差，自动判断是否需要继续定标，如需要，则再次提示定标。当完成仪器标定后，绿灯不再闪烁，仪器进入测定样品状态。注入 25 mL 样品，根据结果确定要稀释的倍数。初始为 40 倍。

3. 菌体中辅酶 Q10 含量提取与测定

（1）菌体细胞的破碎。酸热法处理菌体主要是利用盐酸对细胞中的糖及蛋白质等成分的作用，疏松细胞的结构，再经过沸水、冷冻处理，使细胞达到破碎的效果，辅酶 Q10 得率相对较高，操作也相对简单。

酸热法操作步骤：取 1 mL 发酵液，加入 0.2 mL 浓度为 0.1 mol/L 的盐酸，于

90 ℃水浴锅中，水浴处理 15 min。破壁后迅速冷却，设定转速为 5 000 r/min，离心 10 min，弃尽上清。加入 5 mL 提取液（乙酸乙酯∶乙醇 =5∶3，体积比），在漩涡震荡器上混匀，置于超声波清洗仪中超声抽提 15 min，暗室中抽提 15 min，每隔 5 min 摇匀一次。将抽提液离心 10 min。上层有机相 0.46 μm 滤头过滤，待测。

（2）辅酶 Q10 含量的分析。辅酶 Q10 用 HPLC 进行分析，液相分析仪器品牌为安捷伦，色谱柱为 C18 反相柱（5 μm×4 mm×150 mm）。流动相为甲醇∶异丙醇 =3∶1，柱温箱为 40 ℃，流速为 1 mL/min，检测波长是 275 nm。辅酶 Q10 标准品梯度稀释后经 HPLC 分析建立。

辅酶 Q10 标准曲线：y=0.06729x，R2=0.99996（x 为峰面积，y 为辅酶 Q10 浓度）。

菌体中辅酶 Q10 含量 y=0.06729×5x=0.33645x（提取时，辅酶 Q10 稀释了 5 倍）。

六、实验结果

绘制相关表格。

实验 17　水中细菌学检查

水中细菌总数的测定

一、实验目的

（1）学习水样的采取方法和水样细菌总数测定的方法。
（2）了解水源水的平板菌落计数的原则。

二、实验原理

本实验应用平板菌落计数技术测定水中细菌总数。由于水中细菌种类繁多，它们对营养和其他生长条件的要求差别很大，因而不可能找到一种培养基在一种条件下，使水中所有的细菌均能生长繁殖。因此，以一定的培养基平板上生长出来的菌落，计算出来的水中细菌总数仅是一种近似值。目前一般是采用普通肉膏蛋白胨琼脂作为培养基。

三、实验器材

（1）培养基：肉膏蛋白胨琼脂培养基，无菌水。

（2）仪器或其他用具：灭菌三角烧瓶、灭菌带玻璃塞瓶、灭菌培养皿、灭菌吸管、灭菌试管等。

四、实验步骤

1．水样的采取

（1）自来水：先将自来水水龙头用火焰烧灼 3 min 灭菌，再开放水龙头使水流动 5 min 后，以灭菌三角烧瓶接取水样，以待分析。

（2）池水、河水或湖水：应取距水面 10～15 cm 的深层水样，先取灭菌的带玻璃塞瓶，瓶口向下浸入水中，然后翻转过来，除去玻璃塞，使水流入瓶中。盛满后，将瓶塞盖好，再从水中取出。最好立即检查，否则需放入冰箱中保存。

2．细菌总数测定

（1）自来水测定方法。

①用灭菌吸管吸取 1 mL 水样，注入灭菌培养皿中。共做两个平皿。②分别倾注约 15 mL 已溶化并冷却到 45℃ 的肉膏蛋白胨琼脂培养基，并立即在桌上做平面旋摇，使水样与培养基充分混匀。③另取一空的灭菌培养皿，倾注肉膏蛋白胨琼脂培养基 15 mL 作空白对照。④培养基凝固后，倒置于 37℃ 温箱中，培养 24 h，进行菌落计数。⑤两个平板的平均菌落数即为 1 mL 水样的细菌总数。

（2）池水、河水或湖水测定方法。

①稀释水样：取 3 个灭菌空试管，分别加入 9 mL 灭菌水。取 1 mL 水样注入第一管 9 mL 灭菌水内，摇匀，再自第一管取 1 mL 至下一管灭菌水内，如此稀释到第三管，稀释度分别为 10^{-1}、10^{-2} 和 10^{-3}。稀释倍数看水样污浊程度而定，以培养后平板的菌落数在 30～300 个之间的稀释度最为合适，若三个稀释度的菌数均多到无法计数或少到无法计数，则需继续稀释或降低稀释倍数。一般中等污秽水样，取 10^{-1}、10^{-2}、10^{-3} 三个连续稀释度，污秽严重的取 10^{-2}、10^{-3}、10^{-4} 三个连续稀释度。②自最后三个稀释度的试管中各取 1 mL 稀释水加入空的灭菌培养皿中，每一稀释度做两个培养皿。③各倾注 15 mL 已溶化并冷却至 45℃ 的肉膏蛋白胨琼脂培养基，立即放在桌上摇匀。④凝固后倒置于 37℃ 培养箱中培养 24 h。

3. 菌落计数方法

（1）先计算相同稀释度的平均菌落数。若其中一个平板有较大片状菌苔生长时，应不采用，而应以无片状菌苔生长的平板的菌落数作为该稀释度的平均菌落数。若片状菌苔的大小不到平板的一半，而其余的一半菌落分布又很均匀时，则可将分布均匀一半的菌落数乘2以代表全平板的菌落数，然后再计算该稀释度的平均菌落数。

（2）首先选择平均菌落数在30～300之间的，当只有一个稀释度的平均菌落数符合此范围时，则以该平均菌落数乘其稀释倍数即为该水样的细菌总数（见表3-13，例次1）。

（3）若有两个稀释度的平均菌落数均在30～300之间，则按两者菌落总数之比值来决定。若其比值小于2，应采取两者的平均数；若大于2，则取其中较小的菌落总数（见表3-13，例次2及例次3）。

（4）若所有稀释度的平均菌落数均大于300，则应按稀释度最高的平均菌落数乘以稀释倍数（见表3-13，例次4）。

（5）若所有稀释度的平均菌落数均小于30，则应按稀释度最低的平均菌落数乘以稀释倍数（见表3-13，例次5）。

（6）若所有稀释度的平均菌落数均不在30～300之间，则以最近300或30的平均菌落数乘以稀释倍数（见表3-13，例次6）。

表3-13 计算菌数落总数方法举例

例次	不同稀释的平均菌落数			两个稀释度菌落数之比	菌落总数/（个/mL）	备注
	10^{-1}	10^{-2}	10^{-3}			
1	1 365	164	20	—	16 400 或 1.6×10^4	两位以后的数字采取四舍五入的方法去掉
2	2 760	295	46	1.6	37 750 或 3.8×10^4	
3	2 890	271	60	2.2	27 100 或 2.7×10^4	
4	无法计数	1 650	513	—	513 000 或 5.1×10^5	
5	27	11	5	—	27 000 或 2.7×10^4	
6	无法计数	305	12	—	30 500 或 3.1×10^4	

五、实验结果

（1）自来水菌数检测结果，见表3-14。

表3-14　自来水菌数检测结果

平　　板	菌落数	1 mL自来水中细菌总数
1		
2		

（2）池水、河水或湖水的检测结果，见表3-15。

表3-15　池水、河水或湖水检测结果

	稀释度					
	10^{-1}		10^{-2}		10^{-3}	
平板	1	2	1	2	1	2
菌落数						
平均菌落数						
计算方法						
细菌总数/（个/mL）						

六、思考题

（1）从细菌总数结果来看，自来水是否合乎饮用水的标准？

（2）你所测的水源水的污秽程度如何？

（3）国家对自来水的细菌总数有统一标准，那么各地能否自行设计其测定条件（诸如培养温度、培养时间等）来测定水样细菌总数呢？为什么？

水中大肠菌群的检测

一、实验目的

学习检测水中大肠菌群的方法，了解大肠菌群数量与水质状况的关系。

二、实验材料

（1）培养基：复红亚硫酸钠培养基（远藤氏培养基）、乳糖蛋白胨半固体培养基、乳糖蛋白胨培养液、3倍浓缩乳糖蛋白胨培养液、伊红美蓝培养基（EMB培养基）。

（2）仪器或其他用具：无菌微孔滤膜（孔径 0.45μm）、滤器（容量 500mL）、抽气设备、无菌镊子、发酵用试管、灭菌三角烧瓶、灭菌带玻璃塞小口瓶、杜氏小管、培养皿、刻度吸管或移液管、接种环、酒精灯。

三、实验步骤

1. 水样的采集

（1）自来水：将自来水水龙头用火焰烧灼 3 min 灭菌，再拧开水龙头流水 5 min，以排除管道内积存的死水，随后用已灭菌的三角烧瓶接取水样，以供检测。

（2）池水、河水或湖水：将灭菌的带玻塞的小口瓶浸入距水面 10～15 cm 深的水层中，瓶口朝上，除去瓶塞，待水流入瓶中装满后，盖好瓶塞，取出后立即进行检测，或临时存于冰箱，但不能超过 24 h。

2. 滤膜法检测大肠菌群

（1）用无菌镊子将一无菌滤膜置于滤器的承受器当中，将过滤杯装于滤膜承受器上，旋紧，使接口处能密封，将真空泵与滤器下部的抽气口连接。

（2）加水样 100 mL 于滤杯中，启动抽真空系统，使水通过滤膜流到下部，水中的菌细胞被截留在滤膜上。水样用量可适当增减使获得的菌落数适量。

（3）用无菌镊子小心将截留有细菌的滤膜取出，平移贴于复红亚硫酸钠固体培养基上（注意无菌操作，滤膜与培养基间贴紧，无气泡），37 ℃培养 16～18 h。挑选深红色或紫红色、带有或不带金属光泽的菌落，或淡红色、中心色较深的菌落进行涂片和革兰氏染色观察。

（4）经染色证实为革兰氏阴性无芽孢杆菌者，再接种在乳糖蛋白胨半固体培养基上，37 ℃培养 6～8 h 后观察，产气者证实为大肠菌群阳性。培养中应及时观察，时间过长则气泡可能消失。

（5）结果计算。

水样中总大肠菌群数（个/L）= 滤膜生长的菌落数（个）/ 过滤水样量（mL）×1 000

滤膜上菌落数以 20～60 个/片为宜。

3. 多管发酵法检测大肠菌群

（1）取 5 支装有 3 倍浓缩乳糖蛋白胨培养基的初发酵管，每管分别加入水样 10 mL。另取 5 支装有乳糖蛋白胨培养基的初发酵管，每管分别加入水样 1 mL。再取 5 支装有乳糖蛋白胨培养基的初发酵管，每管分别加入按 1 : 10 稀释的水样 1mL（即相当于原水样 0.1 mL），均贴好标签。此即为 15 管法，接种待测水样量共计 55.5 mL。各管摇匀后在 37 ℃恒温箱中培养 24 h。

若待测水样污染严重，可按上述 3 种梯度将水样稀释 10 倍（即分别接种原水样 1 mL、0.1 mL、0.01 mL）甚至 100 倍（即分别接种原水样 0.1 mL、0.01 mL、0.001 mL），以提高检测的准确度。此时，不必用 3 倍浓缩乳糖蛋白胨培养基，全用乳糖蛋白胨培养基即可。

（2）取出培养后的发酵管，观察管内，发酵液颜色变为黄色者记录为产酸，杜氏小管内有气泡者记录为产气。将产酸并产气和只产酸的两类发酵管分别划线接种于伊红美蓝培养基上，在 37 ℃恒温箱中培养 18～24 h。挑选深紫黑色和紫黑色、带有或不带有金属光泽的菌落，或淡紫红色和中心色较深的菌落，将其一部分分别取样进行涂片和革兰氏染色观察。

（3）选择经镜检证实为革兰氏阴性无芽孢杆菌者，将此菌落的另一部分接种于装有倒置杜氏小管的乳糖蛋白胨培养液的复发酵管中，每管可接种同一发酵管的典型菌落 1～3 个，在 37 ℃培养 24 h。若为产酸并产气者，表明试管内有大肠菌群菌存在，将其记录为阳性管。

（4）根据 3 个梯度（10 mL、1 ml、0.1 mL）每 5 支管中出现的阳性管数（即数量指标），查得表 3-16 的细菌最可能数，再乘以 1 000 即换算成 1 L 水样中的总大肠菌群数。

四、实验结果

1. 滤膜法

过滤水样量（mL）：_____，37℃培养后特征菌落数：_____，接种乳糖蛋白陈半固体培养基后是否产气：_____。

总大肠菌群数（个/L）：_____。

2．多管发酵法检测结果

（1）根据实验数据查表3-16。

表3-16 15管发酵法水中大肠菌群5次重复测数统计表

数量指标*	细菌最可能数	数量指标	细菌最可能数	数量指标	细菌最可能数	数量指数	细菌最可能数
000	0.0	203	1.2	400	1.3	513	8.5
001	0.2	210	0.7	401	1.7	520	5.0
002	0.4	211	0.9	402	2.0	521	7.0
010	0.2	212	1.2	403	2.5	522	9.5
011	0.4	220	0.9	410	1.7	523	12.0
012	0.6	221	1.2	411	2.0	524	15.0
020	0.4	222	1.4	412	2.5	525	17.5
021	0.6	230	1.2	420	2.0	530	8.0
030	0.6	231	1.4	421	2.5	531	11.0
100	0.2	240	1.5	422	3.0	532	14.0
101	0.4	300	0.8	430	2.5	533	17.5
102	0.6	301	1.1	431	3.0	534	20.0
103	0.8	302	1.4	432	40	535	25.0
110	0.1	310	1.1	440	3.5	540	13.0
111	0.3	311	1.1	441	4.9	541	17.0
112	0.5	312	1.7	450	4.0	542	25.0
120	0.3	313	2.0	451	5.0	543	30.3
121	0.5	320	1.4	500	2.5	544	35.0
122	1.0	321	1.7	501	3.0	545	45.0
130	0.5	322	2.0	502	4.0	550	25.0

续 表

数量指标*	细菌最可能数	数量指标	细菌最可能数	数量指标	细菌最可能数	数量指数	细菌最可能数
131	1.0	330	1.7	503	6.0	551	35.0
140	1.1	331	2.0	504	7.5	552	60.0
200	0.2	340	2.0	510	3.5	553	90.0
201	0.7	341	2.5	511	4.5	554	160.0
202	0.9	350	2.5	512	6.0	555	180.0

* 数量指标示意：如"203"，表示5个10 mL初发酵管中有阳性管2个，5个1 mL初发酵管中有阳性管0个，5个0.1 mL初发酵管中有阳性管3个；又如"555"，则表示15个初发酵管均为阳性管。

（2）多管发酵法结果，见表3-17。

表3-17 多管发酵法结果

初发酵管			复发酵管数	阳性管数
初发酵管数	每管取样数/mL	产酸产气管数		
5	10			
5	1			
5	0.1			

（3）将得到的细菌最可能数乘以1 000即可得到1 L水样中的总大肠菌群数（个/L）。

五、注意事项

（1）认真配制不同类型培养基。

（2）检测中应合理控制所加的水样量。

（3）在滤膜法中，每片滤膜的菌落数以20～60个为宜。多管发酵法中水样稀释比例要适宜。

（4）挑选菌落应认真选择大肠菌群典型菌落。

六、思考题

（1）检查饮用水中的大肠菌群有何意义？比较本实验中两种检测方法的优缺点。
（2）试设计一个监测某自来水厂水质卫生状况的方案。

实验 18　地衣芽孢杆菌生物制剂的发酵

一、实验目的

掌握地衣芽孢杆菌生物制剂的制备方法。

二、实验原理

地衣芽孢杆菌细胞形态为杆状，呈单生排列，其活菌形式进入人或动物肠道后，对葡萄球菌、酵母菌等致病菌有拮抗作用，而对双歧杆菌、乳酸杆菌、拟杆菌、消化链球菌等有促进生长作用，可促使机体产生抗菌活性物质，杀灭致病菌。此外，地衣芽孢杆菌通过生物夺氧效应可以使肠道缺氧从而有利于厌氧菌生长，是一种重要的微生态调节剂，目前已大规模应用于整肠生等药品及其他保健制剂的制造生产。

地衣芽孢杆菌的代谢过程会受到营养基质、pH、温度、溶解氧等一系列外界条件的影响，因而选择合适的发酵条件对于菌剂的生产是非常必要的。本实验要求同学结合发酵工程基本知识，分离一株地衣芽孢杆菌，并进行发酵罐扩增，为该菌剂的液体发酵生产和应用提供研究资料。

三、实验材料

（1）增殖培养基：蛋白胨 10 g/L，牛肉膏 3 g/L，NaCl 5 g/L，pH 为 7.2。
（2）发酵培养基：可溶性淀粉 15 g/L，酵母膏 0.2 g/L，蛋白胨 5.0 g/L，$(NH_4)_2SO_4$ 2.5 g，KH_2PO_4 2.5 g/L，$MgSO_4 \cdot 7H_2O$ 0.025 g/L，$CaCO_3$ 0.05 g/L，初始 pH 为 7.2。
（3）可见分光光度计 S22PC（上海棱光技术有限公司）、振荡培养箱（上海博迅实业有限公司）、超净工作台（苏晋集团安康公司）、机械搅拌通气式发酵罐（上海国强生物工程公司）等。

四、实验步骤

1. 培养基配制

（1）计算。按固体培养基和液体培养基的配方，计算 500 mL 固体培养基和 800 mL 液体培养基各物质的用量。

（2）称药品。用砝码天平准确称量各物质。

（3）溶解。将培养基的组分放在 500 mL 烧杯中加水，用玻璃棒搅拌溶解（固体培养基中的琼脂在室温下不能溶解，需加热煮化）。

（4）分装。液体培养基每组按 50 mL 培养基 /250 mL 三角瓶规格分装 16 瓶；固体培养基分装 250 mL 培养基 /250 mL 三角瓶。

（5）包扎。三角瓶口塞上瓶塞后用牛皮纸和线绳包扎，以防灭菌时冷凝水沾湿棉塞。在纸上写上培养基名称、组别、日期。

（6）灭菌。将培养基放置于高压蒸汽灭菌锅内，在 121℃条件下湿热灭菌 30min。

（7）倒平板。待高压蒸汽灭菌锅降温至 60℃时，取出培养基，液体培养基室温放置，固体培养基在已紫外灭菌的超净工作台里倒制 5～10 只平板。

2. 地衣芽孢杆菌分离

平板稀释分离法：菌剂 1 g 溶解于 100 mL 无菌水，再梯度稀释成 10^{-3}、10^{-4}、10^{-5}、10^{-6}、10^{-7} 倍，取 0.1 mL 经 10^{-6}、10^{-7} 倍稀释的液体涂布于平板培养基上，在恒 30℃倒置培养 36 h 后，观察培养结果，挑取有皱褶状菌落，显微观察菌体形态，纯化后作为备用菌种。

具体分离步骤如下：

（1）超净工作台灭菌。打开紫外灯，照射 30 min，完毕后打开风机吹 5 min。

（2）准备工作。将菌种和培养基平板放在超净工作台中，点燃酒精灯，用浓度 75% 的酒精棉球擦拭双手。

（3）灼烧接种环。将接种环在酒精灯外焰上来回移动灼烧，其中螺旋接头部分多烧一会儿，待接种环烧至红热状态后，移离火焰冷却。

（4）划线法分离。用接种环挑取少量菌苔，左手拿培养基平板在酒精灯火焰旁打开，接种环在平板表面分三次做"之"字形划线。每次划线后要烧接种环，再从上一次痕迹的尾部拉出后划下一区，依次划成 4 个区。

（5）菌落培养。将划线接种的平板倒置于恒温 30℃培养箱中培养 24 h，观察菌落的大小、颜色、形状。

3. 地衣芽孢杆菌的扩大培养

将纯种菌株接种至 50 mL 发酵培养基 /250 mL 摇瓶，在恒温 30 ℃、转速为 150 r/min 的条件下培养 36 h，分别测试淀粉酶和蛋白酶活力。

（1）单菌落接种。在超净工作台中（注意无菌操作），将 50 mL 培养基 /250 mL 三角瓶的瓶口连同瓶塞在酒精灯火焰上旋转灼烧片刻后取下棉塞，用灼烧过的接种环挑取一个单菌落，伸入液体培养基中振荡几下，取出在火焰上灼烧，再将瓶塞塞好。再依次完成另外三瓶 50 mL 培养基 /250 mL 三角瓶的接种操作。

（2）标记。在接种的三角瓶壁上贴上标签，注明菌种名称、操作人、日期。

（3）种子培养。将接种后的培养基置于 30 ℃摇床中，设置转速为 200 r/min，振荡培养约 12 h。

4. 发酵罐基本结构认识

（1）罐体系统：罐体、夹套、搅拌器、挡板、进料口、接种口、放料口、排气管、进气管、取样管、照明灯等。

（2）灭菌系统：蒸汽发生器、蒸汽分配管、夹套加热装置、放料口灭菌装置、通气管取样管灭菌装置、空气过滤系统灭菌装置。

（3）温度控制系统：罐内温度传感器（电极）、水箱温度传感器（电极）、恒温水箱、恒温水循环管路。

（4）无菌空气制备系统：空气压缩机、气液分离器、气体流量计、气流调节器、空气过滤器（2 级）。

（5）控制系统：电源开关、操作显示屏、控制器触摸开关、参数设置转换调节屏。

5. 发酵罐准备工作规程

（1）发酵罐工艺操作条件。温度 30～32 ℃，压力 0～0.3 MPa（表压）。灭菌条件为温度 100～140 ℃，压力 0～0.3 MPa（表压），pH2～11，需氧量 0.05～0.3 kmol/（m^3·h），通气量 0.3～2 VVM，功率消耗 0.5～4 kW/m^3，发酵热量 5 000～20 000 kcal/（m^3·h）。

（2）清洗工作。清洗前应取出 pH、DO 电极。清洗罐内可配合进水、进气、电机搅拌、加温一起进行。清洗后安装要注意罐内密封圈、硅胶垫就位情况。注意罐与罐座间隙均衡。

（3）试车。将电极、电机、电缆、进出气软管、冷凝器进出水接头安装就位。安装完毕后要对罐体内通气（0.2 MPa）做密封性试验，方法如下：关闭阀门；旋紧罐体上每一个接口、堵头、电极紧固帽；打开空压机，调节气阀，使罐压保持0.2 MPa左右；对系统进行2～3小时试运行，如有问题，作相应处理后方可正式使用。

（4）发酵罐保养规程。如果短期内需再次培养发酵，应对其进行2～3次清水清洗，待用。如准备长期停用，则应对其进行灭菌，然后放去水箱与罐内存水，放松罐盖紧固螺丝，取出电极保养储存，将罐、各管道内余水放净，关闭所有阀门、电源，盖上防尘罩。

6. 发酵罐使用操作规程

发酵罐操作开始前，先关闭所有出料口、取样口、进气口，打开出气阀。加入发酵培养基，装注完成后旋紧进料口螺盖。

（1）灭菌。启动蒸汽发生器，待气压达到0.2 Mpa以上时，进行如下操作：①开启发酵罐出气阀，开启高压蒸汽阀将高压蒸汽通过进气阀引入夹套，打开夹套排水阀，排除蒸汽冷凝水，控制阀门开量，保持微弱出汽。②通过蒸汽分配管将蒸汽引入空气过滤系统（注意：在蒸汽引入前关闭通向电器控制柜的空气阀门），使蒸汽通过一级和二级空气过滤器并顺利进入取样口出口，保持取样放出口微弱出汽。③另一路蒸汽通过蒸汽阀发酵罐放料口，并保持放料口微弱出汽。④等到罐内培养基温度达到80℃时，开启与罐直接相连的通气阀，将高压蒸汽直接接入罐内加热培养基，并对与罐相连的管道灭菌。⑤直到罐内培养基开始沸腾后，关闭排气阀，使罐内升压至0.1 Mpa（或灭菌温度121℃），维持温度0.5～1 h。⑥关闭蒸汽进气阀，开启冷却水管路系统，通过夹套冷却发酵培养基，当罐内压力接近常压前向罐内通入无菌空气，保持罐内空气压力0.03 MPa上下，至发酵温度关闭冷却水系统。⑦启动空气压缩机，开启进气阀，使压缩空气通过旋风分离器及空气过滤器，从进气阀进入发酵罐，使溶解氧浓度达到发酵初始水平。

（2）接种。接种方法可采用火焰接种法或差压接种法。①火焰接种法：在接种口用酒精火圈消毒，然后打开接种口盖，迅速将接种液倒入罐内，再把盖拧紧。②差压法：在灭菌前放入垫片，接种时把接种口盖打开，先倒入一定量的酒精消毒，待片刻后把种液瓶的针头插入接种口的垫片。利用罐内压力和种液瓶内的压力差，将种液引入罐内，拧紧盖子。

（3）调节发酵状态。①罐压。发酵过程中须手动控制罐压，即用出口阀控制罐内压力。若调节空气流量，必须同时调节出口阀，应保持罐内压力恒定大于0.03 Mpa。②测量和控制溶解氧（DO）。溶解氧的标定：在接种前，在恒定的发酵温度下,将转速及空气量开到最大值时的溶解氧 DO 值作为 100%。发酵过程的溶解氧 DO 测量和控制:DO 的控制可采用调节空气流量和调节转速来实现。最简单的是转速和溶氧的关联控制,其次则必须同时调节进气量(手动)控制。有时需要通入纯氧(如在某些基因工程菌的高密度培养中)才能达到要求的 DO 值。③测量与控制 pH。在灭菌前应对 pH 电极进行 pH 校正。在发酵过程中 pH 的控制通过蠕动泵的加酸加碱来实现,酸瓶或碱瓶必须先在灭菌锅中灭菌。旋松进料口螺旋盖,在进料口环槽中加入适量酒精,点燃,打开进料口螺旋盖,将种子三角瓶菌液接入发酵罐。搅拌均匀后,开始发酵控制。④间隔 8 h,开启取样阀取样 300~500 mL 发酵液,分别测定残糖、菌浓、酸度等数值。⑤发酵参数到达放罐指标时,发酵结束。

(4)打开放料阀,将发酵液全部排出。放罐后用水清洗发酵罐 2~3 次,洗净后通蒸汽消毒 15 min。用干净抹布清除电器箱、电缆等接头和其他罐体部件上的残留。

7. 实验步骤

(1)30 L 发酵罐中装入 20 L 发酵培养基,121℃灭菌 30~40 min,冷却至 30℃,将培养好的摇瓶种子接入发酵罐(接种量 1%~5%)进行发酵。发酵条件为:温度 30℃,搅拌转速 250~300 r/min,通风量 0.5~1 VVM。

(2)过程检测与监控。0 小时对取样测定 pH、酸度、光密度 OD 和还原糖;4~24 小时:每隔 4 h 取样测定 pH、酸度、光密度 OD 和还原糖。

五、实验结果

1. 蛋白酶活力测定法(福林法)

(1)酶活力定义:在 40℃、pH 7.5 的条件下,每分钟水解酪蛋白产生 1 μg 酪氨酸所需的酶量为一个酶活力单位(U)。

(2)试剂。① 福林试剂。② 0.4 mol 碳酸钠溶液:称取无水碳酸钠(Na_2CO_3)42.4 g,定容至 1 000 mL。③ 0.4 mol 三氯乙酸(TCA)溶液:称取三氯乙酸(CCl_3COOH)65.4 g,定容至 1 000 mL。④ pH 7.2 磷酸盐缓冲液:称取磷酸二氢钠($NaH_2PO_4 \cdot 2H_2O$)31.2 g,定容至 1 000 mL,即成 0.2 mol 溶液(A 液)。称取磷酸氢二钠($Na_2HPO_4 \cdot 12H_2O$)71.63g,定容至 1 000 mL,即成 0.2 mol 溶液(B 液)。取 A 液 28 mL 和 B 液 72 mL,再用蒸馏水稀释 1 倍,即成 0.1 mol pH 7.2 的磷酸盐缓冲液。⑤ 2% 酪蛋白溶液:准确称取干酪素 2 g,称准至 0.002 g,加入 0.1N 氢氧化钠 10 mL,在水浴中加热使溶解(必要时用小火加热煮沸),然后用 pH 7.2 磷酸盐缓冲液定容至 100 mL 即成。配制后应及时使用或放入冰箱内保存,否则极易繁殖细菌，引起变质。⑥ 100 μg/mL 酪氨酸溶液：精确称取在 105 ℃烘箱中烘至恒重的酪氨酸 0.1 g，逐步加入 6 mL 1N 盐酸使溶解，用 0.2N 盐酸定容至 100 mL，其浓度为 1 000 μg/mL，再吸取此液 10 mL，以 0.2N 盐酸定容至 100 mL，即配成 100 μg/mL 的酪氨酸溶液。此溶液配成后也应及时使用或放入冰箱内保存，以免繁殖细菌而变质。

（3）仪器。① 分析天平：感量 0.1 mg；② 581-G 型光电比色计或 72 型分光光度计；③ 水浴锅；④ 1、2、5、10 mL 移液管等。

（4）操作。

按表 3-18 配置各种不同浓度的酪氨酸溶液。

表 3-18　配制各种不同浓度的酪氨酸溶液

试　剂	管　号					
	1	2	3	4	5	6
蒸馏水 /mL	10	8	6	4	2	0
100 μg/mL 酪氨酸 /mL	0	2	4	6	8	10
酪氨酸最终浓度 /(μg/mL)	0	20	40	60	80	100
酪氨酸溶液 /mL	1	1	1	1	1	1
碳酸钠 /mL	5	5	5	5	5	5
福林试剂 /mL	1	1	1	1	1	1
显色反应	30 ℃，15 min					

样品稀释液的制备：

测定菌（酶）制剂：称取酶粉 0.1 g，加入 pH 7.2 磷酸盐缓冲液定容至 100 mL，吸取此液 5 mL，再用缓冲液稀释至 25 mL，即成 5 000 倍的酶粉稀释液。

测定成曲酶：称取充分研细的成曲 5 g，加水至 100 mL，在 40 ℃水浴内间断搅拌 1 h，过滤，滤液用 0.1 mol、pH 7.2 磷酸盐缓冲液稀释到一定倍数（估计酶活力而定）。

样品测定。取 15 mm × 100 mm 试管 4 支，编号 1、2、3 和对照，每管内加入酪蛋白 1 mL，置于 40 ℃水浴中预热 2 min，再各加入经同样预热的样品稀释液

1 mL，精确保温 10 min，时间到后，立即再各加入 0.4 mol 三氯乙酸 2 mL，以终止反应，继续置于水浴中保温 20 min，使残余蛋白质沉淀后离心或过滤，然后另取 15 mm×150 mm 试管 3 支，编号 1、2、3，每管内加入滤液 1mL，再加 0.4 mol 碳酸钠 5 mL，已稀释的福林试剂 1 mL，摇匀，40℃保温发色 20 min 后进行光密度（OD680）测定。

空白试验也取试管 3 支，分别编号为（1）、（2）、（3），测定方法同上，唯在加酪蛋白之前先加 0.4 mol 三氯乙酸 2 mL，使酶失活，再加入酪蛋白。酶活力测定方法见表 3-19。

表 3-19 酶活力测定

试剂及步骤	1#	2#	3#	对照
2% 酪蛋白	1	1	1	样品稀释液 1 mL
预热	\multicolumn{4}{c|}{40℃保温 2 min}
样品稀释液（	1	1	1	三氯乙酸 2 mL
恒温反应	\multicolumn{4}{c|}{40℃保温 10 min}
0.4 mol 三氯乙酸	2	2	2	2% 酪蛋白 2 mL
静置	\multicolumn{4}{c|}{15 min}
过滤	\multicolumn{4}{c|}{滤纸过滤后另取 1 套试管分别编号 1#、2#、3#、对照}
滤液 /mL	1	1	1	1
0.4mol Na_2CO_3/mL	5	5	5	5
福林试剂 /mL	1	1	1	1
显色	\multicolumn{4}{c|}{40℃保温显色 15 min}
比色 A_{680}	\multicolumn{3}{c|}{A}	B
酶浓度 /（U/mL）	\multicolumn{4}{c|}{酶浓 = $(A_{样} - B_{对}) \cdot K \cdot \dfrac{V}{t} \cdot N$}

式中：A——由样品测得 OD 值；

B——由对照测得 OD 值；

K——查标准曲线得相当的酪氨酸微克数；

V——6 mL 反应液；

N——酶液稀释的倍数；

t——反应 10 min。

2、淀粉酶测定方法

（1）酶活力定义：在 40℃、pH 6.0 的条件下，1 min 液化可溶性淀粉生成 1 mg 还原探糖所需的酶量为为 1 个酶活力单位。

（2）试剂及制法如下。①原碘液：称取碘化钾 22 g，加少量蒸馏水溶液，加入碘 11 g，溶解后定容至 500 mL，贮于棕色瓶中。②稀碘液：取原碘液 2 mL，加碘化钾 20 g，用蒸馏水定容至 500 mL，贮于棕色瓶中。③ 2% 可溶性淀粉：称取可溶性淀粉（烘干至恒重）2 g，用少量蒸馏水混合调匀，徐徐倒入煮沸的蒸馏水中，边加边搅拌，煮沸 2 min 后冷却，加水定容至 100 mL。须当天配制。④ pH 6.0 磷酸氢二钠 – 柠檬酸缓冲液：称取磷酸氢二钠（Na_2HPO_4）4.523 g，柠檬酸 0.807 g，用水溶解并定容至 100 mL。⑤ 标准糊精溶液：称取纯糊精 0.06 g，悬浮于少量水中，调匀后倒入 90 mL 沸水中，冷却后加水定容至 100 mL。加几滴甲苯防腐，冰箱保存。⑥ 0.5 mol/L 乙酸溶液，0.85% 生理盐水。

（3）器材：恒温水浴锅、白瓷板、分光光度计等。

（4）测定结果见表 3-20。

表 3-20　淀粉酶活力测定

试管号	0	1	2	3	4	5	6（测试样）
可溶性淀粉 /mL	0	0.2	0.4	0.8	1.6	2.0	2.0
pH6.0 缓冲液 /mL	3	2.8	2.6	2.2	1.4	1.0	1.0
淀粉浓度	0	0.2%	0.4%	0.8%	1.6%	2.0%	2.0%
恒温	\multicolumn{7}{c	}{40℃，5 min}
水 /mL	1	1	1	1	1	1	1（酶液）
恒温	\multicolumn{7}{c	}{40℃，30 min}
0.5mol/L 乙酸 /mL	10	10	10	10	10	10	10
试管号	0	1	2	3	4	5	6

续 表

试管号	0	1	2	3	4	5	6（测试样）
反应液 /mL	1	1	1	1	1	1	1
稀碘液 /mL	10	10	10	10	10	10	10
A_{660}							

（5）α-淀粉酶活力计算：

酶活力单位（U/mL）=$(t/T \times 20 \times 2\% \times N) \div a$

式中：

　　T——反应时间（min）；

　　20——可溶性淀粉的毫升数；

　　2%——可溶性淀粉浓度；

　　N——酶液稀释倍数；

　　a——测定时所用酶液量（mL）；

　　t——酶活定义中反应时间（min）。

3. 菌浓度测定方法

（1）仪器 722 型分光光度计。

（2）步骤：①每隔一定时间取样一次；②在 600 nm 波长下进行浊度比色，测定 OD 值（A_{600}）；③以时间为横坐标、OD 值为纵坐标，做菌体生长曲线图。

（3）请将结果填入表 3-21。

表 3-21　菌浓度测定结果

培养时间 /h	对　照	0	8	16	24	32	40	48	56	64	72
光密度 A_{600}											

附 录

附录1 实验室意外事故的处理

实验室意外事故的处理方法,见表附-1。

表附-1 实验室意外事故的处理方法

险 情	紧急处理
火险	立刻关闭电门、煤气,使用灭火器、沙土和湿布灭火
酒精、乙醚或汽油等着火	使用灭火器或用沙土、湿布覆盖,切勿以水灭火
衣服着火	可就地或靠墙滚转
破伤	先除尽外物,用蒸馏水洗净,涂以碘酒或红汞
火伤、灼伤	可涂5%鞣酸、2%苦味酸或苦味酸铵苯甲酸丁酯油膏,或龙胆紫液等
强酸、溴、氯、磷等酸性药品的灼伤	先以大量清水冲洗,再用5%重碳酸钠或氢氧化铵溶液擦洗以中和酸
强碱、氢氧化钠、金属钠、钾等碱性药品的灼伤	先以大量清水冲洗,再用5%硼酸溶液或醋酸擦洗以中和碱
石炭酸灼伤	先以浓度为95%的酒精擦洗,再用大量清水冲洗
眼灼伤	以大量清水冲洗
眼为碱所伤	以5%硼酸溶液冲洗,然后再滴入橄榄油或液体石蜡1～2滴以滋润之
眼为酸所伤	以5%重碳酸钠溶液冲洗,然后再滴入橄榄油或液体石蜡1～2滴以滋润之

续表

险　情	紧急处理
食入酸	立即饮下大量清水，并服镁乳和牛乳等，勿服催吐药
食入碱	立即饮下大量清水，并服5%醋酸、食蜡、柠檬汁或油类、脂肪
食入石炭酸或来苏水	用40%乙醇漱口，并喝大量烧酒，再服用催吐剂使其吐出
吸入非致病性菌液	立即以大量清水漱口，再以1：1 000高锰酸钾溶液漱口
吸入致病性菌液，如葡萄球菌、链球菌、肺炎球菌液	立即以大量热水漱口，再以消毒液1：5 000米他芬、3%过氧化氢或1：1 000高锰酸钾溶液漱口
吸入白喉菌液	经上法处理后，注射1 000单位的白喉抗毒素以预防
吸入伤寒、霍乱、痢疾、布氏等菌液	经吸入致病性菌液紧急处理后，注射对应疫苗及抗生素以预防患病

附录2　实验用培养基配制

（1）牛肉膏蛋白胨培养基（用于细菌培养）。牛肉膏 3 g，蛋白胨 10 g，NaCl 5 g，水 1 000 mL，pH 7.4～7.6。

（2）高氏1号培养基（用于放线菌培养）。可溶性淀粉 20 g，KNO_3 1 g，NaCl 0.5 g，$K_2HPO_4 \cdot 3H_2O$ 0.5 g，$MgSO_4 \cdot 7H_2O$ 0.5 g，$FeSO_4 \cdot 7H_2O$ 0.01 g，琼脂 20 g，水 1 000 mL，pH 7.4～7.6。配制时注意，可溶性淀粉要先用冷水调匀后再加入到以上培养基中。

（3）马丁氏培养基（用于从土壤中分离真菌）。KH_2PO_4 1 g，$MgSO_4 \cdot 7H_2O$ 0.5 g，琼脂 20 g，蛋白胨 5 g，葡萄糖 10 g，1%孟加拉红水溶液 100 mL，水 1 000 mL，自然 pH，121 ℃湿热灭菌 30 min，待培养基融化后冷却至55～60 ℃时加入链霉素（链霉素含量为 30 μg/mL）。

（4）马铃薯葡糖糖琼脂培养基(PDA)(用于霉菌或酵母菌培养)。马铃薯(去皮)200 g，蔗糖(或葡萄糖) 20 g，水 1 000 mL，自然 pH。配制方法如下：将马铃薯去皮，切成约 2 cm^3 的小块，放入 1 500 mL 的烧杯中煮沸 30 min，注意用玻璃棒搅拌以防糊底，然后用双层纱布过滤，取其滤液加糖，再补足至 1 000 mL，自然 pH。霉菌用蔗糖，酵母菌用葡萄糖。

（5）察氏培养基（又名蔗糖硝酸钠培养基，用于霉菌培养）。蔗糖 30 g，琼脂 20 g，$NaNO_3$ 2 g，K_2HPO_4 1 g，$MgSO_4 \cdot 7H_2O$ 0.5 g，KCl 0.5 g，$FeSO4 \cdot 7H_2O$ 0.01 g，水 1 000 mL，pH 7.0～7.2。

（6）Hayflik 培养基（用于支原体培养）。牛心消化液（或浸出液）1 000 mL，蛋白胨 10 g，NaCl 5 g，琼脂 15 g，pH 7.8～8.0。分装每瓶 70 mL，121℃ 湿热灭菌 15 min，待冷却至 80℃ 左右，每 70 mL 中加入马血清 20 mL、25% 鲜酵母浸出液 10 mL、15 醋酸铊水溶液 2.5 mL、青霉素 G 钾盐水溶液（20 万单位以上）0.5 mL，混合后倾注平板（注意：醋酸铊是极毒的药品，需特别注意安全操作）。

（7）麦氏培养基（醋酸钠培养基）。葡萄糖 0.1 g，KCl 0.18 g，酵母膏 0.25 g，醋酸钠 0.82 g，琼脂 1.5 g，蒸馏水 100 mL。溶解后分装试管，115℃ 湿热灭菌 15 min。

（8）葡萄糖蛋白胨水培养基（用于 V-P 反应和甲基红试验）。蛋白胨 0.5 g，葡萄糖 0.5 g，K_2HPO_4 0.2 g，水 100 mL，pH 7.2，115℃ 湿热灭菌 20 min。

（9）蛋白胨水培养基（用于吲哚试验）。蛋白胨 10 g，NaCl 5 g，水 1 000 mL，pH 7.2～7.4，121℃ 湿热灭菌 20 min。

（10）糖发酵培养基（用于细菌糖发酵试验）。蛋白胨 0.2 g，NaCl 0.5 g，K_2HPO_4 0.02 g，水 100 mL，溴麝香草酚蓝 (1% 水溶液) 0.3 mL，糖类 1 g。分别称取蛋白胨和 NaCl 溶于热水中，调 pH 至 7.4，再加入溴麝香草酚蓝（先用少量 95% 乙醇溶解后，再加水配成 1% 水溶液），加入糖类，分装试管，装量 4～5 cm 高，并倒放入一杜氏小管（管口向下，管内充满培养液）。115℃ 湿热灭菌 20 min。灭菌时注意适当延长煮沸时间，尽量把冷空气排尽以使杜氏小管内不残存气泡。常用的糖类有葡萄糖、蔗糖、甘露糖、麦芽糖、乳糖、半乳糖等（后两种糖的用量常加大为 1.5%）。

（11）RCM 培养基（又名强化梭菌培养基，用于厌氧菌培养）。酵母膏 3 g，牛肉膏 10 g，蛋白胨 10 g，可溶性淀粉 1 g，葡萄糖 5 g，半胱氨酸盐酸盐 0.5 g，NaCl 3 g，NaAc 3 g，水 1 000 mL，pH 8.5，刃天青 3 mg/L，121℃ 湿热灭菌 30 min。

（12）TYA 培养基（用于厌氧菌培养）。葡萄糖 40 g，牛肉膏 2 g，酵母膏 2 g，胰蛋白胨 (bacto-typetone) 6 g，醋酸铵 3 g，KH_2PO_4 0.5 g，$MgSO_4 \cdot 7H_2O$ 0.2 g，$FeSO_4 \cdot 7H_2O$ 0.01 g，水 1 000 mL，pH 6.5，121℃ 湿热灭菌 30 min。

（13）玉米醪培养基（用于厌氧菌培养）。玉米粉 65 g，水 1 000 mL，混匀，煮 10 min 成糊状，自然 pH，121℃ 湿热灭菌 30 min。

（14）中性红培养基（用于厌氧菌培养）。葡萄糖 40 g，胰蛋白胨 6 g，酵母膏 2 g，牛肉膏 2 g，醋酸铵 3 g，KH_2PO_4 5 g，中性红 0.2 g，$MgSO_4 \cdot 7H_2O$ 0.2 g，

FeSO$_4$·7H$_2$O 0.01 g，水 1 000 ml，pH 6.2，121℃湿热灭菌 30 min。

（15）CaCO$_3$ 明胶麦芽汁培养基（用于厌氧菌培养）。麦芽汁（6 波美）1 000 mL，水 1 000 mL，CaCO$_3$ 10 g，明胶 10 g，pH 6.8，121℃湿热灭菌 30 min。

（16）BCG 牛乳培养基（用于乳酸发酵）。

A 溶液：脱脂乳粉 100 g，水 500 mL，加入 1.6% 溴甲酚绿（BCG）乙醇溶液 1 mL，80℃灭菌 20 min。

B 溶液：酵母膏 10 g，水 500 mL，琼脂 20 g，pH 6.8，121℃湿热灭菌 20 min。以无菌操作趁热将 A 溶液、B 溶液混合均匀后倒入平板。

（17）乳酸菌培养基（用于乳酸发酵）。牛肉膏 5 g，酵母膏 5 g，蛋白胨 10 g，葡萄糖 10 g，乳糖 5 g，NaCl 5 g，水 1 000 mL，pH 6.8，121℃湿热灭菌 20 min。

（18）酒精发酵培养基（用于酒精发酵）。蔗糖 10 g，MgSO$_4$·7H$_2$O 0.5 g，NH$_4$NO$_3$ 0.5 g，20% 豆芽汁 2 mL，KH$_2$PO$_4$ 0.5 g，水 100 mL，自然 pH。

（19）柯索夫培养基（用于钩端螺旋体培养）。优质蛋白胨 0.4 g，NaCl 0.7 g，KCl 0.02 g，NaHCO$_3$ 0.01 g，CaCl$_2$ 0.02 g，KH$_2$PO$_4$ 0.09 g，NaH$_2$PO$_4$ 0.48 g，蒸馏水 500 mL，无菌兔血清 40 mL。制法：除兔血清外的其余各成分混合，加热溶解，调 pH 至 7.2，121℃湿热灭菌 20 min，待冷却后，加入无菌兔血清，制成 8% 血清溶液，然后分装试管（5～10 mL/ 管），56℃水浴灭活 1 h 后备用。

（20）豆芽汁培养基。黄豆芽 500 g，加水 1 000 mL，煮沸 1 h，过滤后补足水分，121℃湿热灭菌后存放备用，此即为 50% 的豆芽汁。

用于细菌培养：10% 豆芽汁 200 mL，葡萄糖（或蔗糖）50 g，水 800 mL，pH7.2～7.4。

用于霉菌或酵母菌培养：10% 豆芽汁 200 mL，糖 50 g，水 800 mL，自然 pH。霉菌用蔗糖，酵母菌用葡萄糖。

（21）LB(Luria-Bertani) 培养基（用于细菌培养，常在分子生物学中应用）。双蒸馏水 950 mL，胰蛋白胨 10 g，NaCl 10 g，酵母提取物 5 g，用 1 mol/L NaOH（约 1 mL）调节 pH 值至 7.0，加双蒸馏水至总体积为 1 L，121℃湿热灭菌 30 min。

含氨苄青霉素 LB 培养基：待 LB 培养基灭菌后冷至 50℃左右加入抗生素，至最终浓度为 80～100 mg/L。

（22）复红亚硫酸钠培养基（又名远藤氏培养基，用于水体中大肠菌群测定）蛋白胨 10 g，牛肉膏 5 g，酵母膏 5 g，琼脂 20 g，乳糖 10 g，K$_2$HPO$_4$ 0.5 g，无水亚硫酸钠 5 g，5% 碱性复红乙醇溶液 20 mL，蒸馏水 1 000 mL。制作过程：先将蛋白胨、牛肉膏、酵母膏和琼脂加入到 900 mL 水中，加热溶解，再加入 K_2HPO_4，溶解后补充水至 1 000 mL，调 pH 至 7.2～7.4。随后加入乳糖，混匀溶解后，于 115 ℃湿热灭菌 20 min。再称取无水亚硫酸钠至一无菌空试管中，用少许无菌水使其溶解，在水浴中煮沸 10 min 后，立即滴加至 20 mL 5% 碱性复红乙醇溶液中，直至深红色转变为淡粉红色为止。将此混合液全部加入到上述已灭菌的并仍保持融化状态的培养基中，混匀后立即倒入平板，待凝固后存放冰箱备用。若颜色由淡红变为深红，则不能再用。

（23）乳糖蛋白胨半固体培养基 (用于水体中大肠菌群测定)。蛋白胨 10 g，牛肉膏 5 g，酵母膏 5 g，乳糖 10 g，琼脂 5 g，蒸馏水 1 000 mL，pH 为 7.2～7.4，分装试管 (10 mL/管)，115 ℃湿热灭菌 20 min。

（24）乳糖蛋白胨培养液 (用于多管发酵法检测水体中大肠菌群)。蛋白胨 10 g，牛肉膏 3 g，乳糖 5 g，NaCl 5 g，蒸馏水 1 000 mL，1.6% 溴甲酚紫乙醇溶液 1 mL。调 pH 至 7.2，分装试管 (10 mL/管)，并放入倒置杜氏小管，115 ℃湿热灭菌 20 min。

（25）3 倍浓缩乳糖蛋白胨培养液 (用于水体中大肠菌群测定)。将乳糖蛋白胨培养液中各营养成分含量扩大 3 倍加入到 1 000 mL 水中，制法同上，分装于放有倒置杜氏小管的试管中，每管 5 mL，115 ℃湿热灭菌 20 min。

（26）伊红美蓝培养基 (又名 EMB 培养基，用于水体中大肠菌群测定和细菌转导)。蛋白胨 10 g，乳糖 10 g，K_2HPO_4 2 g，琼脂 25 g，2% 伊红 Y(曙红 Y) 水溶液 20 mL，0.5% 美蓝 (亚甲蓝) 水溶液 13 mL，pH 7.4。制作过程：先将蛋白胨、乳糖、K_2HPO_4 和琼脂混匀，加热溶解后，调 pH 至 7.4，115 ℃湿热灭菌 20 min，然后加入已分别灭菌的伊红 Y 水溶液和美蓝水溶液，充分混匀，防止产生气泡。待培养基冷却到 50 ℃左右倒入平皿。如培养基太热会产生过多的凝集水，可在平板凝固后倒置存于冰箱备用。在细菌转导实验中用半乳糖代替乳糖，其余成分不变。

（27）加倍肉汤培养基 (用于细菌转导)。牛肉膏 6 g，蛋白胨 20 g，NaCL 10 g，水 1 000 mL，pH 为 7.4～7.6。

（28）半固体素琼脂 (用于细菌转导)。琼脂 1 g，水 100 mL，121 ℃湿热灭菌 30 min。

（29）豆饼斜面培养基 (用于产蛋白酶霉菌菌株筛选)。豆饼 100 g 加水 5～6 倍，煮出滤汁 100 mL，汁内加入 KH_2PO_4 质量分数为 0.1%，$MgSO_4$ 质量分数为 0.05%，$(NH_4)_2SO_4$ 质量分数为 0.05%，可溶性淀粉质量分数为 2%，pH 6，琼脂质量分数为 2%～2.5%。

（30）酪素培养基 (用于蛋白酶菌株筛选)。分别配制 A 液和 B 液。

A 液：称取 $Na_2HPO_4 \cdot 7H_2O$ 1.07 g，干酪素 4 g，加适量蒸馏水，并加热溶解。

B 液：称取 KH_2PO_4 0.36 g，加水溶解。

A 液、B 液混合后，加入酪素水解液 0.3 mL，加琼脂 20 g，最后用蒸馏水定容至 1 000 mL。

酪素水解液的配制：1 g 酪蛋白溶于碱性缓冲液中，加入质量分数为 1% 的枯草芽孢杆菌蛋白酶 25 mL，加水至 100 mL，30 ℃水解 1 h。用于配制培养基时，其用量为 1 000 mL 培养基中加入 100 mL 水解液。

（31）细菌基本培养基(用于筛选营养缺陷型)。$Na_2HPO_4 \cdot 7H_2O$ 1 g，$MgSO_4 \cdot 7H_2O$ 0.2 g，葡萄糖 5 g，NaCl 5 g，K_2HPO_4 1 g，水 1 000 mL，pH 7.0，115 ℃湿热灭菌 30 min。

（32）YEPD 培养基(用于酵母原生质体融合)。酵母粉 10 g，蛋白胨 20 g，葡萄糖 20 g，蒸馏水 1 000 mL，pH 6.0，115 ℃湿热灭菌 20 min。

（33）YEPD 高渗培养基(用于酵母原生质体融合)。在 YEPD 培养基中加入 0.6 mol/L 的 NaCl，质量分数为 3% 的琼脂。

（34）YNB 基本培养基(用于酵母原生质体融合)。质量分数为 0.67% 的酵母氮碱基(无氨基酸氮源，YNB Difco)，质量分数为 2% 的葡萄糖，质量分数为 3% 的琼脂，pH 6.2。

另一配方：葡萄糖 10 g，$(NH_4)_2SO_4$ 1 g，K_2HPO_4 0.125 g，KH_2PO_4 0.875 g，KI 0.0001 g，$MgSO_4 \cdot 7H_2O$ 0.5 g，$CaCl_2 \cdot 2H_2O$ 0.1g，NaCl 0.1 g，微量元素母液 1mL，维生素母液 1 mL(母液均按常规配制)，水 1 000 mL，pH 为 5.8～6.0。

（35）YNB 高渗基本培养基（用于原生质体融合）。在 YNB 基本培养基中加入 0.6 mol/L NaCl。

（36）酚红半固体柱状培养基（用于检查氧与菌生长的关系）。蛋白胨 1 g，葡萄糖 10 g，玉米浆 10 g，琼脂 7 g，水 1 000 mL，pH 7.2。在调好 pH 后，加入 1.6% 酚红溶液数滴，至培养基变为深红色，分装于大试管中，装量约为试管高度的 1/2，115 ℃灭菌 20 min。细菌在此培养基中利用葡萄糖生长产酸，使酚红从红色变成黄色，在不同部位生长的细菌，可使培养基的相应部位颜色改变，但应注意培养时间若太长，酸能可扩散以致不能正确判断结果。

以上各种培养基均可配制成固体或半固体状态，只需改变琼脂用量即可，质量分数前者为 1.5%～2.0%，后者为 0.3%～0.8%。

附录 3　实验用染色液及试剂的配制

一、实验用染色液的配制

1. 黑色素液

水溶性黑色素 10 g，蒸馏水 100 mL，甲醛水（福尔马林）0.5 mL。可用作荚膜的背景染色。

2. 墨汁染色液

国产绘图墨汁 40 mL，甘油 2 mL，液体石炭酸 2 mL。先将墨汁用多层纱布过滤，加甘油混匀后，水浴加热，再加石炭酸搅匀，冷却后备用。用作荚膜的背景染色。

3. 吕氏 (Loeffier) 美蓝染色液

A 液：美蓝（又名甲烯蓝）0.3 g，浓度 95% 乙醇 30 mL。

B 液：质量分数为 0.01% 的 KOH 100 mL。

混合 A 液和 B 液即成。用于细菌单染色，可长期保存。根据需要可配制成稀释美蓝液，按 1 : 10 或 1 : 100 稀释均可。

4. 革兰氏染色液

（1）结晶紫 (Crystal violet) 液：结晶紫乙醇饱和液 (结晶紫 2 g 溶于 20 mL 浓度 95% 的乙醇中)20 mL，质量分数为 1% 的草酸铵水溶液 80 mL，将两液混匀置 24 h 后过滤即成。此液不易保存，如有沉淀出现，需重新配制。

（2）卢戈 (Lugol) 氏碘液：碘 1 g，碘化钾 2 g，蒸馏水 300 mL。先将碘化钾溶于少量蒸馏水中，然后加入碘使之完全溶解，再加蒸馏水至 300 mL 即成。配成后贮存于棕色瓶内备用，如变为浅黄色即不能使用。

（3）浓度 95% 的乙醇：用于脱色，脱色后可选用以下（4）或（5）的其中一项复染即可。

（4）稀释石炭酸复红溶液：取碱性复红乙醇饱和液 (碱性复红 1 g, 95% 乙醇 10 mL, 5% 石炭酸 90 mL 混合溶解即成)10 mL 加蒸馏水 90 mL 即成。

（5）番红溶液：番红 O（SafranineO，又称沙黄 O）2.5 g，浓度 95% 的乙醇 100 mL，溶解后可贮存于密闭的棕色瓶中，用时取 20 mL 与 80 mL 蒸馏水混匀即可。

以上染液配合使用，可区分出革兰氏染色阳性或阴性细菌，革兰氏阴性细菌被染成蓝紫色,革兰氏阳性细菌被染成淡红色。

5. 鞭毛染色液

A 液:丹宁酸 5.0 g,FeCl$_3$ 1.5 g,浓度 15% 甲醛水(福尔马林)2.0 mL,质量分数为 1% 的 NaOH 溶液 1.0 mL,蒸馏水 100 mL。

B 液:AgNO$_3$ 2.0 g,蒸馏水 100 mL。

待 AgNO$_3$ 溶解后,取出 10 mL 备用,向其余的 90 mL AgNO$_3$ 中滴加 NH$_4$OH,即可形成很厚的沉淀,继续滴加 NH$_4$OH 至沉淀刚刚溶解成为澄清溶液为止,再将备用的 AgNO$_3$ 慢慢滴入,则溶液出现薄雾,但轻轻摇动后,薄雾状的沉淀又消失,继续滴入 AgNO$_3$,直到摇动后仍呈现轻微而稳定的薄雾状沉淀为止,如雾重,说明银盐沉淀,不宜再用。溶液通常在配制当天便用,次日效果欠佳,第 3 天则不能使用。

6. 0.5% 沙黄(Safranine)液

2.5% 沙黄乙醇液 20 mL,蒸馏水 80 mL。将 2.5% 沙黄乙醇液作为母液保存于不透气的棕色瓶中,使用时再稀释。

7. 5% 孔雀绿水溶液

孔雀绿 5.0 g,蒸馏水 100 mL。

8. 0.05% 碱性复红

碱性复红 0.05 g,95% 乙醇 100 mL。

9. 齐氏(Ziehl)石炭酸复红液

碱性复红 0.3 g 溶于浓度 95% 的乙醇 10 mL 中为 A 液,质量分数为 0.01% 的 KOH 溶液 100 mL 为 B 液。混合 A 液、B 液即成。

10. 姬姆萨(Giemsa)染液

(1)贮存液:称取姬姆萨粉 0.5 g,甘油 33 mL,甲醇 33 mL。先将姬姆萨粉研细,再逐滴加入甘油,继续研磨,最后加入甲醇,在恒定 56 ℃的条件下放置 1~24 h 后即可使用。

(2)应用液(临用时配制):取 1 mL 贮存液加 19 mL pH 7.4 的磷酸缓冲液即成。亦可取贮存液:甲醇 =1∶4 的比例配制成染色液。

11. 乳酸石炭酸棉蓝染色液(用于真菌固定和染色)

石炭酸(结晶酚)20 g,乳酸 20 mL,甘油 40 mL,棉蓝 0.05 g,蒸馏水 20 mL。将棉蓝溶于蒸馏水中,再加入其他成分,微加热使其溶解,冷却后用。滴少量染液于真菌涂片上,加上盖玻片即可观察。霉菌菌丝和孢子均可染成蓝色。染色后的标本可用树脂封固,能长期保存。

12. 1% 瑞氏（Wright's）染色液

称取瑞氏染色粉 6 g，放研钵内磨细，不断滴加甲醇（共 600 mL）并继续研磨使溶解。经过滤后染液须贮存一年以上才可使用，保存时间愈久，则染色色泽愈佳。

13. 阿氏（Albert）异染粒染色液

A 液：甲苯胺蓝（Toluidine blue）0.15 g，孔雀绿 0.2 g，冰醋酸 1 mL，浓度 95% 的乙醇 2 mL，蒸馏水 100 mL。

B 液：碘 2 g，碘化钾 3 g，蒸馏水 300 mL。

先用 A 液染色 1 min，倾去 A 液后，用 B 液冲去 A 液残留，并染 1 min。异染粒呈黑色，其他部分为暗绿或浅绿。

二、实验用试剂的配制

1. 乳酸苯酚固定液

乳酸 10 g，结晶苯酚 10 g，甘油 20 g，蒸馏水 10 mL。

2. 1.6% 溴甲酚紫

溴甲酚紫 1.6 g 溶于 100 mL 乙醇中，贮存于棕色瓶中保存备用。用作培养基指示剂时，每 1 000 mL 培养基中加入 1 mL 质量分数为 1.6% 的溴甲酚紫即可。

3. V-P 试剂

$CuSO_4$ 1 g，蒸馏水 10 mL，浓氨水 40 mL，质量分数为 10% 的 NaOH 950 mL。先将 $CuSO_4$ 溶于蒸馏水中，然后加浓氨水，最后加入质量分数为 10% 的 NaOH。

4. 0.02% 甲基红试剂

甲基红 0.1 g，质量分数为 95% 的乙醇 760 mL，蒸馏水 100 mL。

5. 吲哚反应试剂

对二甲氨基苯甲醛 8 g，质量分数为 95% 的乙醇 760 mL，浓 HCl 160 mL。

6. Alsever's 血细胞保存液

葡萄糖 2.05 g，柠檬酸钠 0.8 g，NaCl 0.42 g，蒸馏水 100 mL。以上成分混匀后，微加温使其溶解，用柠檬酸调节 pH 至 6.1，分装于三角瓶中（30～50 mL/瓶），113 ℃湿热灭菌 15 min，备用。

7. Hank's 液

（1）贮存液 A 液：① NaCl 80 g，KCl 4 g，$MgSO_4 \cdot 7H_2O$ 1 g，$MgCl_2 \cdot 6H_2O$ 1 g，用双蒸馏水定容至 450 mL；② $CaCl_2$ 1.4 g（或 $CaCl_2 \cdot 2H_2O$ 1.85 g）用双蒸馏水定容至 50 mL。将①和②液混合，加氯仿 1 mL 即成 A 液。

（2）贮存 B 液：Na2HPO4·H2O 1.52 g，KH2PO4 0.6 g，酚红 0.2 g，葡萄糖 10 g，用蒸馏水定容至 500 mL，然后加氯仿 1 mL。酚红应先置研钵内磨细，然后按配方顺序一一溶解。

（3）应用液：取上述贮存液的 A 液和 B 液各 25 mL，加双蒸馏水定容至 450 mL，113℃湿热灭菌 20 min。置 4℃下保存。使用前用无菌的质量分数为 3% 的 $NaHCO_3$ 调至所需 pH。

注意：药品必须全部用 A.R 试剂，并按配方顺序加入，用适量双蒸馏水溶解，待前一种药品完全溶解后再加入后一种药品，最后补足水到总量。

（4）10% 小牛血清的 Hank's 液：小牛血清必须先经 56℃、30 min 灭活后才可使用，应小瓶分装保存，长期备用。用时按 10% 用量加至应用液中。

8. 0.1 mol/L $CaCl_2$ 溶液

双蒸馏水 900 mL，$CaCl_2$ 11 g，定容至 1L，可用孔径为 0.22 μm 的滤器过滤除菌或 121℃湿热灭菌 20 min。

9. 0.05 mol/L $CaCl_2$ 溶液

双蒸馏水 900 mL，$CaCl_2$ 5.5 g，定容至 1L，可用孔径为 0.22 μm 的滤器过滤除菌或 121℃湿热灭菌 20 min。

10. α 淀粉酶活力测定试剂

（1）碘原液：称取碘 11 g，碘化钾 22 g，加水溶解定容至 500 mL。

（2）标准稀碘液：取碘原液 15 mL，加碘化钾 8 g，定容至 500 mL。

（3）比色稀碘液：取碘原液 2 mL，加碘化钾 20 g，定容至 500 mL。

（4）2% 可溶性淀粉：称取干燥可溶性淀粉 2 g，先以少许蒸馏水混合均匀，再徐徐倾入煮沸的蒸馏水中，继续煮沸 2 min，待冷却后定容至 100 mL(此液当天配制使用)。

（5）标准糊精液：称取分析纯糊精 0.3 g，用少许蒸馏水混匀后倒入 400 mL 水中，冷却后定容至 500 mL，加入几滴甲苯试剂防腐，冰箱保存。

11. pH 6.0 磷酸氢二钠－柠檬酸缓冲液

称取 $Na_2HPO_4·12H_2O$ 45.23 g，柠檬酸（$C_6H_8O_7·H_2O$）8.07 g，加蒸馏水定容至 1 000 mL。

12. 0.1 mol/L 磷酸缓冲液（pH7.0）

称取 $Na_2HPO_4·12H_2O$ 35.82 g，溶于 1 000 mL 蒸馏水中，为 A 液；称取 $NaH_2PO_4·2H_2O$ 15.605 g，溶于 1 000 mL 蒸馏水中，为 B 液。取 A 液 61 mL、B 液

39 mL，混合后可得到 100 mL 0.1 mol/L pH 7.0 的磷酸缓冲液。

13．测定乳酸的试剂

（1）pH 9.0 缓冲液：在 300 mL 容量瓶中加入甘氨酸 11.4 g，24% 的 NaOH 2 mL，加 275 mL 蒸馏水。

（2）NAD 溶液：NAD 600 mg 溶于 20 mL 蒸馏水中。

（3）L(+)LDH：加 5 mg L(+)LDH 于 1 mL 蒸馏水中。

（4）D(-)LDH：加 2 mg D(-)LDH 于 1 mL 蒸馏水中。

14．Taq 缓冲液

Tris-HCl (pH 8.4) 100 mmol/L，KCl 500 mmol/L，$MgCl_2$ 15 mmol/L，BSA（牛血清清蛋白）或明胶 1 mg/mL。

15．dNTP 混合液

dATP 50 mmol/L，dCTP 50 mmol/L，dGTP 50 mmol/L，dTTP 50 mmol/L。

16．1% 琼脂糖

琼脂糖 1 g，TAE 100 mL，100 ℃融化后待凉至 40 ℃倒胶，胶厚度约 0.4～0.6 cm。

17．TAE

Tris 碱 4.84 mL，冰乙酸 1.14 mL，0.5 mol/L pH 8.0 的 $C_{10}H_{14}N_2Na_2O_8 \cdot 2H_2O$（乙二胺四乙酸二钠盐）2 mL。

18．0.5 mol/L EDTA（pH 8.0）

在 800 mL 蒸馏水中加 186.1 g EDTA，剧烈搅拌，用 NaOH 调 pH 至 8.0（约 20 g 颗粒），定容至 1L，分装后 121 ℃湿热灭菌备用。

19．硝酸盐还原试剂

（1）格里斯氏 (Griess) 试剂。

A 液：对氨基苯磺酸 0.5 g，稀醋酸（质量分数为 10%）150 mL。

B 液：α - 萘胺 0.1 g，蒸馏水 20 mL，稀醋酸（质量分数为 10%）150 mL。

（2）二苯胺试剂：二苯胺 0.5 g 溶于 100 mL 浓硫酸中，用 20 mL 蒸馏水稀释。

在培养液中滴加 A 液、B 液后溶液如变为粉红色、玫瑰红色、橙色或棕色等表示有亚硝酸盐还原，反应为阳性，如无色出现则可加 1～2 滴二苯胺试剂；如溶液呈蓝色则表示培养液中仍存在有硝酸盐，从而证实该菌无硝酸盐还原作用；如溶液不呈蓝色，则表示形成的亚硝酸盐已进一步还原成其他物质，故硝酸盐还原反应仍为阳性。

附录4 微生物学实验中一些常用数据表

一、常用消毒剂

常用消毒剂，见表附-2。

表附-2 常用消毒剂

名称	浓度	使用范围	注意问题	名称	浓度	使用范围	注意问题
升汞	0.05%～0.1%	植物组织和虫体外部消毒	腐蚀金属器皿	硫柳汞	0.01%～0.1%	生物制品防腐，皮肤消毒	多用于抑菌
甲醛水（福尔马林）	10 mL/m^3	接种室消毒	用于熏蒸	石炭酸（苯酚）	3%～5%	接种室消毒（喷雾）器皿消毒	杀菌力强
来苏水（煤酚皂液）	3%～5%	接种室消毒，擦洗桌面、器械	杀菌力强	漂白粉	2%～5%	皮肤消毒	腐蚀金属，伤皮肤
新洁尔灭	0.25%	皮肤及器皿消毒	对芽孢无效	乙醇	70%～75%	皮肤消毒	对芽孢无效
高锰酸钾	0.1%	皮肤及器皿消毒	应随用随配	硫磺	15 g/m^2	熏蒸，空气消毒*	腐蚀金属
生石灰	1%～3%	消毒地面及排泄物	腐蚀性强				

注：*10 mL/m^3 加热熏蒸，或将甲醛迅速加入高锰酸钾溶液中，使其产生黄色浓烟，立即密闭房间，熏蒸6～24 h。

二、比重糖度换算表

比重糖度换算，见表附-3。

表附-3 比重糖度换算表

波尔度(Baume)	比 重	糖度（Brix）	波尔度（Baume）	比 重	糖度（Brix）
1	1.007	1.8	24	1.200	43.9
2	1.015	3.7	25	1.210	45.8
3	1.002	5.5	26	1.220	47.7
4	1.028	7.2	27	1.231	49.6
5	1.036	9.0	28	1.241	51.5
6	1.043	10.8	29	1.252	53.5
7	1.051	12.6	30	1.263	55.4
8	1.059	14.5	31	1.274	57.3
9	1.067	16.2	32	1.286	59.3
10	1.074	18.0	33	1.2697	61.2
11	1.082	19.8	34	1.309	63.2
12	1.091	21.7	35	1.321	65.2
13	1.099	23.5	36	1.333	67.1
14	1.107	25.3	37	1.344	68.9
15	1.116	27.2	38	1.356	70.8
16	1.125	29.0	39	1.368	72.7
17	1.134	30.8	40	1.380	74.5
18	1.143	32.7	41	1.392	76.4
19	1.152	34.6	42	1.404	78.2
20	1.161	36.4	43	1.417	80.1
21	1.171	38.3	44	1.429	82.0
22	1.180	40.1	45	1.442	83.8
23	1.190	42.0	46	1.455	85.7

三、常用干燥剂

常用干燥剂，见表附-4。

表附-4 常用干燥剂

用　　途	常用干燥剂名称
气体的干燥	石灰、无水 $CaCl_2$、P_2O_5、浓 H_2SO_4、KOH
流体的干燥	P_2O_5、浓 H_2SO_4、无水 $CaCl_2$、无水 K_2CO_3、KOH、无水 Na_2SO_4、无水 $MgSO_4$、无水 $CaSO_4$、金属钠
干燥剂中的吸水	P_2O_5、浓 H_2SO_4、无水 $CaCl_2$、硅胶
有机溶剂蒸汽干燥	石蜡片
酸性气体的干燥	石灰、KOH、NaOH
碱性气体的干燥	浓 H_2SO_4、P_2O_5

附录5　玻璃器皿及玻片洗涤法

一、玻片洗涤法

细菌染色的玻片，必须清洁无油，清洗方法如下：

（1）新购置的载玻片，先用浓度2%的盐酸浸泡数小时，冲去盐酸；再放入浓洗液中浸泡过液，用自来水冲净洗液，浸泡在蒸馏水中或擦干装盒备用。

（2）用过的载玻片，先用纸擦去石蜡油，再放入洗衣粉液中煮沸，稍冷后取出，继而再逐个用清水洗净，放浓洗液中浸泡24 h，控去洗液，用自来水冲洗。蒸馏水浸泡。

（3）用于鞭毛染色的载玻片，经以上步骤清洗后，应选择表面光滑无伤痕者，浸泡在95%的乙醇中暂时存放，用时取出，用干净纱布擦去酒清，并经过火焰微热，使残余的酒精挥发，再用水滴检查，如水滴均散开，方可使用。

（4）洗净的载玻片，最好及时使用，以免空气中飘浮的油污沾染，长期保存的干净玻片，用前应再次洗涤后再使用。

（5）盖玻片使用前，可用洗衣粉或洗液浸泡，洗净后再用浓度95%的乙醇浸泡，擦干备用，用过的盖玻片也应及时洗净擦干保存。

二、玻璃器皿洗涤法

清洁的玻璃器皿是得到正确实验结果的重要条件之一，由于实验目的不同，对各种器皿的清洁程度的要求也不同。

（1）一般玻璃器皿(如锥形瓶、培养皿、试管等)可用毛刷及去污粉或肥皂洗去灰尘、油垢、无机盐类等物质，然后用自来水冲洗干净。少数实验对器皿的要求高，使用前可先在洗液中浸泡数 10 min，再用自来水冲洗。最后用蒸馏水洗 2～3 次。以水在内壁能均匀分布成一薄层而不出现水珠，为油垢除尽的标准。洗刷干净的玻璃仪器烘干备用。

（2）用过的器皿应立即洗刷，放置太久会增加洗刷的难度。染菌的玻璃器皿，应先经 121℃ 高压蒸汽灭菌 20～30 min 后取出，趁热倒出容器内培养物，再用热肥皂水洗刷干净，用水冲洗。带菌的移液管和毛细吸管，应立即放质量分数为 5% 的石炭酸溶液中浸泡数小时，先灭菌，然后再用水冲洗，有些实验还需要用蒸馏水进一步冲洗。

（3）新购置的玻璃器皿含有游离碱，一般先用浓度 2% 的盐酸或洗液浸泡数小时后，再用水冲洗干净，新的载玻片和盖玻片先浸入肥皂水(或浓度 2% 的盐酸)内 1 h，再用水洗净，以软布擦干后浸入滴有少量盐酸的浓度为 95% 的乙醇中，保存备用。已用过的带有活菌的载玻片或盖玻片可先浸在质量分数为 5% 的石炭酸溶液中消毒，再用水冲洗干净，擦干后，浸入浓度 95% 的乙醇中保存备用。

三、洗液的配制

通常用的洗液是重铬酸钾(或重铬酸钠)的硫酸溶液，称为铬酸洗液，其成分是重铬酸钾 60 g，浓硫酸 460 mL，水 300 mL。配制方法为将重铬酸钾溶解在温水中，冷却后再徐徐加入浓硫酸(重铬酸钾、水分浓硫酸的比为 1∶2∶18，可以用废硫酸)，配制好的溶液呈红色，并有均匀的红色小结晶。稀重铬酸钾溶液可如下配制：重铬酸钾 60 g，浓硫酸 60 mL，水 1 000 mL。铬酸洗液是一种强氧化剂，去污能力很强，常用来洗去玻璃和瓷质器皿的有机物质，切不可用于洗涤金属器皿。铬酸洗液加热后，去污作用更强，一般可加热到 45～50℃，稀铬酸洗液可煮沸，洗液可反复使用，直到溶液呈青褐色为止。

附录6　各国主要菌种保藏机构

各国主要菌种保藏机构，见表附-5。

表附-5　各国主要菌种保藏机构

单位名称	单位缩写	单位名称	单位缩写
中国微生物菌种保藏管理委员会	CCCCM	中国科学院微生物研究所菌种保藏中心	AS
医学微生物菌种保藏管理中心	CMCC	中国科学院武汉病毒研究所	AS-IV
中国农业微生物菌种保藏管理中心	ACCC	中国林业科学院菌种保藏管理中心	CAF
中国农业科学院土壤肥料研究所	ISF	工业微生物菌种保藏管理中心	CICC
上海市农业科学院食用菌研究所	SH	医学微生物菌种保藏管理中心	CMCC
世界菌种保藏联合会	WFCC	日本微生物菌种保藏联合会	JFCC
美国标准菌株保藏中心	ATCC	北海道大学农学部应用微生物教研室	AHU
美国农业部北方研究利用发展部	NRRL	东京大学农学部发酵教研室	ATU
美国农业研究服务处菌中收藏馆	ARS	东京大学应用微生物研究所	IAM
美国Upjohn公司菌种保藏部	UPJOHN	东京大学医学科学研究所	IID
加拿大Alberta大学霉菌标本室	UAMH	东京大学医学院细菌学教研室	MTU
加拿大国家科学研究委员会	NRC	大阪发酵研究所	IFO
法国典型微生物保藏中心	CCTM	广岛大学工业学部发酵工业系	AUT
捷克和斯洛伐克国家菌保会	CNCTC	新西兰植物病害真菌保藏部	PDDCC
荷兰真菌中心收藏所	CBS	德国科赫研究所	RKI
英国国立典型菌种收藏馆	NCTC	德国发酵红叶研究所微生微生物收藏室	MIG
英联邦真菌研究所	CMI	德国微生物研究所菌种保藏室	KIM
英国国立工业细菌收藏所	NCIB		

附录 7 实验用试剂缩写名称对照表

实验用试剂缩写名称对照，见表附 –6。

表附 –6 实验用试剂缩写名称对照表

Ala 丙氨酸 alanine	Gln 谷氨酰胺 glutamine
Arg 精氨酸 arginine	Glu 谷氨酸 glutamic acid
Asn 天冬酰胺 asparagine	Gly 甘氨酸 glycine
Asp 天冬氨酸 aspartic acid	His 组氨酸 histidine
BSA 牛血清蛋白 bovine serum albumin	Ile 异亮氨酸 isoleucine
cDNA 互补 DNA complementary DNA	Leu 亮氨酸 leucine
Cys 半胱氨酸 cysteine	LDH 乳酸脱氢酶 lactate dehydrogenase
dATP 脱氧腺苷三磷酸 deoxyadenosine triphosphate	Lys 赖氨酸 lysine
dCTP 脱氧胞苷三磷酸 deoxycytidine triphosphate	Met 蛋氨酸（甲硫氨酸）methionine
dGTP 脱氧鸟苷三磷酸 deoxyguanosine triphosphate	NAD 烟酰胺腺嘌呤二核苷酸（辅酶 I）nicotinamide adenine dinucleotide
dNTP 脱氧核苷三磷酸 deoxy-ribonucleoside triphosphate	
dTTP 脱氧胸苷三磷酸 deoxythymidine triphosphate	NADH 还原型烟酰胺腺嘌呤二核苷酸（还原型辅酶 I）reduced nicotinamide adenine dinucleotide
DTT 二硫苏糖醇 dithiothreitol	
EB 溴化乙锭 ethidium bromide	PAGE 聚丙烯酰胺凝胶电泳 Polyacrylamide gel electrophoresis
EDTA 乙二胺四乙酸 ethylene diamine tetraacetic acid	
EtOH 乙醇 ethanol	PCR 聚合酶链式反应 polymerase chain reaction

续　表

PEG 聚乙二醇 polyethylene glycol	TE Tris-EDTA 缓冲液 Tris-EDTA buffer
PFU 噬菌斑形成单位 plaque forming unit	Thr 苏氨酸 threonine
PHE 苯丙氨酸 phenylalanine	tRNA 转移 RNA transfer RNA
Pro 脯氨酸 proline	Trp 色氨酸 tryptophan
tRNA 转运 RNA transfer RNA	Tyr 酪氨酸 tyrosine
SDS 十二烷基硫酸钠 sodium dodecyl sulfate	Val 缬氨酸 valine
Ser 丝氨酸 serine	

附录 8　实验常用中英名词对照表

实验常用中英文名词对照，见表附 -7。

表附 -7　实验常用中英名词对照表

一画	发酵液 fermentation solution
V.P. 试验 Voges-Proskauer test	四环素 tetracycline
三画	对流免疫电泳 counter immuoelectrophoresis
EMB 培养基 eosin methylene blue medium	平板 plate
子囊 ascus（复：asci）	平板 plate
子囊孢子 ascospore	平板划线 streak plate
小梗 sterigma	平板菌落计数法 enumeration by platecount method
干热灭菌 hot oven sterilization	灭菌 sterilization
干燥箱 drying oven	生长曲线 growth curve
马丁培养基 Martin's medium	甲基红（M.R）试验 methyl red test
马铃薯葡萄糖培养基 potato extract glucose medium	目镜测微尺 Ocular micrometer
四画	石炭酸（苯酚）phenol

续 表

专性厌氧菌 obligate anaerobe	立克次氏体 Rickettsia
中性红 neutral red	节孢子 arthrospore
分生孢子 conidium(复:conidia)	六画
分生孢子梗 conidiophore	产氨试验 Production of ammonia test
分离 isolation	伊红美蓝培养基 eosin methylene blue medium
分辨率(清晰度)resoiving power (resolution)	划线培养 streak culture
双筒显微镜 biocular microscope	厌氧细菌 anaerobic bacteria
孔雀绿 malachite green	厌氧培养法 anaerobic culture method
巴斯德消毒法 pasteurization	吕氏美蓝液 Loeffler's methylene blue
支原体 mycoplasma	多粘菌素 polymyxin
无性繁殖 vegetative propagation	好氧细菌 aerobic bacterium(复:bacteria)
无菌水 sterile water	异养微生物 heterotrophic microbe
无菌移液管 sterile pipette	异染粒 metachromatic granule
无菌操作(无菌技术)aseptic technique	有性繁殖 sexual reproduction
比浊法 turbidimetry	血细胞计数板 haemocytometer
气生菌丝 aerial hypha(复:hyphae)	衣原体 chlamydia
水浸法 wet-mount method	负染色 negative stain
牛肉膏蛋白胨培养基 beef extract peptone medium	齐氏石炭酸复红染液 Ziehl's carbolfuchsin
计算室 counting chamber	七画
五画	伴孢晶体 parasporal crystal
卡那霉素 kanamycin	免疫血清 immune serum
吲哚试验 indole test	葡萄枝 stolon
局限性转导 specialized transduction	厚垣孢子 chalmydospore
抑制剂 indhibitor	垣酸 teichoic acid
抑菌圈 zone of inhibition	复染 counterstain

续　表

抗生素 antibiotics	恒温箱 incubator
抗生素发酵 antibotic fermentation	挑菌落 colony selection
抗血清 antiserum	柠檬酸盐培养基 citrate medium
抗体 antibody	
抗原 antigen	测微尺 micrometer
抗菌谱 antibiotic spectrum	相差显微镜 phase contrast microscope
杜氏小管 Durham tube	穿刺培养 stab culture
来苏尔 lysol	细晶紫 crystal violet
沉淀反应 precipitation reaction	耐氧细菌 aerotolerant bacteria
沉淀原 precipinogen	荚膜染色 capsule stain
沉淀素 precipitin	诱变剂 mutagenic agent
纯化 purification	诱变效应 mutagenic effect
芽孢 spore	革兰氏阳性菌 Gram-positive bacteria, G^+
芽孢染色 spore stain	革兰氏阴性菌 Gram-negative bacteria, G^-
豆芽汁葡萄糖培养基 soybean sprout extract glucose medium	革兰氏染色 Gram stain
阿须贝无氮培养基 Ashby medium	革兰氏碘液 Gram's iodine solution
麦芽汁培养基 malt extract medium	香柏油 cedar oil
八画	十画
乳酸石炭酸液 lactophenol solution	倾注法 pour-plate method
乳糖发酵 lactose fermentation	兼性厌氧菌 facultative anaerobe
乳糖蛋白胨培养基 lactose peptone medium	原生质体 protoplast
单菌落 single colony	振荡培养 shake culture
单筒显微镜 monocular microscope	根瘤菌 nodule bacteria
固氮作用 nitrogen fixation	氨苄青霉素 ampicillin
国际单位制 international system of units, SI	涂抹培养 smearing culture

续 表

奈氏试剂 Nessler's reagent	涂布器（刮刀）scraper
孢子囊 sporangium（复:sporangia）	清毒 desomfectopm
孢子囊柄 sporangiophore	消毒剂 disinfectant
孢囊孢子 sporangiospore	真菌 fungi
明胶液化试验 gelatin liguefaction test	胰蛋白胨 bacto-tryptone
杯碟法 cylinder-plate method	载片 slide
油镜 oil immersion	酒精发酵 alcoholic fermentation
物镜 objective lens	高氏 1 号合成培养基 Gause's No.1 synthetic medium
细调节器 fine adjustment	高压蒸汽灭菌 high pressure steam sterilization
肽聚糖 peptidoglycan	十一画
苯胺黑（黑色素）nigrosin	假根 rhizine
转导 tramsduction	假菌丝 pseudohypha
转导子 transductant	培养皿 petri dish
培养基 medium	链霉素 streptomycin
培养液 culture solution	十三画
悬液 suspension	微生物发酵 microbial fermentation
悬滴法 hanging drop method	摇床 rotating shaker
接合 conjugation	数值孔径 numerical aperture
接合孢子 zygospore	暗视野显微镜 darkfield microscope
接种针 inoculating needle	溶菌酶 lysozyme
接种环 inoculating loop	滤膜法 membrane filter technique
斜面 slant	简单染色 simple stain
斜面接种 inoculation of an agar slant	蓝细菌 cyanobacteria
液体接种 broth transfer	酪蛋白水解培养基 casein hydrolysate medium
淀粉水解试验 hydrolysis of strarch test	十四画以上

续 表

球形体 sphaeroplast	察氏培养基 Czapek's medium
盖片 cover glass	碱性复红 basic fuchsin
硅胶 silica gel	碱性染料 basic dye
移液管 Breed pipette	稳定期 stationary phase
脱色剂 decolourising agent	聚-β-羟丁酸 poly-β-hydroxybutyrate, PHB
菌丝 hypha(复:hyphae)	酵母提取物甘露醇培养基 yeast extract mannitol medium
菌丝体 mycelium（复：mycelia）	酵母菌 yeast
菌落 colony	番红（沙黄、藏花红）safranin
营养菌丝 vegetative hypha	焦性没食子酸 pyrogallic acid
十二画	霉菌 mould
媒染剂 mordant	凝胶扩散 gel diffusion
普遍性转导 general transduction	凝集反应 agglutination reaction
棉塞 cotton pluge	凝集原 agglutinogen
氯霉素 chloramphenicol	凝集素 bacteriophage
琼脂扩散法 agar diffusion method	噬菌体 agglutinate
琼脂糖凝胶 agarose gel	噬菌体裂解 phage lysis
稀释分离法 isolation by dilution method	噬菌斑 plaque
稀释液 diluent(diluted solution)	镜台测微尺 stage micrometer
紫外线 ultraviolet rays	螺旋体 spirochaeta
葡萄糖蛋白胨培养基 glucose peptone medium	鞭毛 flagellum（复：flagella）